低碳能源技术丛书
Low Carbon Energy Technology Series

# Shale Gas and Its Exploration and Development

# 页岩气 及其勘探开发

肖 钢 唐 颖 编著

U0317837

YEYANQI JIQI KANTAN KAIFA

高等教育出版社·北京

内容简介

本书系统地总结了国内外页岩气研究的理论成果,介绍了世界上页岩气资源及勘探开发的概况、页岩气及其富集机理、勘探评价及开发的主要技术、中国页岩气地质特点及勘探开发情况,并总结了国外页岩气产业发展的经验。全书内容囊括页岩气的资源、地质、机理、勘探、开发和政策等多个方面,对国内页岩气的理论研究和勘探开发工作具有一定的指导意义。

本书可供从事页岩气理论研究和勘探开发的科研人员阅读,也可供从事新能源研究的人员及石油院校相关专业的师生参考。

**图书在版编目(CIP)数据**

页岩气及其勘探开发/肖钢,唐颖编著. —北京:
高等教育出版社,2012.6(2017.5重印)
ISBN 978 – 7 – 04 – 034069 – 3

Ⅰ.①页…　Ⅱ.①肖…②唐…　Ⅲ.①油页岩 – 油气
勘探②油页岩 – 油田开发　Ⅳ.①P618.130.8②TE3

中国版本图书馆 CIP 数据核字(2012)第 074044 号

| | | | | | | |
|---|---|---|---|---|---|---|
| 策划编辑 | 刘占伟 | 责任编辑 | 刘占伟 | 封面设计　王凌波 | 版式设计　杜微言 |
| 责任校对 | 杨凤玲 | 责任印制 | 韩　刚 | | |

| | | | |
|---|---|---|---|
| 出版发行 | 高等教育出版社 | 网　址 | http://www.hep.edu.cn |
| 社　址 | 北京市西城区德外大街4号 | | http://www.hep.com.cn |
| 邮政编码 | 100120 | 网上订购 | http://www.hepmall.com.cn |
| 印　刷 | 秦皇岛市昌黎文苑印刷有限公司 | | http://www.hepmall.com |
| 开　本 | 787 mm×1092 mm　1/16 | | http://www.hepmall.cn |
| 印　张 | 15 | | |
| 字　数 | 290 千字 | 版　次 | 2012 年 6 月第 1 版 |
| 购书热线 | 010 – 58581118 | 印　次 | 2017 年 5 月第 3 次印刷 |
| 咨询电话 | 400 – 810 – 0598 | 定　价 | 45.00 元 |

审图号:GS(2012)60 号

　　清洁能源对当今世界的重要性正得到人们的普遍认同。作为世界工业催化行业的领军企业,哈尔杜·托普索公司也认为我们的世界正面临一个清晰而紧迫的需求——能源的新型、清洁和高效的利用方式。

　　我已经98岁,比肖钢博士年长48岁,我们一直是难得的忘年交。大约20年前,年轻的肖钢博士在托普索公司开始他的职业生涯时,托普索家族就了解他并彼此成为好朋友了。从一开始结识,他的才干以及他对多学科知识的驾驭能力便给我留下了深刻的印象。我非常享受与他见面的时光,每次与他见面都是一个让我了解更多能源系统与大千世界的绝妙机会。时光飞逝,从我们结识以来,肖钢博士已经成长为一名世界级的领军科学家。他的科学技术知识面很宽,横跨无机化学、有机化学、电化学、物理化学和地球科学。他的热情,包括做事时巨大的激情以及他独特的人格魅力给人以深刻的印象。

　　上次见到他的时候,他向我介绍了他正在为中国读者编写的一套清洁能源方面的科技丛书。我非常高兴为这套丛书作序,并借此机会向所有对清洁能源的发展感兴趣的同仁推荐肖钢博士的作品。

哈尔杜·托普索

董事局主席、公司创始人

Haldor Frederik Axel Topsoe(哈尔杜·托普索),1936 年毕业于丹麦技术大学(DTU),1940 年创立哈尔杜·托普索公司。公司成立 70 多年来,一直秉持只有通过应用基础研究才能建立和保持独一无二的催化市场地位的经营理念,现在是世界工业催化领域家喻户晓的领军企业。由于成绩斐然、对社会的贡献巨大,哈尔杜·托普索先生曾被授予诸多国际荣誉,包括丹麦皇室授予的皇家大爵士勋章。

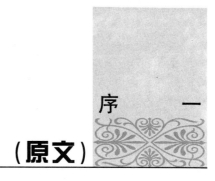

It is widely recognized that clean energy is an area of increasing importance to our world. As one of the leading companies in the catalysis industry, Haldor Topsoe fully shares the view that this world has a clear and compelling need to use our energy resources in new, clean and efficient ways.

I am now 98 years old. With an age difference of 48 years, I have enjoyed a friendship with Dr. Gang Xiao between generations. The Topsoe family has known Dr. Gang Xiao for almost 20 years, since he as a young man began his career with the company many years ago. Right from the beginning I was impressed by his talents and multidiscipline approach and I have always enjoyed his presence, and every time we are together I use the opportunity to learn more about energy systems and the wider world. Since our early encounters Dr. Xiao has developed into a world leading scientist with active knowledge across a broad spectrum of science and technology, including inorganic and organic chemistry, electrochemistry, physical chemistry, and geosciences. His enthusiasm, tremendous passion, and his unique appealing personality have always impressed me very much.

The last time I met him, Gang told me that he had finished writing a series of books on clean energy technologies to the Chinese readers. I am delighted to recommend Dr. Gang Xiao's books to all those interested in the progress and possibilities in the field of clean energy.

Haldor Topsoe

Chairman and Founder

油气作为一种重要的战略资源，在国民经济、社会发展及国家能源战略安全方面所起的作用是毋庸置疑的。伴随着国民经济的高速发展，油气资源短缺已经成为制约经济发展的一个重要瓶颈。近年来，国际上在页岩气、天然气水合物等非常规气资源勘探与开发方面取得了长足的进展。美国在页岩气勘探开发领域取得了至关重要的突破，成功地实现了页岩气的商业性开采。以加拿大、日本等国为首进行的天然气水合物勘探和开发实验也取得历史性突破，在高寒冻土区域进行了试验性生产。日本有望在近几年实现海域天然气水合物的试验开采。这越来越表明，非常规气资源有望很好地缓解油气资源紧张的局势。

我国有着丰富的非常规气资源，据初步估算，我国页岩气资源量和美国相当，具有很好的勘探开发前景。我国在南海海域、青藏高原永久冻土带成功地钻探到天然气水合物样品，初步证实了我国具有丰富的天然气水合物资源。近些年，我国已经进行了非常规气资源的勘探和开发，并取得了很好的进展。但整体而言，我国在该领域尚处于起步阶段，与国际先进水平相比仍有很大的差距，仍需广大科研人员坚持不懈地努力。为尽早实现非常规气资源的商业性开发，我国政府已持续加大投入力度。恰逢此时，我很高兴地看到肖钢博士及其合作者正在编写关于天然气水合物和页岩气勘探开发研究进展方面的书籍，他们系统地介绍了非常规气资源的勘探开发技术的最新进展，这对科研人员掌握国际发展现状大有裨益。

肖钢博士是国家和中海油引进的海外高级人才，在清洁能源领域成果丰硕，已经出版了数本学术专著，希望其在非常规气领域的书籍也会被读者关注和喜欢。

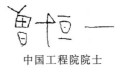

中国工程院院士

能源是现代社会发展的动脉。纵观人类社会进步的历程，人类利用能源经历了高碳、中碳到低碳的过程，并将发展到无碳的时代。煤炭、石油的大规模利用已经成为现实；氢气资源从技术和成本上来说目前还不具有优势；随着低碳能源时代的到来，天然气的利用是实现低碳能源的最佳选择。随着石油资源的大量消耗及可采资源量的减少，能源供给已进入了后石油时代，全球能源供给将由以煤炭和石油为主转变为更清洁、更环保的天然气，从而进入人类利用能源的天然气时代。

页岩气是从黑色泥页岩或者碳质泥岩地层中开采出来的天然气，与致密气、煤层气、天然气水合物等一道属非常规天然气范畴，其资源潜力巨大。美国已经率先实现页岩气的工业开采，并在世界范围内掀起一场页岩气的革命。页岩气作为油气勘探的一个新领域越来越得到世界各国的重视。中国页岩气资源潜力巨大，政府部门、科研机构、石油公司已纷纷开始页岩气的理论研究及开发试验。页岩气开发已成为国内非常规天然气研究的热点，我国的页岩气的勘探开发方兴未艾。本书是页岩气研究的综述性著作，内容囊括页岩气的资源、机理、地质、开发和政策等多方面的内容，系统地总结了世界页岩气资源及其开发现状、国内外页岩气机理研究的理论成果，并全面介绍了页岩气勘探开发的主要技术，对国外页岩气开发的经验进行了总结，可供国内研究人员及工程技术人员参考。

全书共分为七章，主要包括世界非常规天然气勘探开发概况、页岩气及其富集机理、页岩气勘探及评价技术、页岩气开发技术综述、美国页岩气及其勘探开发、中国页岩气地质及勘探开发、国外页岩气勘探开发对中国的启示等内容。世界非常规天然气勘探开发概况介绍了页岩气、煤层气、致密气、天然气水合物的资源情况和开发现状，并对世界各国页岩气资源情况和开发现状进行了详细的介绍，为读者展现了一个全局的资源特点。页岩气及其富集机理部分介绍了页岩的成因、页岩气的形成条件及页岩气的富集机理，概述了目前国内外页岩气研究的理论成果。页岩气勘探及评价技术部分介绍了国内外页岩气勘探及评价时常用的技术，包括地震勘探、测井录井、实验分析、资源评价及地质评价技术等，勘探评价是页岩气开发的基础。页岩气开发技术综述部分详细地介绍了国外页岩气开发过程中的钻、完井技术，压裂增产技术以及压裂监测技术，其中，水平钻井、水力压裂、微地震监测是页岩气开发的核心技术。美国页岩气及其勘探开发部分介绍了美国页岩气勘探开发的历史、现状及资源情况，对代表性页岩的地质特征、资源情况、开发情况进行了详细的介绍,并论述了页岩气开发所带来的环境问题。中国页岩气地质及勘探开发部分介绍了中国页岩气的研究历史、地质基础、资源特点以及分区,并介绍了中国页岩气开发的最新进展。国外页岩气勘探开发对中国的启示部分介绍了国外页岩气开发的产业特点、财税政策、成功经验等,以供国内读者参考和借鉴,并总结了中国页岩气开发所面临的问题,提出了中国页岩气勘探开发的策略。

本书在编著过程中得到了中海石油气电集团技术研发中心邢云地质总师、中国地质大学(北京)张金川教授的指导与帮助,他们为本书的编著提出了很好的思路和建议。同时,该书也得到中国工程院院士、著名海洋石油工程专家曾恒一的关怀,并在百忙之中为本书作序,在此特别致谢。编者在学习研究、资料收集、野外工作的过程中,得到了国土资源部油气资源战略研究中心的领导、专家以及中国地质大学(北京)能源学院页岩气研究团队的指导与帮助,在此致谢。另外,本书引用了大量的国内外页岩气方面的研究成果和文献,由于资料众多,难以一一列举出来,在此一并致谢!

本书的部分成果得到国家自然科学基金项目《页岩气聚集机理和成藏条件》(批准号:40672087)和国土资源部全国油气资源战略选区调查与评价国家专项《中国重点地区页岩气资源潜力及有利区优选》(编号:2009GYXQ15)的联合资助,在此表示感谢!

本书是编者从事页岩气学习和研究过程中的一个初步成果,加之编者水平有限,书中难免有错误和不足之处,敬请读者批评指正。

2012 年 4 月 19 日

EIA　美国能源信息署

IEA　国际能源署

USGS　美国地质调查局

CSUG　加拿大非常规天然气协会

GTI　美国天然气技术研究所

ARI　高级资源国际公司

NEB　加拿大国家能源局

RRC　得克萨斯州铁路委员会

DOE　美国能源部

USBM　美国矿业局

BP　英国石油公司

AAPG　美国石油地质师协会

SPE　美国石油工程师协会

CAPP　加拿大石油生产者协会

# 目  录

# 第1章

# 概　述

广义上天然气是指自然界中天然存在的一切气体,包括大气圈、水圈、生物圈和岩石圈中各种自然过程形成的气体,狭义的天然气是指天然蕴藏于地层中的烃类和非烃类气体的混合物。通常人们所说的天然气即为狭义的天然气。天然气是世界公认的清洁能源,随着石油储量的减少和环保问题的严重,近年来,世界天然气的产量和消费量都逐年递增,据专家估计,数年后人类对天然气的消费将超过石油。

## 1.1　世界非常规天然气资源及勘探开发概况

翻开人类社会的发展史,人类社会的进步与能源早已结下了不解之缘。人类利用能源方式的每一次进步,都会引起生产和社会的重大变革。早在远古时期,钻木取火为人类带来了温暖和光明,使人类结束了茹毛饮血的原始生活,创造了最初的文明;18世纪,煤的开发和使用促成了蒸汽机的发明及应用,从此开启了人类文明史上第一次工业革命,人类开始走出刀耕火种的时期,进入工业化大生产时代。随着社会的发展,煤炭、石油、天然气等一次能源得到大量的开发,在此期间,电力作为二次能源出现了,进一步推进了人类文明,并以其不可思议的力量彻底改变了人类的生活。步入现代社会以后,能源开发的视野更为广阔,核能、氢能等新型能源陆续得到开发,为人类社会的进步提供了源源不断的动力。可以说,人类社会发展史在一定意义上就是一部能源开发和利用的历史。

随着人类社会的不断发展以及人类环保意识的不断提高,能源与环境的可持续发展成为当今社会发展的主题。纵观人类能源的发展史,人类能源利用可以分为木材、煤炭、石油、天然气、核能和太阳能六个阶段。人类社会的进步,就是逐步由使用高碳(煤炭)、中碳(石油)和低碳(天然气)资源,再到无碳(氢气)资源的过程。木材、煤炭和石油这三个阶段目前已经成为现实,核能和太阳能是新能源发展的重点方向,而天然气目前正处于高速的发展阶段。天然气作为一种高效、优质的清洁能源和化工原料,已经成为仅次于石油和煤炭的世界第三大能源,是实现低碳能源消费的最佳选择。

据BP(2011)统计,2010年,世界一次能源消费量增加了5.6%,是自1973年以来最强劲的增长。石油、天然气、煤炭、核能、水电以及用于发电的可再生能源增速均高于平均值。石油仍然是主导性能源(占全球总消费量的33.6%),但其所占份额连续 11 年下降;煤炭在总能源消费中占比继续上升;天然气的占比达到历史最高纪录(图 1-1)。2010 年,全球天然气产量增加 7.3%,其中俄罗斯天然气产量快速增长,增幅为 11.6%,为全球之最,美国和卡塔尔的增幅分别为 4.7% 和 30.7%。美国仍然是世界上最大的天然气生产国。全球天然气消费增长 7.4%,为 1984 年以来的最大增幅。除了中东地区,所有地区的消费增幅都高于平均水平。美国天然气消费增长居世界之首,增幅为 5.6%,达到历史新高。俄罗斯和中国的天然气消费也有大幅的增加,分别达到各自的历史最大增幅。

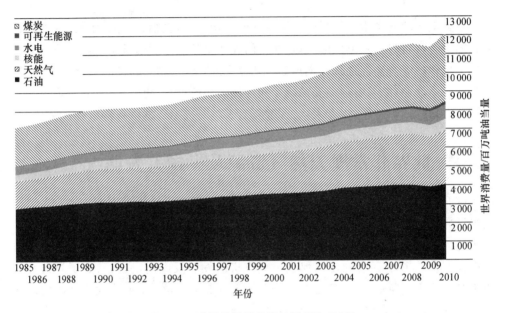

图 1-1　世界能源消费增长图(BP,2011)

近 20 年来,世界天然气探明储量快速增长(图 1-2)。2010 年,世界天然气探明储量为 $187.1 \times 10^{12}$ m³,较 1990 年探明储量 $125.7 \times 10^{12}$ m³ 增长了 48.8%,年均增长率为 2.4%。与此同时,世界天然气产量和消费量也大幅度增长。2010 年,世界天然气产量达 $3\,193.3 \times 10^9$ m³,较 1990 年的 $1\,980.4 \times 10^9$ m³ 增长了 61.2%,年均增长幅度为 3.1%。2010 年世界天然气消费量为 $3\,169.0 \times 10^9$ m³,较 1990 年的 $1\,960.2 \times 10^9$ m³ 增长了 61.7%,年均增长 3.1%。据国际能源署(IEA)预计,2007—2020 年,世界天然气的需求还将增长 45%,其发展速度将进一步超过石油、煤炭和其他任何一种能源,特别是在亚洲等发展中国家和地区,其增长速度会更快。

天然气包括常规天然气和非常规天然气。常规天然气是指采自气田的天然气和油田的伴生气;非常规天然气是指在成因来源、地质过程、赋存特征、化学特点、分布规律、开发方式以及地域分布等方面与常规天然不同的天然气,也包括由于多种原因而在特定的时期内还不能以盈利方式进行开发生产的其他特种油气藏。在成藏地质研究过程中,非常规天然气更多是指不以浮力作为主要成藏动力和主控因素的天然气聚集,通常意义上的圈闭不再是天然气聚集的主体。非常规天然气包括煤

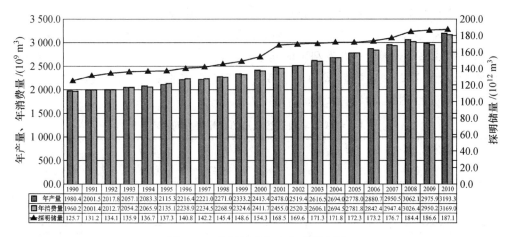

图 1-2　世界天然气生产和消费图

层气、致密砂岩气(深盆气或根缘气)、页岩气、水溶气、天然气水合物等。非常规天
然气与常规天然气一样,是重要的能源矿产和战略性资源,关系到国家的经济建设
和能源安全。

全球非常规天然气资源量巨大,约为常规石油天然气资源量的 1.65 倍,其中天
然气水合物所占比例最大,达 37%。目前,已经商业开发的页岩气、煤层气、致密气
三种非常规天然气资源总量就达 921.7×10$^{12}$ m$^3$,其中页岩气资源量为 456×
10$^{12}$ m$^3$,占非常规天然气总量的 49%,煤层气资源量为 256.1×10$^{12}$ m$^3$,占非常规天
然气总量的 28%,致密砂岩气资源量为 209.6×10$^{12}$ m$^3$,占非常规天然气总量的
23%(Rogner,1997),如图 1-3 所示。另外,未计算在内的天然气水合物、水溶气等
资源潜力也十分巨大。据 AAPG 地质研究 54 统计表明,在当前技术条件下全球常
规天然气可采资源量为 436.1×10$^{12}$ m$^3$,目前探明程度为 50%。随着天然气勘探理
论与开发技术的进步,非常规天然气将成为天然气资源的重要来源。

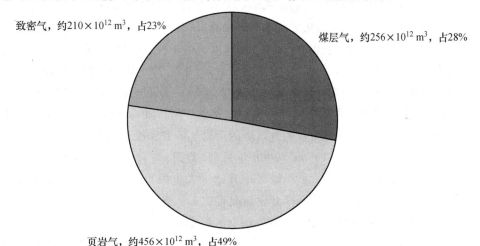

图 1-3　世界非常规天然气资源

全球非常规天然气资源主要分布在北美、中国和中亚、太平洋地区、拉丁美洲等国家和地区(表 1-1)。据统计,2007 年,全球非常规天然气产量约 $5\,000\times10^8$ $m^3$。美国是全球非常规天然气开发利用的领军国家,2009 年,美国天然气产量首次超过俄罗斯,达到 $6\,240\times10^8$ $m^3$,成为全球第一大产气国,其主要的贡献者就是非常规天然气,年产量已达到 $2\,917\times10^8$ $m^3$。

表 1-1　全球非常规天然气资源储量表(Rogner,1997)

| 国家或地区 | 煤层气 | 页岩气 | 致密气 | 合计 |
|---|---|---|---|---|
| 北美 | 85.4 | 108.7 | 38.8 | 232.9 |
| 拉丁美洲 | 1.1 | 59.9 | 36.6 | 97.6 |
| 西欧 | 4.4 | 14.4 | 10.0 | 28.8 |
| 中欧和东欧 | 3.3 | 1.1 | 2.2 | 6.7 |
| 苏联 | 112.0 | 17.7 | 25.5 | 155.2 |
| 中东和北非 | 0.0 | 72.1 | 23.3 | 95.4 |
| 撒哈拉以南的非洲 | 1.1 | 7.8 | 22.2 | 31.0 |
| 中亚和中国 | 34.4 | 99.8 | 10.0 | 144.2 |
| 太平洋地区(经合组织) | 13.3 | 65.5 | 20.0 | 98.7 |
| 亚太其他地区 | 0.0 | 8.9 | 15.5 | 24.4 |
| 南亚 | 1.1 | — | 5.5 | 6.7 |
| 全球 | 256.1 | 456.0 | 209.6 | 921.7 |

下面对各种类型非常规天然气分别加以介绍。

**1. 页岩气**

页岩气是从黑色泥页岩或者碳质泥岩地层中开采出来的天然气。全球页岩气资源量约为 $456\times10^{12}$ $m^3$,相当于煤层气和致密气资源量的总和,主要分布在北美、中亚和中国、中东和北非以及拉美等国家和地区,美国和加拿大是目前世界上已经实现页岩气商业开采的国家。美国的页岩气勘探开发具有较长的历史,但对于现代概念的页岩气来说,其勘探开发历史也仅有 30 多年的时间。由于技术的进步,美国的页岩气勘探开发取得了巨大的成功,页岩气年产量稳步上升,并在 2008 年超越煤层气而成为产量仅次于致密砂岩气的非常规天然气。2009 年,美国页岩气产量占同年美国天然气总产量的 14%,其总量超过了我国同期的天然气年总产量。加拿大的页岩气开发起步较美国晚,自 2000 年进行西加拿大盆地群的页岩气研究和勘探开发先导试验以来,页岩气产量已达到 $72.3\times10^8$ $m^3$(2009 年)。除美国、加拿大之外,中国、德国、波兰、澳大利亚、印度、南非等国家和地区也开始了大量的页岩气勘探开发及研究工作。有关世界页岩气资源及其勘探开发情况将在 1.2 节中详细介绍。

我国页岩气可采资源量为 $26\times10^{12}$ $m^3$,与美国的 $28\times10^{12}$ $m^3$ 的可采资源量大致相当,资源储量十分巨大(张金川等,2009)。2004 年,国土资源部油气资源战略研究中心和中国地质大学(北京)开始了页岩气资源的研究工作,各大石油公司和高校在近几年也纷纷开始开展页岩气的研究。目前,我国的页岩气勘探开发已经起步,大力推进页岩气勘探开发已达成基本共识。

### 2. 煤层气

煤层气又称煤层甲烷,俗称煤层瓦斯。煤层气是煤成气的一部分,主要以吸附状态赋存于煤及煤系地层中,它与煤岩同生共体,在成分上以甲烷为主。世界煤层气资源丰富,根据 IEA(2004)的统计结果,全球煤层气资源量超过 $260×10^{12}$ $m^3$,是常规天然气总资源量的 50%,主要分布在北美、俄罗斯、中国、澳大利亚和中亚等国家和地区。90% 的煤层气资源量分布在 12 个主要产煤国,其中俄罗斯、美国、中国、加拿大和澳大利亚的煤层气资源量均超过 $10×10^{12}$ $m^3$。

煤层气是国内外非常规天然气勘探的热点之一,从 20 世纪末至今,世界许多国家均已开始对煤层气进行勘探和开发,其中美国最为成功,是最主要的煤层气生产国。在美国的非常规天然气类型产量中,煤层气目前排名第三,2009 年美国煤层气产量达到 $511×10^8$ $m^3$,占美国天然气总产量的 11%,与同年中国的天然气总产量接近。此外,加拿大、澳大利亚及中国等国家目前也已经实现了不同程度的煤层气商业化开发。世界主要国家煤层气资源量和产量情况如表 1-2 所示。

表 1-2　世界主要国家的煤层气资源量和产量表

| 资源量排位 | 国家 | 资源量/($10^{12}$ $m^3$) | 2009 年产量/($10^8$ $m^3$) |
|---|---|---|---|
| 1 | 俄罗斯 | 66.72 | 研发/实验 |
| 2 | 美国 | 48.87 | 600 |
| 3 | 中国 | 36.8 | 10+61.7[①] |
| 4 | 加拿大 | 20 | 100 |
| 5 | 澳大利亚 | 14.16 | 60 |

① 其中,地面开发产量为 $10×10^8$ $m^3$,井下抽采量为 $61.7×10^8$ $m^3$。

我国现今的能源结构以煤为主,煤层气具有巨大的资源优势和良好的商业前景。据全国煤层气资源评价成果(国土资源部油气资源战略研究中心,2009),全国埋深 2 000 m 以浅的煤层气总资源量为 $36.81×10^{12}$ $m^3$,其中可采资源量为 $10.87×10^{12}$ $m^3$。西北、华北、南方和东北地区的煤层气地质资源量分别占全国煤层气地质资源总量的 56.3%、28.1%、14.3% 和 1.3%。而在纵向上,埋深小于 1 km、1～1.5 km 和 1.5～2.0 km 的煤层气地质资源量分别占全国煤层气资源地质总量的 38.8%、28.8% 和 32.4%。

### 3. 致密气

致密气一般是指渗透率小于 0.3 mD[①] 的天然气资源,包括致密砂岩气、火山岩气、碳酸盐岩气等类型。通常所说的致密气一般多指致密砂岩气,其砂岩储层渗透率在 0.000 1～0.1 mD 之间(Holditch,2006),张金川(2003)根据致密气的本质特点提出

———————

① 1 D=$0.986 923×10^{-12}$ $m^2$,下同。

"根缘气"的概念,强调了致密储层中的活塞式气水驱替及致密砂岩的底部含气特征。

自 20 世纪 70 年代以来,全球已发现或推测发育致密气的盆地达 70 余个,主要集中在北美,资源量约为 $210 \times 10^{12}$ m³,技术可开采量为$(10.5 \sim 24) \times 10^{12}$ m³。2008 年,全世界致密气产量达到 $4\,320 \times 10^{8}$ m³,占世界天然气总产量的 1/7,已成为天然气勘探开发的重要领域。致密气开发最成功的国家是美国,其次是中国,美国几乎所有的地质盆地都含有致密气资源。2008 年,美国致密气年产量为 $1\,757 \times 10^{8}$ m³,约占其天然气总产量的 30%。

中国自 1971 年发现川西中坝致密砂岩气田后,相继发现了许多致密砂岩气田,总资源量约为 $12 \times 10^{12}$ m³(部分与常规气在资源量上存在着交叉),广泛分布于鄂尔多斯、四川、松辽、渤海湾、柴达木、塔里木及准噶尔等 10 余个盆地,其中鄂尔多斯盆地和四川盆地资源量最为丰富(图 1-4)。2009 年,中国致密气年产量约为 $150 \times 10^{8}$ m³。

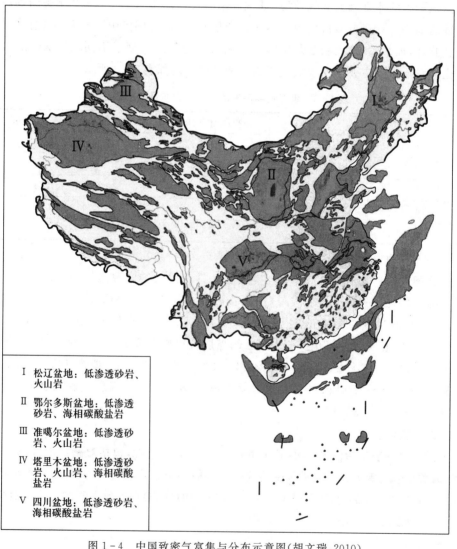

I　松辽盆地:低渗透砂岩、火山岩

II　鄂尔多斯盆地:低渗透砂岩、海相碳酸盐岩

III　准噶尔盆地:低渗透砂岩、火山岩

IV　塔里木盆地:低渗透砂岩、火山岩、海相碳酸盐岩

V　四川盆地:低渗透砂岩、海相碳酸盐岩

图 1-4　中国致密气富集与分布示意图(胡文瑞,2010)

### 4. 天然气水合物

天然气水合物是在低温、高压的环境中由气体或挥发性液体与水相互作用形成的白色固态结晶物质,外观似冰且遇火可燃,故又称作"可燃冰"、"固体瓦斯"或"气冰"等,其主要成分为甲烷。天然气水合物主要分布在大陆架、陆坡、小型洋盆等较深水环境,也出现在大型的内陆湖盆、极地及永冻土地带。

天然气水合物的主要特点是能量密度高,单位体积的天然气水合物分解至少可释放 160 个单位体积的甲烷气体,其能量密度是常规天然气的 2～5 倍,是煤炭的 10 倍。据美国、俄罗斯、日本等的研究结果,全球陆地天然气水合物总资源量为 $2.83 \times 10^{15}$ m³,海洋为 $8.5 \times 10^{16}$ m³,相当于已探明化石燃料总含碳量的两倍多,资源量十分巨大,可采年限大于 1 000 年。目前世界上已有多个国家和地区在开展天然气水合物的理论研究与勘探评价工作,并在多处发现了天然气水合物及其存在的证据。但由于天然气水合物开采困难,目前只在俄罗斯的西伯利亚麦索雅哈、美国的阿拉斯加北坡和加拿大的麦肯齐三角洲等三个极地区进行过试生产,而真正意义上的商业开采还没有开始。

在我国,天然气水合物资源主要分布在南海、东海海域及青藏高原等陆域地区。其中,2007 年已在南海海域获得了天然气水合物的样品。2008—2009 年,在中低纬度高山冻土区,即青海天峻县木里地区,连续钻获了天然气水合物实物样品,使我国成为继加拿大、美国、俄罗斯之后第四个在冻土区发现水合物样品的国家。据青海盐湖所 2010 年提供的数据,我国天然气水合物资源潜力为 $80.344 \times 10^{12}$ m³。

### 5. 水溶气

水溶气也称水溶性天然气,广义上讲凡是溶解在水中的天然气都称为水溶气,一般意义上的水溶气是指溶解在地层水中的以甲烷为主要成分的气体。因此,水溶气可进一步界定为:在特定的地质及经济技术条件下,溶解于地层水中,具有工业开采规模和价值的天然气。

水溶气在世界上的分布很广,根据苏联学者在 20 世纪 90 年代的预测,全球水溶气资源量为 $33\,837 \times 10^{12}$ m³,主要分布在亚洲(占 26%)、北美和中美洲(占 18%)、大洋洲(占 15%)、欧洲(占 14%)、非洲(占 15%)。在日本,水溶气开发已经形成了工业化规模,成为了天然气工业中的重要组成部分。由于日本的化石能源稀缺,水溶气的开发利用程度较高,其勘探开发已有百年历史。

我国的水溶气区域分布十分广泛,长江中下游、东南沿海一带以及四川、鄂尔多斯、吐哈、松辽、塔里木等盆地均具有一定的勘探开发、潜力,目前已在多处中、新生界地层中发现了具有一定勘探开发价值的水溶气的存在。不同专家的预测结果表明,我国的水溶气资源量为 $(12\sim65) \times 10^{12}$ m³,约占世界水溶气资源总量的 5%(张金川等,2011)。

北美是非常规天然气开发最成功的地区之一,以美国非常规天然气资源开发为代表。2009 年,美国天然气产量首次超过俄罗斯,达到 $6\,240 \times 10^8$ m³,成为全球第一大产气国,其主要贡献者就是非常规天然气,2009 年的产量为 $3\,000\times10^8$ m³,占其天然气总产量的 48%,其中,煤层气产量超过 $600\times10^8$ m³,年均增长 10%;页岩气产量增至 $900\times10^8$ m³,年均增长 15%。2010 年,美国页岩气产量达 $1\,379\times10^8$ m³,约占美国天然气产量的 23%。据 Ziff Energy(2009)预测,北美地区非常规天然气产量从 2007—2020 年将进一步增加,在天然气总产量中的比例将从 2007 年的 46% 增加到 2020 年的 53%。预计到 2020 年,美国天然气生产总量的 69% 将来自于非常规天然气,其中页岩气产量将从 2007 年的 $500\times10^8$ m³ 增加到 2020 年的 $1\,359\times10^8$ m³;致密砂岩气产量将从 2007 年的 $1\,642\times10^8$ m³ 增加到 2020 年的 $2\,605\times10^8$ m³。据美国能源信息署(EIA,2011a)统计和预测(图 1-5),2010 年,美国天然气总产量约 $6\,037\times10^8$ m³,页岩气、致密砂岩气、煤层气三者产量总和占天然气总产量的 60%,其中页岩气产量为 $1\,359\times10^8$ m³,致密砂岩气产量为 $1\,755\times10^8$ m³,煤层气产量为 $484\times10^8$ m³,预计到 2035 年,美国天然气总产量将达 $7\,467\times10^8$ m³,页岩气、致密砂岩气、煤层气三者产量总和占天然气总产量的 75%,其中页岩气产量为 $3\,468\times10^8$ m³,致密砂岩气产量为 $1\,653\times10^8$ m³,煤层气产量为 $487\times10^8$ m³。

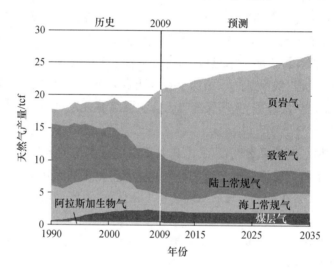

图 1-5    美国非常规天然气产量及预测图(EIA,2011a)

## 1.2  世界页岩气资源及勘探开发概况

页岩气(shale gas)是指主体位于暗色泥页岩或高碳泥页岩中、以吸附或游离状态为主要存在方式的天然气聚集,也包括页岩地层中的砂岩、粉砂岩等薄互夹层中的天然气(Curtis,2002;张金川等,2004)。页岩气开发具有开采寿命长和生产周期长的优点,大部分产气页岩分布范围广、厚度大,且普遍含气,使得页岩气井能够长期稳定产气。页岩气将烃源岩作为储集层,将常规意义上的生储盖圈融为一体,极大地拓展了油气勘探的领域和范围。世界页岩气资源量巨大,随着页岩气勘探开发技术的进步，在北美地区掀起了一场页岩气的工业革命。在美国，页岩气被称为"游戏规则改变者"，意指它会给美国甚至全球的能源结构带来巨大的改变。

世界页岩气的勘探开发历史悠久，从美国 1821 年第一口页岩气井商业开发至今已有近 200 年的历史，目前正迈入快速发展期(图 1-6)。北美页岩气的发展尤其迅速，实现了高效经济、规模开发，成为北美天然气供应的重要来源，并引起全球天然气供应格局的重大变化。欧洲的德国、法国、英国、波兰、奥地利、瑞典，亚洲的中国、印度，大洋洲的澳大利亚、新西兰，南美的阿根廷、智利等国家或地区都已充分认识到页岩气资源的价值和前景，开始了广泛的页岩气基础理论研究、资源潜力评价、工业化开采试验等。

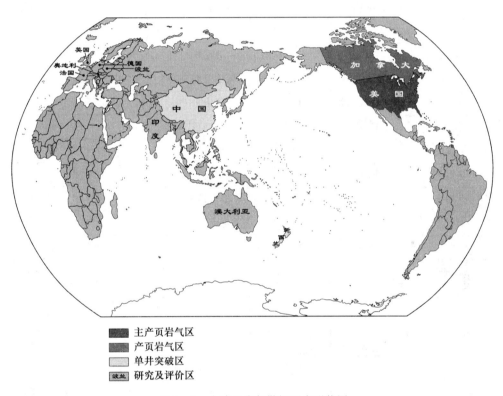

图 1-6 全球页岩气勘探开发形势图

2011 年，美国能源信息署(EIA)对世界上除美国以外的 32 个国家 48 个页岩气盆地的 70 个页岩层资源进行了评估，这些评估覆盖了所选择国家的最丰富的页岩气资源。根据地质资料分析，可在短期内获得的技术可采储量如表 1-3 所示。EIA 评估数据显示，当前全球拥有页岩气资源 $187.03 \times 10^{12}$ m³，其中北美地区拥有 $54.65 \times 10^{12}$ m³，位居第一；亚洲拥有 $39.31 \times 10^{12}$ m³，位居第二；非洲拥有 $29.49 \times 10^{12}$ m³，位居第三；欧洲拥有 $18.08 \times 10^{12}$ m³，位居第四。全球其他地区拥有 $45.5 \times 10^{12}$ m³(EIA，2011b)。在 EIA 本次评估中，中国页岩气技术可采储量为 $36.08 \times 10^{12}$ m³，居世界第一，远远高出美国 $24.39 \times 10^{12}$ m³ 的技术可采储量，而根据新一轮全国油气资源评价结果,我国常规天然气可采资源量为 $22.03 \times 10^{12}$ m$^3$,由此可见,中国页岩气资源的潜力巨大。

表 1-3　世界各地区及国家的页岩气资源量预测表(EIA,2011a)　　　$10^8$ m$^3$

| 地区和国家 | 2009 年天然气可采储量[①] | 页岩气技术可采储量 | 地区和国家 | 2009 年天然气可采储量[①] | 页岩气技术可采储量 |
|---|---|---|---|---|---|
| 欧洲 | | | 大洋洲 | | |
| 法国 | 57 | 50 940 | 澳大利亚 | 31 130 | 112 068 |
| 德国 | 1 754 | 2 264 | 非洲 | | |
| 荷兰 | 13 867 | 4 811 | 南非 | | 137 255 |
| 挪威 | 20 376 | 23 489 | 利比亚 | 15 480 | 82 070 |
| 英国 | 2 547 | 5 660 | 突尼斯 | 651 | 5 094 |
| 丹麦 | 594 | 6 509 | 阿尔及利亚 | 44 997 | 65 373 |
| 瑞典 | | 11 603 | 摩洛哥 | 28 | 3 113 |
| 波兰 | 1 641 | 52 921 | 西撒哈拉 | | 1 981 |
| 土耳其 | 57 | 4 245 | 毛里塔尼亚 | 283 | 0 |
| 乌克兰 | 11 037 | 11 886 | 南美洲 | | |
| 立陶宛 | | 1 132 | 委内瑞拉 | 50 629 | 3 113 |
| 其他[②] | 767 | 5 377 | 哥伦比亚 | 1 132 | 5 377 |
| 北美洲 | | | 阿根廷 | 3 792 | 219 042 |
| 美国[③] | 77 118 | 243 946 | 巴西 | 3 651 | 63 958 |
| 加拿大 | 17 546 | 109 804 | 智利 | 991 | 18 112 |
| 墨西哥 | 3 396 | 192 723 | 乌拉圭 | | 5 943 |
| 亚洲 | | | 巴拉圭 | | 17 546 |
| 中国 | 30 281 | 360 825 | 玻利维亚 | 7 500 | 13 584 |
| 印度 | 10 726 | 17 829 | 以上数据合计 | 283 283 | 1 874 026 |
| 巴基斯坦 | 8 405 | 14 433 | 世界总计 | 1 870 347 | |

① 探明储量取自 *Oil and Gas Journal*,2010:46-49。

② 罗马尼亚、匈牙利、保加利亚。

③ 数据来自美国能源信息署(EIA)。

## 1. 美国页岩气资源及勘探开发概况

美国是世界上页岩气勘探开发最成功的国家,已经在 20 多个盆地开展了页岩气勘探开发工作,并对其他盆地进行了资源前景调查,目前已经确定有 50 多个盆地有页岩气资源前景,48 个州的页岩气可采资源量在 $(15 \sim 30) \times 10^8$ m$^3$(图 1-7)。随着新的含气区带的不断发现、更密集的开发井钻探以及开采理论与技术的进步,美国页岩气探明储量也在不断增加,2007 年美国本土 48 州的页岩气探明可采储量为 6 151×10$^8$ m$^3$,2008 年为 9 290×10$^8$ m$^3$,增加了 3 139×10$^8$ m$^3$,增加 51%。

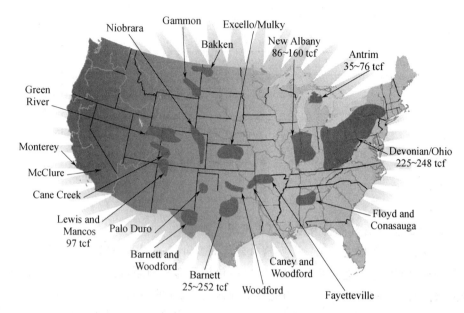

图 1-7　美国产气页岩及远景区分布

美国自 20 世纪 70 年代以来开始页岩气的勘探开发,政府相关机构投入了大量资金用于页岩气的勘探研究。技术进步是页岩气产量提高的关键,特别是水平钻井技术和水力压裂技术在页岩气开发作业中的应用,使美国页岩气产量有了突飞猛进的增长。美国目前投入规模开发的页岩主要有 Barnett、Marcellus、Fayetteville、Haynesville、Woodford、Lewis、Antrim、New Albany 等,页岩气主要产于中上泥盆统、密西西比系、侏罗系和白垩系地层。以 Barnett 页岩为例,2006 年,Barnett 页岩年产量达 3.11×10$^{10}$ m$^3$,以 Barnett 页岩为主要产层的 Newark East 页岩气田成为得克萨斯州产量最大的气田,天然气产量居全美气田第二,成为美国页岩气产量最大的气田。2009 年,Barnett 页岩年产量达 5.0×10$^{10}$ m$^3$。1991 年,美国页岩气产量仅为 62.36×10$^8$ m$^3$,2008 年,页岩气产量超过煤层气,成为美国仅次于致密砂岩气之后的第二大非常规天然气类型。2009 年,美国页岩气勘探开发进一步突破,页岩气生产井增至 98 590 口,产量达 878×10$^8$ m$^3$,超过我国常规天然气的年产量,其中,仅 Barnett 页岩的产量就达到了 560×10$^8$ m$^3$。2010 年,美国页岩气产量达 1 359.34×10$^8$ m$^3$,占美国天然气总产量的 23%。20 年间,美国页岩气产量增加了近 21 倍,随着技术的进步,预计 2035 年页岩气的产量将接近 1 700×10$^8$ m$^3$,届时将占美国天然气总产量的 47%(图 1-8)(EIA,2011a)。然而,根据高级资源国际公司(ARI)的预测,随着 Haynesville 和 Marcellus 页岩气开发的快速发展,美国页岩气产量预计到 2020 年就将达到 2 066×10$^8$ m$^3$。

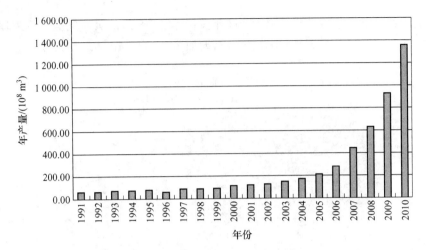

图 1-8    1991—2010 年美国页岩气年产量图(EIA,2011a)

### 2. 加拿大页岩气资源及勘探开发概况

加拿大是继美国之后第二个实现页岩气商业开发的国家。加拿大页岩气资源主要分布在西加拿大盆地的几个主要产气区,包括西部不列颠哥伦比亚省的阿尔伯达、萨斯喀彻温以及东部的安大略、魁北克等地区,代表性的页岩包括 Horn River、Montney、Colorado、Utica、Horton Bluff 等 5 套(图 1-9),各套页岩储层特征见表 1-4。

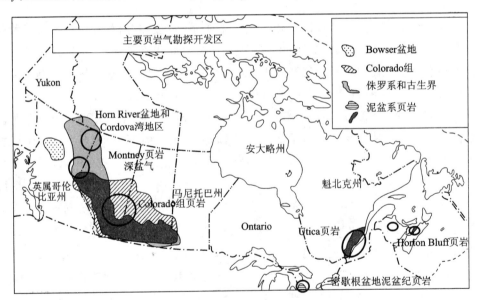

图 1-9    加拿大页岩气盆地及资源潜力

表 1-4    加拿大含气页岩特征

|  | Horn River | Montney | Colorado | Utica | Horton Bluff |
|---|---|---|---|---|---|
| 深度/m | 2 500～3 000 | 1 700～4 000 | 300 | 500～3 300 | 1 120～2 000+ |
| 厚度/m | 150 | ≤300 | 17～350 | 90～300 | 150+ |

| | Horn River | Montney | Colorado | Utica | Horton Bluff |
|---|---|---|---|---|---|
| 含气孔隙度/% | 3.2~6.2 | 1.0~6.0 | <10 | 2.2~3.7 | 2 |
| 有机碳含量 TOC/% | 0.5~6.0 | 1~7 | 0.5~12 | 0.3~2.25 | 10 |
| 镜质体反射率 Ro/% | 2.2~2.8 | 0.8~2.5 | 生物成因 | 1.1~4 | 1.53~2.03 |
| 硅质/% | 45~65 | 20~60 | 砂、粉砂 | 5~25 | 38 |
| 方解石或白云石/% | 0~14 | ≤20 | — | 30~70 | 明显 |
| 黏土矿物/% | 20~40 | <30 | 高 | 8~40 | 42 |
| 游离气/% | 66 | 64~80 | | 50~65 | |
| 吸附气/% | 34 | 20~36 | | 35~50 | |
| $CO_2$/% | 12 | 1 | | <1 | 5 |
| 地质储量/地段 /($10^6$ $m^3$) | 1 700~ 9 000+ | 230~ 4 500 | 623~1 800 | 710~5 950 | 2 000~ 17 000+ |
| 远景区地质储量 /($10^9$ $m^3$) | 4 100~ 17 000 | 2 300~ 20 000 | >2 800 | >3 400 | >3 700 |
| 水平井成本 (含压裂)/百万加元 | 7~10 | 5~8 | 0.35 (仅有直井) | 5~9 | 未知 |

　　加拿大的页岩气勘探开发起步较晚,从 2000 年开始加强了重点针对 11 个盆地(地区)的页岩气研究,涉及地层包括古生界(寒武系、奥陶系、泥盆系等)和中生界(三叠至白垩系),目前已有越来越多的石油勘探公司把注意力集中到页岩气上来。美国天然气技术研究所(GTI)预测阿尔伯达盆地页岩气地质资源量约为 $24.4 \times 10^{12}$ $m^3$,而全加拿大页岩气资源量超过了 $28.3 \times 10^{12}$ $m^3$。加拿大非常规天然气协会(CSUG)最新预测,整个加拿大地区页岩气资源量为 $31.5 \times 10^{12}$ $m^3$。

　　加拿大早期的页岩气生产来自阿尔伯达省东南部和萨斯喀彻温省西南部的 Second White Speckled 页岩,但位于不列颠哥伦比亚省东北部的第一个商业性页岩气藏直到 2007 年才开始投入开发。此后,对页岩气勘探开发的兴趣大大增强,勘探开发的地区主要集中在不列颠哥伦比亚省东北部的中泥盆统 Horn River 盆地和三叠系 Montney 页岩,这是西加拿大最有潜力的页岩盆地(图 1 - 10)(NEB,2009)。Horn River 盆地发育中泥盆统多套页岩的资源储量约为 $22 \times 10^{12}$ $m^3$,可采储量约为 $3.6 \times 10^{12}$ $m^3$。Horn River 盆地页岩气井单井产能开始时达到 $45 \times 10^4$ $m^3$/d,在近几年的页岩气勘探钻探中,Horn River 盆地的页岩被认为是西加拿大盆地产能最高的页岩。Montney 页岩资源储量约为 $18 \times 10^{12}$ $m^3$,其中可采储量为 $3.1 \times 10^{12}$ $m^3$。从 2005 年起,Montney 页岩中的水平页岩气井总产能从零增加到 $10.7 \times 10^6$ $m^3$/d,并且有望保持增长的态势。到 2009 年 7 月,Montney 页岩中共有页岩气水平井 234 口,单井产能在 $(0.85~14.1) \times 10^4$ $m^3$/d 之间,产能超过 $28 \times 10^4$ $m^3$/d(Kuuskraa,

2009;Heffernan 等,2010)。2009 年,加拿大页岩气产量达到 $72 \times 10^8$ $m^3$,主要来自 Horn River 盆地和 Montney 页岩,据 ARI 预测,到 2020 年加拿大页岩气产量预计将超过 $625 \times 10^8$ $m^3$。

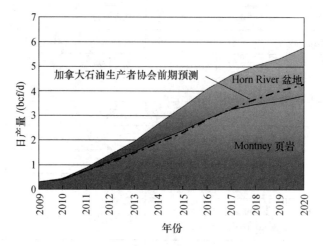

图 1-10  Horn River 和 Montney 产量预测图(CAPP,2010)

### 3. 世界其他地区页岩气资源及勘探开发现状

#### 1) 欧洲

2007 年,在德国波茨坦地球科学国家研究中心成立了欧洲第一个专门页岩气研究机构(GeoForschungs Zentrum Potsdam,GFZ)。2009 年,GFZ 启动了欧洲页岩气项目(GASH),邀请了超过 30 家公司、大学、科研院所以及地调单位参加,计划花费 6 年的时间通过收集欧洲各个地区的页岩样品以及测井、试井和地震资料数据建立欧洲的黑色页岩数据库,并与美国的含气页岩进行对比分析,形成页岩气成藏体系模型,从而进一步对欧洲页岩气盆地进行优选。

2011 年 9 月,波兰 Kosciuszko 研究院发布了一份题为《非常规天然气——波兰与欧洲的机会? 分析与建议》的报告(Kosciuszko Institute,2011),该报告指出,未来 10 年,页岩气革命将席卷欧洲,届时欧洲天然气产业格局将发生显著变化,其中以波兰为首,波兰的页岩气产量有望改变欧洲能源市场格局。这份报告是 Kosciuszko 研究院的 20 多位来自不同国家的科学家和学者共同撰写的。他们认为,欧洲的非常规天然气产业,尤其是页岩气的蓬勃发展,对提升能源安全、降低天然气价格和减少碳排放有着不容忽视的作用。

欧洲页岩气主要分布在波兰、法国、挪威、瑞典、乌克兰、丹麦等国,据 EIA (2011b)预测,欧洲页岩气技术可采资源为 $18.08 \times 10^{12}$ $m^3$,其中,以波兰和法国最多,分别为 $5.3 \times 10^{12}$ $m^3$ 和 $5.1 \times 10^{12}$ $m^3$(图 1-11)。欧洲目前多个盆地正在开展页岩气勘查,其中以波兰的 Silurian 页岩、瑞典的 Alum 页岩以及奥地利的 Mikulov 页岩进展最快(图 1-12)。据初步估算,这三个页岩盆地页岩气资源潜力为 $30 \times 10^{12}$ $m^3$,可采资源为 $4 \times 10^{12}$ $m^3$(Kuuskraa,2009)。

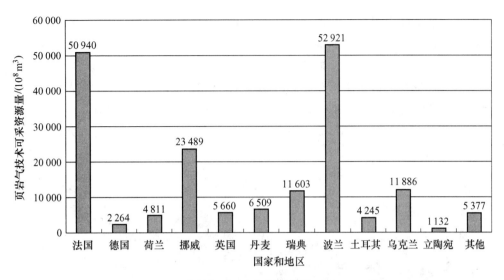

图 1-11　欧洲各国页岩气资源情况(EIA,2011b)

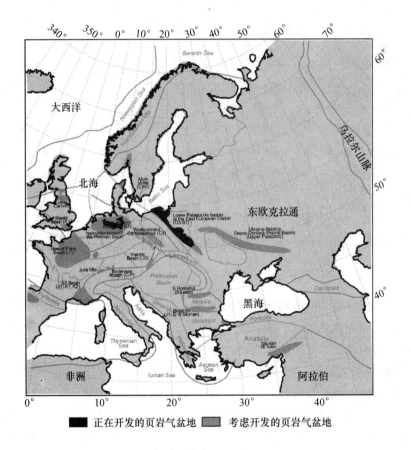

图 1-12　欧洲页岩气盆地分布图(Kosciuszko Institute,2011)

波兰的页岩气勘探开发工作目前正在进行,目的层系是下志留-奥陶系的
Silurian 富有机质页岩,Silurian 页岩主要发育在北部的 Baltic 盆地,南部的 Lublin

盆地以及东部的 Podlasie 盆地(图 1-13)。Baltic 盆地是最好的远景区带,Podlasie 盆地和 Lublin 盆地虽然其成熟度看起来是良好的,但页岩气生产的潜力还有待进一步论证。波兰页岩气地质储量为 $22.42 \times 10^{12}$ m³,其中 Baltic 盆地地质储量为 $14.64 \times 10^{12}$ m³,Lublin 盆地为 $6.29 \times 10^{12}$ m³,Podlasie 盆地为 $1.59 \times 10^{12}$ m³,三个盆地的技术可采储量为 $5.3 \times 10^{12}$ m³。目前在该区块作业的公司有 LaneEnergy、Eur Energy、BNK、ExxonMobil、ConocoPhillips,波兰计划钻探的 124 口页岩气井已经完钻 10 口,压裂 1 口。

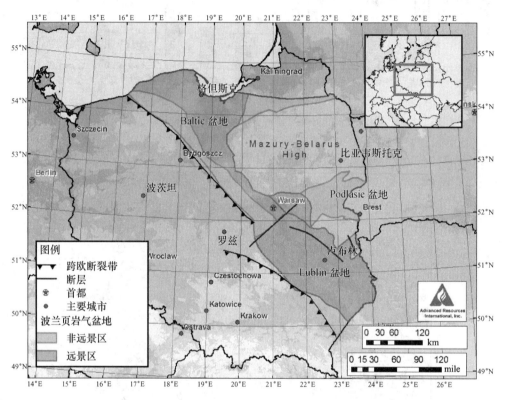

图 1-13　波兰主要页岩气盆地分布图(EIA,2011b)

目前,波兰每年所需的天然气的 70% 都来自俄罗斯,如果页岩气开采计划最终成形,将大大减少波兰对俄罗斯天然气的依赖。波兰政府制订了雄心勃勃的开采计划,但是目前也面临着巨大的压力,据波兰媒体报道,由于通过水力压裂开采页岩气可能会导致地下水污染,开采地区附近的居民已提出了抗议。此外,波兰人口密度是美国的四倍,一旦页岩气开采威胁到饮用水,后果将不堪设想。

瑞典的 Alum 页岩形成于晚寒武世到早奥陶世,富含有机质,厚约 40 m,在瑞典西部地区最厚达 200 m,TOC 较高,为 $2\% \sim 20\%$。Shell 公司目前正在该区块作业,预测租用区块的地质储量为 $1.7 \times 10^{12}$ m³,可采资源量为 $0.3 \times 10^{12}$ m³。

奥地利的 Mikulov 是发育在 Vienna 盆地的一套侏罗系页岩。由于 19 世纪七八十年代从试验井获益,OMV 公司决定重新开发这套页岩。维也纳大学在 OMV

资助下对这套页岩进行了深入的研究，以进一步刻画这套页岩。水力压裂水平井被
认为是开发这个具有挑战性的深层页岩区带的合理手段。初步预测 Mikulov 页岩
的地质资源量为 $7 \times 10^{12}$ m$^3$，可采资源量为 $10^{12}$ m$^3$。

法国是欧洲页岩气可采储量第二大的国家，但是，法国的页岩气开采前景并不
理想。考虑到页岩气开采可能带来的严重的环境问题，很多环保人士通过集体示威
的形式抗议页岩气勘探。2011 年 6 月末，法国议会通过了禁止应用水力压裂技术的
法案。由于目前页岩气开发主要通过水力压裂，法国事实上已经成为第一个禁止页
岩气开发的国家。根据国外媒体的报道，法国最快可能在 2011 年 10 月废除页岩气
和页岩油的勘探许可证。

2）中国和印度

中国和印度有多个页岩气盆地，资源储量正在评估中。Rogner 预测，中国和中
亚的页岩气资源量为 $99.8 \times 10^{12}$ m$^3$。国内学者张金川预测，中国页岩气可采资源
量为 $26 \times 10^{12}$ m$^3$。目前，中国页岩气的勘探开发正慢慢起步，国内石油公司进行了
一些开发试验，取得了良好的效果。有关中国页岩气资源及其勘探开发的情况将在
第 6 章详细地介绍。

3）南非

挪威国家石油公司、萨索尔公司、切萨皮克公司宣布将联合评估南非的页岩气
资源。Rogner（1997）预测，撒哈拉以南的非洲页岩气资源量为 $7.6 \times 10^{12}$ m$^3$。迄今
为止，南非只有 1 个国家进行了页岩气资源实际评估，即博茨瓦纳，其页岩气地质资
源量约为 $3.9 \times 10^{12}$ m$^3$，潜在可采量为 $10^{12}$ m$^3$。

4）其他国家

页岩气的勘探在世界其他许多地方展开。澳大利亚有许多页岩气远景区，如
Amadeus、Cooper 和 Georgina 盆地，在 Beetaloo 盆地的全球最老地层——元古界震
旦统发现了页岩气，有机碳含量为 $4\%$，Ro 值高达 $3.49\%$，预测该盆地页岩气资源
量为 $5\,600 \times 10^8$ m$^3$。新西兰在 North Island 的 East Coast 有两套富有机质页岩沉
积，更深的 Whangai 页岩储层物性与 Barnett 页岩相似。

# 参考文献

国土资源部油气资源战略研究中心.2009.全国煤层气资源评价[M].北京:中国大地出版社.

胡文瑞.2010.开发非常规天然气是利用低碳资源的现实最佳选择[J].天然气工业,30(9):1-8.

张金川,姜生玲,唐玄,等.2009.我国页岩气富集类型及资源特点[J].天然气工业,29(12):
109-114.

张金川,金之钧,袁明生.2004.页岩气成藏机理和分布.天然气工业,24(7):15-18.

张金川,唐玄.2011.非常规油气开发进入新时期[J].石油与装备:2011 非常规油气开发专刊,
20-23.

张金川.2003.根缘气(深盆气)的研究进展[J].现代地质,17(2):210.

BP. 2011. BP energy outlook 2030[EB/OL]. [2011-08-10]. http://www. bp. com/liveassets/bp_internet/globalbp/globalbp_uk_english/reports_and_publications/statistical_energy_review_2011/STAGING/local_assets/pdf/2030_energy_outlook_booklet. pdf.

Curtis J B. 2002. Fractured shale—gas systems[J]. AAPG Bulletin,86(11):1921-1938.

EIA. 2011a. Annual energy outlook 2011 with projections to 2035 [EB/OL]. [2011-08-16]. http://www. eia. gov/forecasts/aeo/pdf/0383(2011). pdf.

EIA. 2011b. World shale gas resources:An initial assessment of 14 regions outside the united states [EB/OL]. [2011-05-13]. http://www. eia. gov/analysis/studies/worldshalegas/pdf/fullreport. pdf.

Heffernan K,Dawson F M. 2010. An overview of Canada's natural gas resources[EB/OL]. [2011-09-12]. http://www. csug. ca/images/news/2011/Natural_Gas_in_Canada_final. pdf.

Holditch S A. 2006. Tight gas sands[J]. Journal of Petroleum Technology,58(6):86-93.

IEA. 2004. World energy outlook[EB/OL]. [2011-08-11]. http://www. worldenergyoutlook. org/docs/weo2004/WEO2004. pdf.

Kuuskraa V A. 2009. Worldwide gas shales and unconventional gas:A status report. [EB/OL]. [2011-09-12]. http://www. rpsea. org/attachments/articles/239/KuuskraaWORLDWIDE-GASSHALESANDUNCONVENTIONALGASCopenhagen09. pdf.

Kosciuszko Institute. 2011. Unconventional gas—a chance for Poland and Europe? Analysis and recommendations[EB/OL]. [2011-09-12]. http://ik. org. pl/test/cms/wp-content/uploads/2011/09/Kosciuszko_Institute_UCG_report_29. 08. 2011. pdf.

NEB. 2009. A primer for understanding Canadian shale gas[EB/OL]. [2011-09-12]. http://www. neb. gc. ca/clf-nsi/rnrgynfmtn/nrgyrprt/ntrlgs/prmrndrstndngshlgs2009/prmrndrstndngshlgs2009-eng. pdf.

Rogner H H. 1997. An assessment of world hydrocarbon resources[J]. Annual Review of Energy and the Environment,22:217-262.

Ziff Energy. 2009. Shale gas outlook to 2020[EB/OL]. [2011-08-11]. http://www. ziffenergy. com/download/pressrelease/PR20090408-02. pdf.

# 第 2 章

# 页岩气及其富集机理

## 2.1 页岩气及其特征

### 1. 页岩及其成因

页岩(shale)是一种由粒径小于0.004 mm 的细粒碎屑、黏土矿物、有机质等组成的具有纹层与页理构造的沉积岩(图2-1,表2-1)。页岩在自然界中分布广泛,沉积岩中大约有60%以上为页岩。常见的页岩类型有黑色页岩、碳质页岩、油页岩、硅质页岩、铁质页岩、钙质页岩、砂质页岩等。

图 2-1　页岩(来源于 geology.com)

表 2-1　沉积岩岩石分类表

| 外源(它生)沉积岩类 | | | | 内源(自生)沉积岩类 | |
|---|---|---|---|---|---|
| 陆源碎屑岩 | | 火山碎屑岩 | | 化学岩 | 生物化学岩 |
| 名称 | 粒径/mm | 名称 | 粒径/mm | 碳酸盐岩 | |
| 砾岩 | >2 | 集块岩 | >64 | 其他化学岩 | 其他生物化学岩 |
| 砂岩 | 2~0.063 | 火山角砾岩 | 64~2 | 蒸发岩 | 可燃性有机岩 |
| 粉砂岩 | 0.063~0.004 | 凝灰岩 | <2 | 硅质岩 | 磷质岩 |
| 泥页岩 | <0.004 | | | 铝质岩 | |
| | | | | 铁质岩 | |
| | | | | 锰质岩 | |

黑色页岩:黑色页岩主要由有机质与分散状的黄铁矿、菱铁矿组成,有机质含量在3%~10%之间或者更高。黑色页岩形成于有机质丰富而缺氧的闭塞海湾、泻湖、

湖泊深水区、欠补偿盆地及深水陆棚等沉积环境中,是形成页岩气的主要岩石。在我国南方寒武系底部,发育了大套黑色页岩地层。黑色页岩的外观看起来与碳质页岩相似,区别是碳质页岩会染手,而黑色页岩不会。

碳质页岩:碳质页岩呈黑色,染手,灰分大于30%,含有大量已碳化的有机质,常含有大量植物化石,形成于湖泊、沼泽环境,常见于煤系地层的顶底板。

油页岩:油页岩是一种高灰分含量的含可燃有机质页岩,颜色以黑棕色、浅黄褐色为主,一般来说,含有机质越多,颜色越深。油页岩可以燃烧,且燃烧时有沥青味,经过蒸馏作用后可以得到页岩油。油页岩主要是在闭塞海湾或湖沼环境中由低等植物(如藻类及浮游生物)死亡后的遗体在隔绝空气的还原条件下形成的,常与生油岩系或煤岩系共生。油页岩和煤的主要区别是,油页岩灰分超过40%;与碳质页岩的区别是,油页岩含油率大于3.5%。

硅质页岩:一般页岩中的$SiO_2$的平均含量约为58%,硅质页岩中含有较多的玉髓、蛋白石等,$SiO_2$含量在85%以上,并常保存有丰富的硅藻、海绵和放射虫化石,所以一般认为硅质页岩中的硅来源与生物有关,有的也可能和海底喷发的火山灰有关。

铁质页岩:是含少量铁的氧化物、氢氧化物等,多呈红色或灰绿色,在红层和煤系地层中较常见。

钙质页岩:指含一定量$CaCO_3$的页岩,但其含量不超过25%,遇稀盐酸起泡,如超过25%,则称为泥灰岩。钙质页岩分布较广,常见于陆相、过渡相的红色岩系中,也见于海相、泻湖相的钙泥质岩系中。

此外,还有混入一定砂质成分的页岩,称为砂质页岩,砂质页岩根据所含的砂质颗粒大小,分为粉砂质页岩和砂质页岩两类。

页岩由碎屑矿物和黏土矿物组成,碎屑矿物包括石英、长石、方解石等,黏土矿物包括高岭石、蒙脱石、伊利石、水云母等。碎屑矿物和黏土矿物含量的不同是导致不同页岩差异明显的主要原因。黑色页岩及碳质页岩富含有机质,是形成页岩气的主要岩石类型,其有机质含量在3%~15%之间或者更高,在其中能见到大量的动物和植物化石(图2-2)。

图2-2　页岩中的植物化石(来源于cuog.cn)

页岩形成于陆相、海相及海陆过渡相沉积环境中。如前所述,黑色富有机质页岩主要形成于有机质丰富、缺氧的闭塞海湾、泻湖、湖泊深水区、欠补偿盆地及深水陆棚等沉积环境中(张爱云,1987;姜在兴,2003);碳质页岩常与煤系伴生,一般出现在煤层的顶、底板或者夹层中,以湖泊、沼泽环境沉积为主。石炭-二叠纪、三叠-侏罗纪和古近-新近纪是中国地质史上三次主要的成煤期,发育了多套与煤系伴生的碳质页岩。从震旦纪到中三叠世,中国南方地区发育了广泛的海相沉积,分布面积达 200 余万平方公里,累计最大地层厚度超过 10 km,形成了上震旦统(陡山沱组)、下寒武统、上奥陶统(五峰组)-下志留统(龙马溪组)、中泥盆统(罗富组)、下石炭统、下二叠统(栖霞组)、上二叠统(龙潭和大隆组)、下三叠统(青龙组)八套以黑色页岩为主体特点的烃源岩层系。晚古生代克拉通海陆交互相及陆相煤系地层富含有机质泥页岩在华北、华南地区和准噶尔盆地分布广泛。

常规油气的勘探是以砂岩、碳酸盐岩以及火山岩等储层为目标,尽管所钻探的数百万口油气井大量钻遇了暗色有机质页岩层段,并且在其中发现了丰富的油气显示或工业油气流,但都因为页岩基质孔隙度小于 10%,渗透率小于 1 mD,因此储集物性很差,认为只能生成油气而非储集层。长期以来在油气勘探开发中,暗色富有机质页岩一直作为烃源岩层或阻挡油气运移的封盖层,只有少部分裂缝非常发育的储层被当做裂缝性油气藏开发。随着北美页岩气商业开发的成功,从页岩中发现了大量的天然气资源,人们逐渐认识到暗色富有机质页岩可以大量生气、储气,形成自生自储式天然气聚集,尤其是页岩中有机孔隙、粒间孔隙及颗粒孔隙等发育,可以有效储集油气,这成为油气勘探开发的新领域。与此同时,石英、长石、方解石等脆性矿物含量高的富有机质黑色页岩具有层理发育、易产生裂缝的特点,而其中的粉砂岩、砂岩等夹层能够有效改善页岩的储、渗能力,填充的天然裂缝在水力压裂作用下形成裂缝,从而大幅度地提高了页岩气井的产量。目前,富有机质页岩已成为全球油气勘探开发的重要目标,页岩气是天然气开发的重要领域。

### 2. 页岩气基本概念

页岩气(shale gas)是指主体位于暗色泥页岩或高碳泥页岩中、以吸附或游离状态为主要存在方式的天然气聚集(张金川等,2003)(图 2-3)。在页岩气藏中,天然气也存在于夹层状的粉砂岩、粉砂质泥岩、泥质粉砂岩甚至砂岩地层中,是天然气生成之后在源岩层内就近聚集的结果,表现为典型的原地成藏模式。从某种意义来说,页岩气藏的形成是天然气在源岩中大规模滞留的结果,由于储集条件特殊,天然气在其中以多种相态存在。

Curtis(2002)对页岩气进行了界定并认为,页岩气在本质上就是连续生成的生物化学成因气、热成因气或两者的混合,它具有普遍的地层饱含气性、隐蔽聚集机理、多种岩性封闭以及相对很短的运移距离,它可以在天然裂缝和孔隙中以游离方式存在,或在干酪根和黏土颗粒表面上以吸附状态存在,甚至可以在干酪根和沥青质中以溶解状态存在。

图 2-3    黑色页岩野外露头(来源于 cuog. cn)

页岩是泥岩的一种,两者在概念上相似又有区别,页岩是指具有页理结构的泥岩。虽然泥岩和页岩并不完全相同,但国外及中国台湾研究者习惯使用"shale"这一术语,译为"页岩";我国大陆研究者则更倾向于使用"mudstone"这一术语,对应于"泥岩"。针对这种情况,国内研究者也使用"泥页岩"这一术语。但目前国外的"页岩气"与国内传统的"泥页岩气"在理解上存在着一定的差异,前者强调吸附和游离相天然气的同时存在,而后者则多指游离相天然气。

从以上的定义可以看出页岩气的两个主要特征:一是游离气与吸附气并存,从美国的情况看,吸附气在 $85\%\sim20\%$ 之间,范围很宽,对应地,游离气在 $15\%\sim80\%$,其中,部分页岩气含少量溶解气。二是页岩系统包括富有机质页岩,富有机质页岩与粉砂岩、细砂岩夹层,粉砂岩、细砂岩夹富有机质页岩;页岩气形成于富有机质页岩,储存于富有机质页岩或一套与之密切相关的连续页岩组合中,不同盆地的页岩气层组合类型并不相同。

概括来说,页岩气具有以下特点:

(1) 岩性多为富含有机质的暗色和黑色页岩、高碳页岩及含沥青质页岩,总体上表现为暗色页岩类与浅色粉砂岩类的薄互层。

(2) 岩石组成一般为 $30\%\sim50\%$ 的黏土矿物、$15\%\sim25\%$ 的粉砂质(石英颗粒)和 $2\%\sim25\%$ 的有机质。

(3) 页岩气主要来源于生物作用或热成熟裂解作用。

(4) 总有机碳含量一般不小于 $2\%$,镜质体反射率介于 $0.4\%\sim2\%$ 之间。

(5) 页岩本身既是气源岩又是储气层。

(6) 页岩孔隙度一般小于 $10\%$,而含气的有效孔隙度一般只有 $1\%\sim5\%$,渗透率随裂缝的发育程度不同而有较大的变化。

(7) 页岩具有广泛的饱含气性,天然气的赋存状态多变,以吸附态或游离态为主,吸附状态天然气的含量在 $20\%\sim85\%$ 之间变化,一般为 $50\%$ 左右,溶解态仅有少量存在。

(8) 页岩气成藏具有隐蔽性特点,可以不需要常规圈闭存在,但当裂缝在其中发育时,有助于游离相天然气的富集和自然产能的提高。

（9）当页岩中发育的裂隙达到一定数量和规模时,构成天然气勘探的有利目标——甜点。

页岩气的存在和发现拓展了油气勘探的领域和范围。与常规储层气相比,页岩气的聚集具有无运移或极短距离的特点,其赋存及富集不依赖于常规意义上的圈闭及其保存条件,可直接将传统意义上的气源岩作为页岩气勘探目标,扩大了天然气勘探的领域和范围;区别于传统意义上的泥页岩裂缝气,吸附作用是现代页岩气概念的重要特征;与以吸附作用为主要特点的煤层气相比,虽然泥页岩的有机质含量较煤层普遍低,产气及吸附气能力相对较差,但由于页岩的分布远较煤层广,故页岩气勘探潜力较煤层气更大;与致密砂岩气相比,页岩气的形成条件更加充分,其分布的范围也更加广泛;与油页岩（页岩油）相比,页岩气既可以是同一套烃源岩不同演化阶段的结果（从生物作用阶段到高过成熟阶段）,也可以是多种复杂地质作用过程的产物。总之,页岩气兼具上述多种类型油气聚集机理和特点。

**3.页岩气地质特征**

页岩气可以描述为主体上以吸附和游离状态同时赋存于泥页岩地层（包括高碳泥页岩、暗色泥页岩,也包括其间的夹层状粉砂质泥岩、泥质粉砂岩、粉砂岩甚至细砂岩等）且以自生自储为成藏特征的天然气聚集（Matt,2003;张金川等,2003,2004）。因此,吸附作用机理、自生自储及由此所产生的巨大聚集规模等是页岩气所具有的重要地质特征。

页岩气具有多阶段及多类型成因、孔隙与裂缝多机理赋存、"自生自储"原地聚集、抗破坏稳定保存等一系列地质特殊性,在天然气富集机理及赋存方式方面填补了游离气（常规储层气）与吸附气（煤层气）类型之间的空缺,在油气富集机理、勘探领域及分布空间等方面对常规气藏构成了重要补充。复杂的天然气生成机理、赋存相态、聚集机理及富集条件等,使得页岩气具有明显的地质特殊性。页岩气生产上具有低产长效的特点（一般可稳产 $30\sim50$ 年,递减率 $<5\%$）。一系列地质特殊性使它成为近年来美国和加拿大天然气勘探开发的热点。

美国地质调查局（USGS）认为,页岩气藏属连续型气藏范畴。USGS 列举了连续型气藏的 16 个特征（表 2-2）。与含气页岩有关的独特特征包括区域性分布、缺少明显的盖层和圈闭、无清晰的气水界面、天然裂缝发育、估算最终采收率通常低于常规气藏以及极低的基岩渗透率等。

表 2-2　连续型气藏特征

| 参　数 | 特　征 |
|---|---|
| 气藏面积 | 大面积区域分布 |
| 气藏边界 | 没有明显的边界或界限模糊 |
| 气藏概念 | 通常均合并为区域聚集 |
| 圈闭条件 | 没有明显的圈闭 |

| 参数 | 特 征 |
|------|------|
| 油气水边界 | 没有确切的气水接触界线 |
| 烃类运移机制 | 烃类运移为非流体动力学机制,即烃类运移不依靠水的浮力 |
| 气藏压力 | 一般为异常压力 |
| 气藏资源量 | 地质资源量巨大,但采收率低 |
| 富集高产区 | 存在地质"甜点"高产富集区 |
| 储层物性 | 储层基质孔渗特征为典型的极低孔渗储层 |
| 储层自然裂缝发育 | 储层普遍发育自然裂缝 |
| 烃源岩-储层关系 | 储层与烃源岩关系密切,通常紧邻烃源岩 |
| 产水情况 | 除煤层气之外一般都不产水 |
| 气藏边界区产水情况 | 一般无水,如果有水,来自气藏内部渗透性夹层 |
| 勘探开发成功概率 | 勘探成功率极高,没有真正的干井 |
| 单井储量 | 估算的最终可采储量低于常规气藏的可采储量 |

概括地说,页岩气具有以下的地质特征(张金川等,2008):

(1)页岩中的天然气成因具有多样性机理,包括了生物气、未熟-低熟气、成熟气、高-过成熟气等,也包括了如二次生气、生物再作用气以及沥青生气等复杂成因机理,覆盖了几乎所有可能的有机生气作用机理。成因多样性特点延伸了页岩气的成藏边界,扩大了页岩气的成藏与分布范围,使通常意义上的非油气勘探有利区带成为了需要重新审视并有可能获得工业性油气勘探突破的重要对象。

(2)页岩中的天然气赋存相态具有多样性变化的特点,主体上包括了游离态、吸附态及溶解态,包含了天然气存在的几乎所有可能相态。其中,吸附相态存在的天然气可占天然气赋存总量的20%～85%。吸附机理增强了天然气存在的稳定性,提高了页岩气的保存能力及抗破坏能力,但同时也导致了页岩气开发具有产量低、周期长的特点。

(3)与其他聚集类型天然气藏相比,页岩中的天然气具有成藏机理多样性的特点,天然气就近聚集,成藏机理复杂,吸附、溶解、活塞式推进、置换式运移均有不同程度的发生,但页岩内聚集的天然气仅发生了在页岩内的初次运移及在砂岩或粉砂岩夹层中非常有限的二次运移。因此,页岩既是烃源岩又是储层,具有典型的过渡性成藏机理及"自生、自储、自封闭"的成藏模式,这一原地性成藏特点弱化了天然气二次运移的影响,简化了页岩气勘探的研究方法和过程。

(4)页岩气分布具有地质影响因素多样性的特点,其分布的变化特点受生气作用、吸附特点及赋存条件等多因素的影响,如构造背景与沉积条件、泥页岩厚度与体积、有机质类型与丰度、热历史与有机质成熟度、孔隙度与渗透率、断裂与裂缝以及构造运动与现今埋藏深度等,它们均是影响页岩气分布并决定其是否具有工业勘探开发价值的重要因素。影响因素的多样性导致页岩气勘探具有隐蔽性的特点。

（5）页岩气与其他类型气藏分布关系具有多样性，页岩所生成的天然气不仅能够形成页岩气，而且还是其他类型天然气聚集的气源岩。根据油气资源评价及烃源岩排烃理论，烃源岩所生成的天然气只有极少一部分被有效地排出并形成常规聚集，即使按排烃效率 20% 计算，烃源岩中仍有高达 80% 的天然气未排出。因此，一旦其中的天然气能够形成页岩气聚集，则通常具有较大开采规模。就页岩气本身来说，页岩气的最大分布范围与烃源岩面积大致相当，有利于形成巨大的资源量。但通常由于地质条件发生不规则的变化，天然气成藏条件及聚集类型发生相应的改变，从而形成能够表明页岩气存在并指示其分布方向的其他类型天然气藏。根据不同类型气藏之间的分布关系变化，可以加快页岩气认识的步伐，提高页岩气预测的可靠性。

# 2.2　页岩气形成条件

页岩是一种渗透率极其低的沉积岩，通常被认为是油气运移的天然遮挡。在含气页岩中，气产自其本身，页岩既是气源岩，又是储层。天然气可以游离在页岩岩石颗粒之间的孔隙、裂缝或有机质孔隙中，也可以吸附在页岩中有机质的表面上，还可以溶解在页岩的有机质中。页岩气经济产量在很大程度上还依赖于完井技术。尽管页岩气开采具有很多明显的不利因素，但美国已经将某些页岩类型、有机质含量、成熟度、孔隙度、渗透率、含气饱和度以及裂缝发育等综合条件适合的页岩作为开采目标。一旦经济上可行，页岩气的开采将呈现出一派繁荣的景象。

## 2.2.1　页岩气成因

页岩中的天然气生成覆盖了生物化学、热解以及裂解等几乎所有可能的有机生气作用机理，从未成熟到成熟均有发现。页岩气的成因包括生物成因、热成因以及生物与热成因的混合（图 2-4）。无论是生物成因还是热成因的页岩气，都是天然气在达到排烃门限之前在源岩内大量滞留的结果，这部分残留在页岩中的天然气即为我们今天所勘探开发的页岩气，从这个角度讲，即使在常规油气研究中没有达到排烃门限、被视为无效烃源岩的泥页岩，也可能成为页岩气的勘探目标。

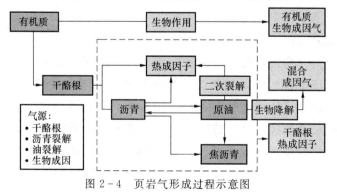

图 2-4　页岩气形成过程示意图

## 1. 生物成因

生物成因的页岩气,一般指页岩在成岩的生物化学阶段直接由细菌降解而成的气体,也有气藏经后期改造而成的生物气。生物成因的页岩气具有埋藏浅、开发成本低等特点。生物成因气最普遍的标志是甲烷的 $\sigma^{13}C$ 值很低($< -55‰$)。此外,由于一些中间微生物作用产生了 $CO_2$ 副产品,所以可以根据 $CO_2$ 的存在和同位素成分来判断是否是生物作用形成的天然气。

导致甲烷生成的生物成因作用主要有两种:醋酸盐发酵作用和二氧化碳还原作用。在菌生甲烷的形成过程中,二氧化碳还原作用和醋酸盐发酵作用是同时作用的。但是在不同的情况下,它们所生成的数量是不同的。据同位素成分分析,大多数古代生物成因气聚集可能是由二氧化碳还原作用生成的,而近代沉积环境中两种作用都广泛存在。近地表的、年轻的、新鲜的沉积物可以通过上述两种作用形成生物气。商业性天然气聚集中生物成因气的主要形成途径是二氧化碳的还原。

在美国,生物成因的页岩气藏基本上为埋藏后抬升并经历淡水淋滤微生物作用形成的二次生气(Curtis,2002;Martini 等,2003)。密歇根盆地 Antrim 页岩的镜质体反射率 Ro 仅为 $0.4\% \sim 0.6\%$,显示了较低的热成熟度,处在生物气阶段,为低成熟度的页岩气藏,其形成原因可能是发育良好的裂缝系统不仅使天然气和携带大量细菌的原始地层水进入 Antrim 页岩内,而且来自上覆更新统冰川漂移物中含水层的大气降水也同时侵入,有利于细菌甲烷的形成。

任何富含有机质的页岩层都是一个潜在的页岩气藏,而不用考虑它们的成熟度。在适当的条件下,细菌能在地下很短的时间内生成大量的甲烷气体。地球化学和同位素指标表明,这些天然气大部分是生物成因的,在距今很近的地质历史时期形成,甚至目前还处在生气阶段。尤其在盆地边缘,例如在密歇根盆地和伊利诺伊盆地边缘都发育了页岩气藏。

页岩生物成因作用受几个关键因素的控制。富含有机质的泥页岩是页岩气形成的物质基础,缺氧环境、低硫酸盐环境、低温环境是生物成因页岩气形成的必要外部条件,足够的埋藏时间是生成大量生物成因气的保证。另外,产菌甲烷个体的孔隙空间平均直径为 $1\ \mu m$,因此菌类繁殖需要一定的空间,页岩中有机质富集的细粒沉积物的孔隙空间很有限,但是,富含有机质的细粒页岩中的裂隙可以为生物提供生存繁殖的空间。

## 2. 热成因

热成因的页岩气是有机质埋藏演化到高、过成熟阶段后,干酪根的短侧链直接热裂解成气或干酪根上的长侧链所生成的液态油进一步裂解成气而形成的。热成因气是目前发现的页岩气中最多的一种,与传统的热裂解、热降解理论一样,页岩中的有机质要达到足够高的热成熟度才能形成页岩气藏。虽然在生油窗内各种类型的干酪根都能生成天然气,但是油的存在限制了致密页岩体系的渗透率,使渗透率非常低,天然气很难排出,从而导致非常低的气体生产效率。因此,天然气可以在生油窗内生成,但是不具有形成商业价值页岩气藏的可能性。干酪根和残余油的热分解生气或轻液态烃组分(凝析物)才是天然气高流动速率的本质所在。

研究表明,热成因气的形成有干酪根成气、原油裂解成气和沥青裂解成气三种途径:① 干酪根成气是由沉积有机质直接热解而形成天然气。② 原油裂解成气是有机质在液态烃演化阶段形成的、滞留在烃源岩中的液态烃经深埋藏后的高温、高压作用,进一步裂解形成的。③ 沥青裂解成气的物质基础来源于两个方面:一方面是源岩中干酪根在各演化阶段生烃过程中形成的,另一方面是由原油裂解成气或遭破坏形成的。原油及沥青二次裂解生成的天然气量的大小主要取决于烃源岩中有机质丰度、类型以及液态烃残留量。干酪根成气和原油裂解成气是页岩气藏中天然气的主要来源。

有机质的热模拟试验表明,在沉积物的整个成熟过程中,干酪根、沥青和原油均可以生成天然气,对于有机质丰度和类型相近或相似的泥页岩,成熟度越高,则形成的烃类气越多。页岩的镜质体反射率 Ro 在 0.4%～2% 之间,甚至更高,所以页岩中的沉积物可以连续生成天然气。在成熟作用的早期,天然气主要通过干酪根降解作用形成;在晚期阶段,天然气主要通过干酪根、沥青和石油裂解作用形成。与生物成因气相比,热成因气在较高的温度和压力下形成,因此,在干酪根热成熟度增加的方向上,热成因气在盆地地层中的体积含量呈增大趋势。另外,热成因气也很可能经过漫长的地质年代和构造作用从页岩储层中不断泄漏出去。

### 3. 混合成因

混合成因页岩气是指不同成因类型的天然气在页岩中的共同存在。由于盆地的地质演化历史复杂,不同阶段形成的不同成因类型天然气都可能会在泥页岩中形成滞留而最终产生混合成因页岩气。混合成因气表现为高成熟度和低成熟度同时存在的页岩气藏,在伊利诺伊盆地南部深层的天然气是热成因的,而来自盆地北部浅层的天然气则为热成因和生物成因的混合,是高、低成熟度混合的页岩气藏。

## 2.2.2　页岩气形成条件

页岩气藏与常规气藏有着很大的不同,它属于连续型天然气成藏组合。所谓"连续型"天然气成藏组合,实际上就是在一个大的区域(通常是区域范围内)不是主要受水柱压力影响的天然气成藏组合。在页岩气聚集的储层中,页岩气可以以游离的方式存在于页岩的基质孔隙和天然裂缝中,也可以以吸附的方式存在于黏土颗粒、有机质或其他微颗粒表面,或者在干酪根及沥青质中以溶解状态存在。

页岩气的生成是一个复杂的过程,下面从生烃和储层两个方面介绍页岩气的形成条件。

### 1. 生烃条件

页岩气是有机质在沉积岩中经过生物作用或热作用形成的天然气。页岩气的工业聚集需要丰富的气源物质基础,要求生烃有机质含量达到一定标准。那些有机质丰度高的黑色泥页岩是页岩气成藏的最好源岩,它们的形成需要较快速的沉积条件和封闭性较好的还原环境。随着压力、温度以及埋藏深度的不断增加,有机物(主要来源于动物组织和植物组织中的脂质,或植物细胞中的木质素)逐渐受热后转化成干酪根。根据所形成的干酪根的种类,在时间、温度和压力进一步增加的条件下可能会产生油、湿气或干气(图2-5)。

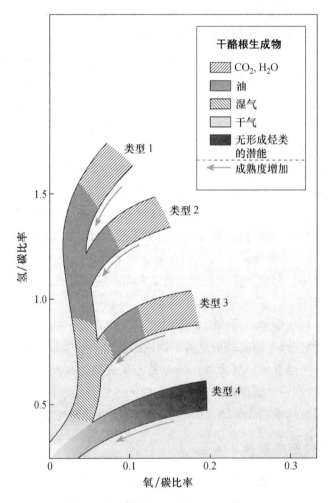

图 2-5　有机质演化示意图(Boyer 等,2007)

全球性的大洋缺氧事件导致了黑色页岩的大量沉积,缺氧抑制了有利于微生物活动的大、小生物底栖活动性,大穴居生物的缺失减少了靠近氧化剂带的沉积物表面的有机质数量,阻止了深渗透孔隙水循环,抑制了微生物的活动性。大量有机质被保存在沉积物中,致使厚的黑色页岩堆积下来。研究表明,大洋缺氧事件在地质历史之中不同时期均普遍存在。

五大页岩气盆地中的气体类型既有生物成因气也有热解气,或是两者的混合气,这与有机质的热成熟度有关。页岩气生成贯穿于有机质生烃的整个过程,有机碳含量、干酪根类型和有机质成熟度是影响生气量的主要因素。

　　1) 有机碳含量

　　根据油气的有机生成学说,油气干酪根在成岩作用晚期经过热解生成。页岩气除了热成因之外,还有生物成因,例如页岩中的甲烷菌分解有机质产生天然气。无论是热成因还是生物成因,有机质都是页岩中天然气生成的物质基础(图 2-6)。有机质对页岩气形成的作用表现在两个方面:一是有机质是页岩气生成的物质基础,页岩中有机物含量越高,其生烃潜力越大;二是有机质是页岩中天然气的赋存介质,页岩中部分天然气以吸附态赋存于有机质颗粒表面,页岩有机质含量越高,吸附气含量越高。

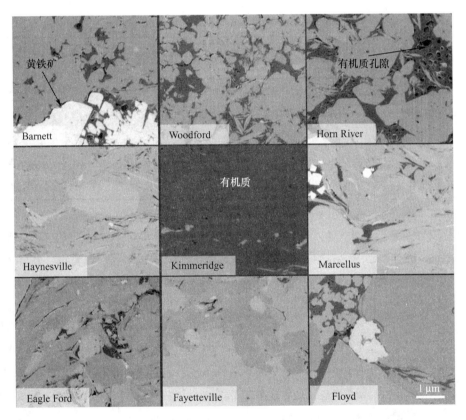

图 2-6　不同页岩背散射电子(BSE)图像中的有机质(Curtis 等,2010)
颜色较亮的为黄铁矿;中等灰度的为有机质;颜色较深的为有机质孔隙

　　有机碳含量(total organic content,TOC)是反映页岩有机质丰度的指标,是页岩气聚集最重要的控制因素之一。美国含气页岩有机碳含量在 1.5%～25% 之间。Antrim 页岩与 New Albany 页岩的总有机碳含量是五套含气页岩中最高的,其最高值可达 25%,Lewis 页岩的总有机碳含量最低,但也可达到 0.5%～2.5%。中国页岩储层的有机碳含量在 0.2%～30% 之间,渤海湾盆地古近系沙三段最高,可达0.3%～30%,最低的是准噶尔盆地的中侏罗统的西山窑组,为0.2%～6.4%(表2-3)。下寒武统页岩是我国南方地区主力烃源岩之一,其有机碳含量普遍较高,其中下扬子区最高,为5.98%,最低为0.74%,平均为2.77%;中扬子区为0.86%～5.66%,平均为1.96%;四川盆地的平均有机碳含量为0.69%(聂海宽等,2009)。一般认为,生成页岩气的有机碳含量下限值为0.5%(Boyer等,2007)。福特沃斯盆地Barnett页岩气藏生产表明,气体产量大的地方有机碳含量也高,有机碳含量和气体含量(包括总气体含量和吸附气含量)有很好的正相关关系(图2-7)。Ross等在对加拿大大不列颠东北部侏罗系Gordondale组和Pocker Chip组页岩的研究过程中也发现,有机碳与甲烷的吸附能力存在着一定的关系。

表 2-3 中美典型聚气页岩的生气条件对比表(张金川等,2009)

| 国家 | 盆地 | 页岩层段 | 地层 | TOC/% | Ro/% | 页岩厚度/m | 天然气成因 |
|---|---|---|---|---|---|---|---|
| 美国 | 圣胡安 | Lewis | 上白垩统 | 0.5～2.5 | 1.6～1.9 | 152～579 | 热、裂解 |
| | 阿巴拉契亚 | Ohio | 石炭系 | 0.5～23.0 | 0.4～1.3 | 91～610 | 热解 |
| | 密执安 | Antrim | 泥盆系 | 0.3～24.0 | 0.4～1.6 | 49 | 生物、热解 |
| | 伊利诺伊 | New Albany | 泥盆系 | 1.0～25.0 | 0.4～1.3 | 31～122 | 生物、热解 |
| | 福特沃斯 | Barnett | 泥盆系 | 1.0～4.5 | 1.0～1.4 | 61～91 | 热解 |
| 中国 | 柴达木 | 七个泉组 | 第四系 | 0.3～0.6 | 0.2～0.5 | 0～800 | 生物 |
| | 渤海湾 | 沙三段 | 古近系 | 0.3～33.0 | 0.3～1.0 | 230～1 800 | 生物、热解 |
| | 松辽 | 青一段 | 白垩系 | 2.2 | 0.7～3.3 | >100 | 热、裂解 |
| | 松辽 | 沙河子组 | 白垩系 | 0.7～1.5 | 1.5～3.9 | 100～350 | 裂解 |
| | 羌塘盆地 | 夏里组 | 中侏罗统 | 0.3～6.2 | 1.4 | 400～600 | 裂解、生物再作用 |
| | 吐哈 | 水西沟群 | 中、下侏罗统 | 1.3～20.0 | 0.4～1.1 | 50～600 | 生物、热解 |
| | 准噶尔 | 西山窑组 | 中侏罗统 | 0.2～6.4 | 0.6～2.5 | 350～400 | 热、裂解 |
| | 四川 | 须家河组 | 上三叠统 | 1.0～4.5 | 1.0～2.2 | 150～1 000 | 热、裂解 |
| | 鄂尔多斯 | 延长组 | 三叠系 | 0.6～5.8 | 0.7～1.1 | 50～120 | 热解 |
| | 南方(扬子) | 龙潭组 | 上二叠统 | 0.4～22.0 | 0.8～3.0 | 20～2 000 | 裂解、生物再作用 |
| | 鄂尔多斯 | 山西组 | 石炭—二叠系 | 2.0～3.0 | >1.3 | 60～200 | 热解 |
| | 南方(扬子) | 龙马溪组 | 下志留统 | 0.5～3.0 | 2.0～3.0 | 30～100 | 热解、生物再作用 |
| | 南方(扬子) | 筇竹寺组 | 下寒武统 | 1.0～4.0 | 3.0～6.0 | 20～700 | 热解 |

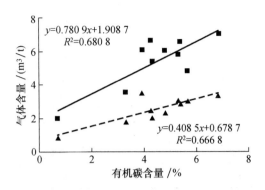

图 2-7　有机碳含量与气体含量的关系(Bowker,2003)

很多学者对页岩气聚集的有机碳下限值都进行过研究。Schmoker 认为产气页岩的有机碳含量下限值大约为 2%,而 Bowker 则认为一个有经济价值的勘探目标的有机碳下限值为 2.5%~3%。福特沃斯盆地 Newark East 气田的 Barnett 页岩气藏不同深度钻井岩屑取样分析的有机碳含量为 1%~5%,平均为 2.5%~3.5%,阿巴拉契亚盆地 Ohio 页岩 Huron 下段的总有机碳含量约为 1%,产气层段的总有机碳含量可达 2%。Boyer 等通过对北美地区页岩气盆地有机碳含量的统计(表 2-4)认为,页岩储层成为烃源岩的有机碳含量最低应大于 2%。随着开采技术的进步,有机碳下限值可能会适当地降低。

表 2-4　页岩气烃源岩有机碳含量评价表(Boyer 等,2007)

| 总有机碳含量/% | 干酪根质量 | 总有机碳含量/% | 干酪根质量 |
| --- | --- | --- | --- |
| <0.5 | 很差 | 2~4 | 好 |
| 0.5~1 | 差 | 4~12 | 很好 |
| 1~2 | 一般 | >12 | 极好 |

2) 干酪根类型

干酪根(kerogen)是沉积岩中不溶于碱、非氧化型酸和非极性有机溶剂的分散有机质。沉积有机物主要由干酪根构成,约占沉积有机物的 80%~90%。1980 年,Durand 等根据世界各地 440 个干酪根样品的元素分析发现,干酪根主要由碳、氢、氧、硫和氮组成,其中碳占 76.4%,氢占 6.3%,氧占 11.1%,三者共占 93.8%,是干酪根的主要成分。干酪根可以划分为以下三种主要类型(表 2-5):

表 2-5　三种类型干酪根的特征对比

| 干酪根类型 | I 型 | II 型 | III 型 |
| --- | --- | --- | --- |
| 原始氢含量 | 高 | 较高 | 低 |
| 原始氧含量 | 低 | 中等 | 高 |
| 氢/碳原子比 | 1.25~1.75 | 0.65~1.25 | 0.46~0.93 |

续表

| 干酪根类型 | Ⅰ型 | Ⅱ型 | Ⅲ型 |
| --- | --- | --- | --- |
| 氧/碳原子比 | 0.026～0.12 | 0.04～0.13 | 0.05～0.30 |
| 碳结构 | 直链 | 中等长度的饱和多环碳 | 多环芳香烃及含氧官能团 |
| 生物来源 | 水生浮游生物 | 海相浮游与微生物的混合有机质 | 陆地高等植物 |
| 生油潜能 | 大 | 中等 | 小,但可生气 |

Ⅰ型干酪根:Ⅰ型干酪根又称为腐泥型干酪根,以含类脂化合物为主,直链烷烃很多,多环芳烃及含氧官能团很少,具有高氢、低氧的特点,它可以来自藻类沉积物,也可能是由各种有机质经细菌改造而成,生油潜能大,每吨生油岩可生油约 1.8 kg。

Ⅱ型干酪根:Ⅱ型干酪根又称为混合型干酪根,氢含量较高,但较Ⅰ型干酪根略低,为高度饱和的多环碳骨架,含中等长度直链烷烃和环烷烃较多,也含多环芳烃及杂原子官能团,来源于海相浮游生物和微生物,生油潜能中等,每吨生油岩可生油约 1.2 kg。

Ⅲ型干酪根:Ⅲ型干酪根又称为腐殖型干酪根,具有低氢、高氧的特点,以含多环芳烃及含氧官能团为主,饱和烃很少,来源于陆地高等植物,对生油不利,每吨生油岩可生油约 0.6 kg,但可成为有利的生气来源。

不同类型的干酪根具有不同的生烃潜力,形成不同的产物,这种差异与有机质的化学组成和结构有关。在不同沉积环境中,由不同来源的有机质形成的干酪根其性质和生油气潜能差别很大。一般来说,Ⅰ型与Ⅱ型干酪根主要以生油为主,Ⅲ型干酪根主要以生气为主,在热演化程度较高时,它们都可以生成大量的天然气。了解页岩中干酪根的类型,可以为我们提供有关烃源岩可能的沉积环境的信息,另外,干酪根的类型还可以影响天然气的吸附率和扩散率(图 2-8)。

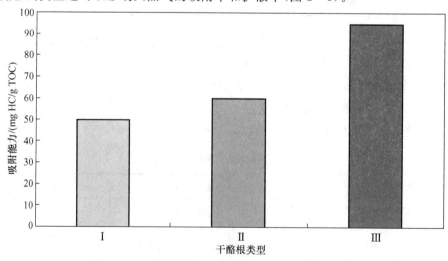

图 2-8　不同干酪根类型的吸附能力(Nobel,1997)

　　根据北美主要页岩气盆地的资料,产气页岩中的干酪根主要以Ⅰ型与Ⅱ型为主,也有部分是Ⅲ型的。Antrim 页岩的主要产气层段以Ⅰ型干酪根为主,来源于塔斯马尼亚页岩(Tasmanites,一种浮游藻类),通常存在于 Antrim 页岩沉积的局限陆源浅海中。Barnett 页岩干酪根类型以Ⅱ型干酪根为主,进行目测评价发现,无定型有机质占 95%～100%,偶尔能见到塔斯马尼亚孢属藻类。New Albany 页岩干酪根类型也为Ⅱ型。Ohio 页岩有机质以开阔海相成因及塔斯马尼亚页岩来源为主,即干酪根类型为Ⅱ型和Ⅰ型,然而并不排除Ⅲ型干酪根的来源方向。英属哥伦比亚东北部侏罗系 Gordondale 组页岩的干酪根主要为Ⅰ型或Ⅱ型,Ⅲ型干酪根较少。北美页岩气发育区也有以Ⅲ型干酪根为主的泥页岩,例如圣胡安盆地的 Lewis 页岩。总体而言,北美的典型页岩气藏干酪根以倾向海相成因的干酪根为主。

　　中国的地质特征复杂,在漫长的地质史上形成了海相、海陆过渡相以及陆相三种页岩类型,广泛分布在四川盆地、塔里木盆地、扬子地区、河西走廊、鄂尔多斯盆地、松辽盆地等地区(表 2-6),不同沉积环境形成的有机质的类型不同,倾油、倾气性也有差别(邹才能等,2010)。中国古生代时期形成了分布广泛、厚度巨大,且以Ⅰ、Ⅱ型干酪根为主的海相黑色页岩层系(金之钧等,2007;贾承造等,2007)。海相黑色页岩主要形成于沉积速率较快、地质条件较为封闭、有机质供给丰富的台地或陆棚环境中。在扬子地区,从震旦纪到中三叠世连续发育了多次大规模的海相和海陆交互相沉积,最大地层累计厚度超过 10 km,分布面积超过 200 万平方公里,形成了以下寒武统、上奥陶统-下志留统、下二叠统、上二叠统等为代表的八套黑色页岩(文玲等,2001;马力,2004),是我国页岩气勘探的主要层系。另外,在河西走廊、鄂尔多斯盆地、松辽盆地有广泛发育的海陆过渡相及陆相页岩,是我国页岩气发育的特殊类型,也是我国页岩气勘探的重点区域,目前已经在鄂尔多斯盆地发现了良好的页岩气显示。

表 2-6　中国含气页岩的干酪根类型(邹才能等,2010)

| 页岩类型 | 地区 | 地层岩性 | 干酪根类型 |
|---|---|---|---|
| 海相 | 四川盆地 | 寒武系黑色页岩 | Ⅰ-Ⅱ₁ |
| | | 志留系龙马溪组黑色笔石页岩 | Ⅰ-Ⅱ₁ |
| | 塔里木盆地 | 寒武系深灰色泥灰岩、黑色页岩 | Ⅰ-Ⅱ₁ |
| | | 下奥陶统黑色页岩 | |
| | 上扬子东南缘 | 五峰组-龙马溪组底部 | Ⅰ |
| 海陆过渡相 | 河西走廊 | 石炭系暗色泥岩 | Ⅱ-Ⅲ |
| | | 碳质泥岩 | |
| | 鄂尔多斯盆地 | 黑色、深灰色碳质页岩 | Ⅲ |
| 陆相 | 鄂尔多斯盆地 | 三叠系延长组长 7 段黑色页岩 | Ⅰ-Ⅱ₁ |
| | 松辽盆地 | 白垩系青山口组黑色页岩 | Ⅰ-Ⅱ₁ |

3）有机质成熟度

从成因上来看,页岩气分为热成因、生物成因和两者的混合成因。热成因的页岩气在形成过程中有机物转化成碳氢化合物需要时间和温度两个要素。在几百万年的地质时间里,有机化合物在不断加大的沉积物负荷下越埋越深,从而使温度增加,埋藏过程中不断加大的压力和温度致使有机物释放出油和气,而且有机物中存在的可以促进化学作用的矿物也可能加快该过程的发生。生物成因的页岩气中,微生物的生化作用也只能将一部分有机物转化成甲烷,而剩余的有机物则在埋藏和加热条件下转化成干酪根,进一步的埋藏和加热使干酪根转化成沥青,然后又转化成液态碳氢化合物,最后成为热成因气(图 2-9)。页岩中有机质成熟度不仅可以用来预测页岩的生烃潜能,还能用来评价高变质地区页岩储层的潜能,是页岩气聚集形成的重要指标。

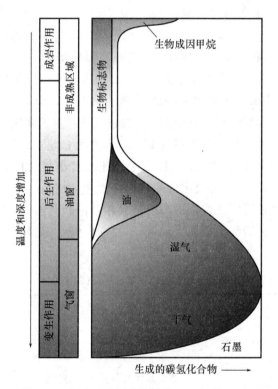

图 2-9　页岩干酪根的热转化(Boyer 等,2007)

Tissot 模型是干酪根生成油气的经典方案。按照 Tissot 划分方案如下:Ro<0.5% 为成岩作用阶段,生油岩处于未成熟或低成熟作用阶段;Ro 介于 0.5%～1.3% 之间为深成热解阶段,处于生油窗内;Ro 介于 1.3%～2.0% 时为深成热解作用阶段的湿气和凝析油带;Ro>2% 为后成作用阶段,处于干气带。当然不同干酪根类型进入生气窗的界限有一定的差异,一般为 Ro 处于 1.2%～1.4% 的范围内,例如福特沃斯盆地 Barnett 页岩气开发区位于 Ro 高于 1.1% 的生气窗内,结合围岩分布情况,又进一步划分了两个评价单元(Montgomery 等,2005)。这些地区的气油比高,有利于页岩气扩散和渗流。因此对于热成因含气页岩,进入生气窗是页岩气富集的必要条件,勘探开发目标应首选气油比高值区。

页岩的生气特征与有机质类型和成熟度密切相关。对同一类型的有机质来说,随着页岩埋深增加和地温增高,在不同热演化阶段的生气特征不同;对不同的有机质类型来说,在同一热演化阶段的生气特征也有很大差别。在实验条件下,不同升温速率的有机质的成气转化基本一致,但主生气期(天然气的生成量占总生气量的70%~80%)对应的 Ro 值不同。Ⅰ型干酪根为 1.2%~2.3%,Ⅱ型干酪根为1.1%~2.6%,Ⅲ型干酪根为 0.7%~2.0%,海相石油为 1.5%~3.5%。因此,页岩气可以在不同有机质类型的源岩中产出,有机质的总量和成熟度才是决定源岩产气能力的重要因素(蒲伯伶,2008)。页岩中有机质的生气演化特点可分为直接型和间接型(张金川等,2009)。直接型是指由Ⅲ型干酪根(腐殖型)生成的页岩气,Ⅲ型干酪根的生气过程是连续的,Ro 从 0.5% 到 4.0% 的各个演化阶段都有天然气生成,Ro<0.5% 时在微生物作用下易生成生物化学气,Ro>0.5% 时可热解形成热成因天然气;间接型是指由Ⅰ型(腐泥型)、Ⅱ型(混合型)干酪根生成的页岩气,其生气过程不连续,Ro 在 0.5% 以下时在适宜条件下可以形成生物气,然后进入生油窗,Ro>1.2% 时才发生裂解形成大量的天然气,对有机质成熟度要求较高(图 2-10)。

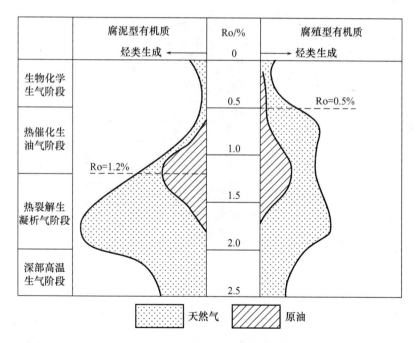

图 2-10　页岩有机质生气特征演化模型

美国主要产页岩气盆地的页岩成熟度变化较大,从未成熟到成熟均有发现。根据页岩成熟度可将页岩气藏分为三种类型:高成熟度页岩气藏、低成熟度页岩气藏以及高低成熟度混合页岩气藏。圣胡安盆地 Lewis 页岩气藏和福特沃斯盆地中Barnett 页岩气藏中天然气主要来源于热成熟作用,为高成熟度的页岩气藏。福特沃斯盆地 Barnett 页岩气藏的天然气是由高成熟度($Ro \geqslant 1.1\%$)条件下原油裂解形成的,Barnett 页岩气藏产气区的成熟度为 $1.0\% \sim 1.3\%$,实际上产气区西部为 $1.3\%$,东部为 $2.1\%$,平均为 $1.7\%$。阿巴拉契亚盆地页岩成熟度的变化范围为 $0.5\% \sim 4.0\%$,产气区的弗吉尼亚州和肯塔基州为 $0.6\% \sim 1.5\%$,宾夕法尼亚州西部为 $2.0\%$,在西弗吉尼亚州南部最高可达 $4.0\%$,且只有在成熟度较高的区域才有页岩气产出。总之,成熟度高低不是制约页岩气成藏的主要因素,在热成熟度高的地区也有可能形成页岩气藏,但当页岩热成熟度超过一定界限后,单井产能会有所下降。Gilman 等通过对阿科马盆地 Woodford 页岩中的 800 口水平井的 Ro 和单井最终储量统计分析得出,研究区页岩气井的单井最终储量随 Ro 的增加而增加,但当 Ro 超过 $2.2\%$ 时,单个压裂层段的平均最终储量开始减少,当 Ro 超过 $3.0\%$ 时,单个压裂层段的平均最终储量低于每增加一个压裂层段所增加的最终储量(Gilman 等,2011)。Gilman 等认为研究区最有利的 Ro 值为 $1.75\% \sim 3.0\%$(图 2-11)。另外,需要指出的是,初始有机质丰度较高的烃源岩随有机质成熟度的增加,生烃量增加,残余有机碳丰度、氢指数、有机质类型呈现降低、变差趋势,如 Barnett 页岩演化至 $T_{max}$ 为 470 ℃、等效 Ro 值为 $1.3\%$ 时,TOC 数值可降低 $36\%$,对于高成熟或过成熟烃源岩,负面影响则更大(李新景等,2009)。

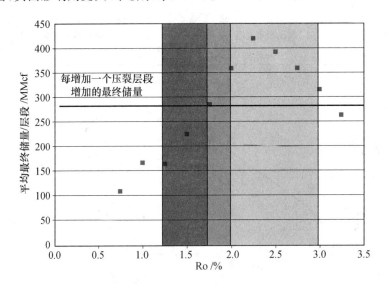

图 2-11　单个压裂层段平均的最终储量与 Ro 的关系(Gilman 等,2011)

　　中国南方地区沉积厚度巨大并经历了多期次构造运动,后期改造、抬升剥蚀作用强烈。地史时期内的深埋作用导致古生界海相源岩热演化程度高,例如下寒武统烃源岩 Ro 在大部分地区都大于 $3.0\%$,局部地区高达 $7.0\%$;下志留统 Ro 集中在 $2.0\% \sim 3.0\%$,个别地区高达 $6.0\%$;二叠系有机质 Ro 集中在 $1.0\% \sim 2.0\%$,局部地区可达 $3.3\%$(图 2-12)。宏观上,中国产气页岩具有典型的高有机质丰度、高热演化程度及高后期变动程度的"三高"特点(张金川等,2009)。

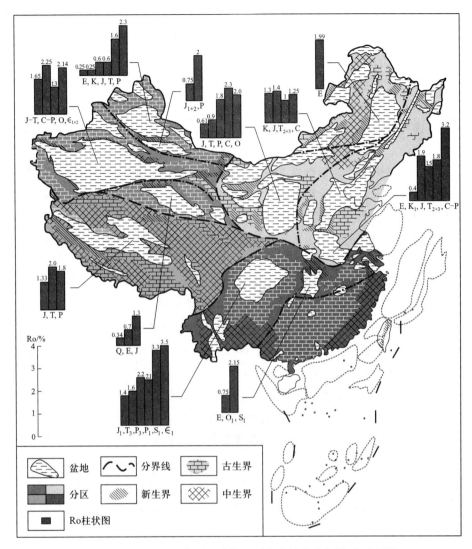

图 2 - 12　中国重点盆地重点层系暗色泥页岩成熟度分布图(张金川等,2009)

**2. 储层条件**

天然气在页岩中的赋存状态有三种:① 吸附态,以吸附的形式存在于基质和有机质颗粒表面,这也是页岩气井开始生产后产量下降以及能够保持长时间产能的重要原因;② 游离态,部分天然气以游离的状态存在于天然裂缝、基质和有机质的孔系中;③ 溶解态,由于页岩储层含水量很低,因此页岩中的溶解气非常少,往往可以忽略不计。页岩储层有效孔隙度一般小于 10%,渗透率小于 1 mD,是典型的低孔、低渗储层,页岩的孔缝系统是页岩气储集的主要空间,也是页岩气渗流的主要通道。

1) 矿物组成

页岩的矿物组成一般以石英或黏土矿物为主,黏土矿物包括高岭石,伊利石、绿泥石、伊蒙混层等,含少量蒙脱石或不含蒙脱石。石英与黏土矿物一起,组成了页岩的绝大部分矿物,除此之外,还包括方解石、白云石等碳酸盐矿物以及长石、黄铁矿和少量的石膏等矿物。

石英是页岩中主要的脆性矿物,当页岩中石英等脆性矿物含量多时,页岩脆性较强,容易在外力作用下形成天然裂缝和诱导裂缝。Nelson 认为,除石英之外,长石和白云石也是黑色页岩段中的易脆组分。李新景等(2009)认为,并不是所有优质烃源岩都具有经济开采价值,只有那些低泊松比、高弹性模量、富含有机质的脆性页岩才是页岩气勘探的主要目标。石英含量可以用全岩分析实验测得,也可以通过地层元素分析(ECS)测井获得。

黏土矿物是页岩的主要组成部分,在页岩中,黏土矿物和石英一起占据了页岩的绝大部分矿物构成。页岩中的黏土矿物按成因可分为自生黏土矿物和它生黏土矿物两类,自生黏土矿物为页岩在特定成岩阶段化学反应析出的矿物,例如自生高岭石、自生绿泥石等,它生黏土矿物主要是来自沉积物源区的陆源矿物,矿物成分与沉积物源区岩石类型相关。

黏土矿物是页岩储层改造中不稳定的因素,特别是当水敏性黏土矿物含量较高时,黏土矿物溶解易导致页岩产气的裂缝通道堵塞,影响页岩气产出,从这个角度上来讲,页岩储层黏土矿物含量越高,越不利于储层改造。另外,在钻井过程中,由于黏土矿物的存在,易导致井壁坍塌事故发生。黏土矿物遇水溶解造成井壁坍塌是页岩储层完井中的主要问题。

图 2-13 展示了几套北美页岩储层矿物的组成情况。Bossier 页岩大都位于石英、长石和黄铁矿含量低于 40%,碳酸盐岩含量大于 25%,黏土矿物低于 50% 的区间;Ohio、Woodford/Barnett 页岩位于碳酸盐含量低于 25%,石英、长石和黄铁矿含量为 20%~80%,黏土含量在 20%~80% 的区间。其中 Barnett 硅质页岩黏土矿物通常小于 50%,石英等含量超过 40%;阿科马盆地 Woodford 页岩与其相近,即页岩膨胀性黏土矿物含量较少,硅质、碳酸盐岩等矿物较多时(福特沃斯盆地 Barnett 页岩典型值为 40%~60%),岩石脆性与造缝能力强,裂缝网络容易产生。

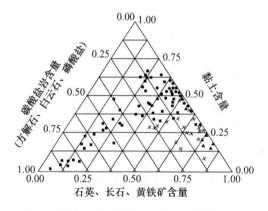

- Bossier 页岩　• Ohil 页岩　× Barnett 页岩
▲ Woodford/Barnett 页岩 (得克萨斯州西部)

图 2-13　页岩储层岩矿组成三元图

渝页 1 井位于重庆市彭水县连湖镇西北,是我国第一口页岩气战略调查井,于 2009 年 11 月 22 日开钻,2010 年 1 月 11 日完钻,累计钻探深度 325.48 m,共获得岩心 281.13 m。根据其 21 个井下样品全岩定量分析测试结果(图 2-14),渝页 1 井页岩矿物成分以石英为主,最高为 53.0%,最低为 12.2%,平均含量为 39.4%;其次为黏土矿物,最高为 53.2%,最低为 17.4%,平均含量为 33.1%;再次是斜长石,最高为 17.1%,最低为 3.0%,平均含量为 11.3%,黄铁矿含量较渝东南地区下志留地表其他样品平均含量(2.75%)高出很多,平均为 7.2%(图 2-15),这反映了页岩沉积时的还原环境较强,这一特征同时也在岩心观察时得到印证(唐颖,2011)。由渝页 1 井井下样品 X 射线衍射分析结果可知,渝页 1 井黏土矿物中伊利石含量较高,最大为 91%,最小为 75%,平均含量为 84.29%,伊利石中包含一定量未被识别出的伊蒙混层(约 20%)。样品中含有少量的绿泥石及高岭石,不含蒙脱石,有利于压裂(图 2-16)。

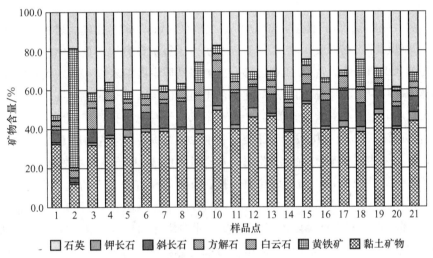

图 2-14　渝页 1 井样品矿物组成含量图

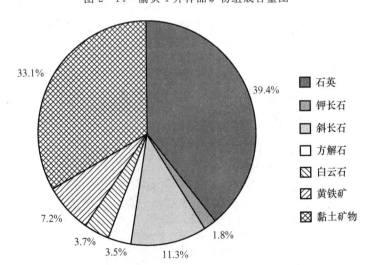

图 2-15　渝页 1 井矿物组成及平均含量图

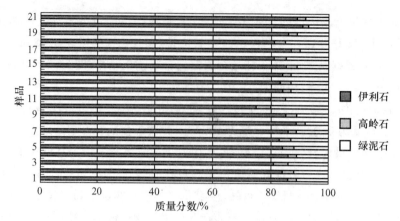

图 2-16　渝页 1 井黏土矿物组成图

2）孔缝系统

页岩孔隙度较低，一般介于 2%～15%之间（Curtis，2002），含气页岩中具有四种孔隙结构：基质孔隙、有机质孔隙、天然裂缝及水力压裂诱导裂缝。页岩中的基质孔隙度一般为纳米级到微米级，水力压裂能够有效地将基质中的纳米级和微米级孔隙与水力压裂诱导裂缝沟通起来，从而形成高速的产出通道（Wang 等，2009）。页岩气的早期产出更大程度上会受产出通道的影响，产气速率取决于有机质孔隙度、渗透率、裂缝几何形态、有机质碎屑以及有机质与天然裂缝和水力压裂诱导裂缝的沟通方式。

页岩主要由黏土矿物、石英、黄铁矿及有机质组成，基质及有机质孔隙有纳米级孔隙和微米级孔隙两种。纳米级孔隙最初在有机质和富含黏土的泥岩中发现，微米级孔隙多在富含硅质的泥岩中（Bustin 等，2008）发现。Davies 等在研究 Devonian 页岩时发现，页岩的粒间孔直径随着碎屑颗粒尺寸的增加而增加。Reed 等（2007）发现，Barnett 页岩中大多数孔隙在有机质中发育或者与黄铁矿有关。

有机质碎屑是页岩中的一种独特的孔隙介质，有机质中的孔隙空间形成于油气生成的时期，孔隙大小为 5～1 000 nm，有机质孔隙度最大能够达到基质孔隙度的五倍（图 2-17）。有机质孔隙能够吸附甲烷（分子直径为 0.38 nm）和存储游离气，Reed 等（2007）估计页岩有机质中的孔隙最大的能达到 25%。

图 2-17　Barnett 页岩 T. P. Sims NO. 2 井页岩有机质中的孔隙（Reed 等，2007）

　　泥页岩渗透率极低,级别处于亚纳达西到微达西之间,受页岩类型、样品种类、孔隙度、围压和孔隙压力等因素影响。泥页岩的有机质含量低,埋藏较深的页岩渗透率不超过 0.1 nD,富含有机质页岩的渗透率值介于亚纳达西和数十微达西之间。

　　页岩是裂缝性储层系统,裂缝发育是裂缝性储层的特征(图 2-18)。页岩中的裂缝根据形态特征可以分为开启裂缝和充填裂缝两种;根据成因类型可划分为构造裂缝和非构造裂缝两种大的成因类型和 12 个亚类(丁文龙等,2011)。裂缝能够改变泥页岩的渗透能力,对页岩储层来说,裂缝既是天然气的储集空间,也是解吸气流出的通道,是页岩气从基质孔隙流入井底的必要途径。页岩气可采储量最终取决于储层内裂缝的组合特征、产状、密度和张开程度等特征(李新景等,2009)。目前,国外成功开发的页岩多是裂缝系统发育的储层,如密歇根盆地北部 Antrim 组页岩主要发育北东向和北西向两组近乎垂直的裂缝系统。Bowker(2007)通过对 Barnett 页岩天然裂缝的研究认为,充填的天然裂缝是力学上的薄弱环节,能够增强压裂作业的效果,开启的天然裂缝对页岩气产能并不重要。Gale 等(2007)认为,尽管大多数小型裂缝都是封闭的,储存能力较低,但是由于在距离相对较远的裂缝群中存在大量开启的裂缝,因此也可以提高局部的渗透率。Barnett 页岩不是裂缝性页岩层带,但由于其天然的裂缝系统发育,使其成为一个可以被压裂的页岩层带。

图 2-18　页岩中的天然裂缝(来源于 cuog.cn)

　　在相同的力学背景下,储层的岩性以及岩石的矿物成分是控制裂缝发育程度的主要因素。当页岩中有机质和石英含量较高时,页岩脆性较强,在构造运动中容易破裂,形成天然裂缝,在水力压裂过程中也容易形成诱导裂缝。因此,有机碳含量、石英含量等是影响裂缝发育的重要因素。阿巴拉契亚盆地的钻井表明,富含有机质的黑色页岩中多发育滑脱及其相关的伸展和收缩裂缝带,黑色页岩比其附近灰色页岩的裂缝发育程度较高,裂缝频率也较高,间距也较小。因此,在相同的构造背景下,准确分析页岩的岩性、颜色、厚度以及矿物成分有助于准确判断裂缝的发育程度。

# *2.3* 页岩气富集机理

### 1. 页岩气赋存形态

页岩气是天然气在页岩储层中的富集,主要以三种赋存状态存在:① 以游离态存于孔隙或裂缝中。② 以吸附态赋存在干酪根有机质、黏土矿物等的表面,当页岩中压力较小时,吸附机理是页岩气赋存的非常有效的机理。吸附气含量受有机碳含量、压力、成熟度、温度、厚度、面积等因素的控制。③ 以溶解态赋存在干酪根、沥青质、残留水和液态烃中。

吸附态的赋存方式是页岩气聚集的重要特征,根据已开发的页岩气研究,吸附态的天然气量可占天然气总量的 20%～85%(Curtis,2002)。页岩气是介于煤层吸附气(吸附气含量在 85% 以上)和根缘气(吸附气含量通常忽略为不计)之间(在连续聚集和非连续聚集序列上也是介于煤层气和根缘气之间)的一种存在形式。页岩气的存在体现了天然气聚集机理递变的复杂特点,即天然气从生烃初期时的吸附聚集到大量生烃时期(微孔、微裂缝)的活塞式运聚,再到生烃高峰时期(较大规模裂缝)的置换式运聚,运移方式还可能表现为活塞式与置换式两者之间的任意过渡形式。在作为含气主体的泥页岩地层中,游离气和吸附气大约各占 50%;在以粉砂质为主的隔夹层状致密储集层中,游离相天然气的运移以活塞式为主;在物性条件较好的砂岩地层及裂缝中,游离相天然气主要进行置换式运移。在剖面上,可能构成了自下而上的页岩气、致密砂岩气、常规储层气等多类型天然气分布(图 2-19)。

由于页岩气在主体上表现为吸附状态与游离状态天然气之间的递变过渡,体现为成藏过程中的无运移或极短距离的有限运移,因此页岩气藏具有典型煤层气、典型根缘气和典型常规圈闭气成藏的多重机理意义,在表现特征上具有典型的过渡意义。

页岩气的成藏和富集是一个极其复杂的地质过程,但在成藏富集模式上,完整页岩气藏的形成和演化可分为三个主要的作用阶段(图 2-20),每一过程都产生了富有自身特色的气藏类型。

(1)第一阶段是天然气在页岩中的生成、吸附与溶解逃离(图 2-20a),具有与煤层气成藏大致相同的机理过程。在成岩作用的早期,由于深度较浅,压实作用不是很明显,大量微生物存在。由生物作用所产生的天然气首先满足有机质和岩石颗粒表面吸附的需要,当吸附气量与溶解的逃逸气量达到饱和时,富裕的天然气则以游离相或溶解相进行运移逃散。此时所形成的页岩气藏分布限于页岩内部且以吸附状态为主要赋存方式,吸附状态天然气的含量变化于 20%～85% 之间。

(2)第二个阶段是在热裂解气大量生成过程中。随着埋深的增加,温度、压力以及流体的存在使得天然气的生成作用主要来自于热化学能的转化,它将较高密度的有机干酪根转换成较低密度的天然气,气体体积明显增大。由于压力的升高作用,

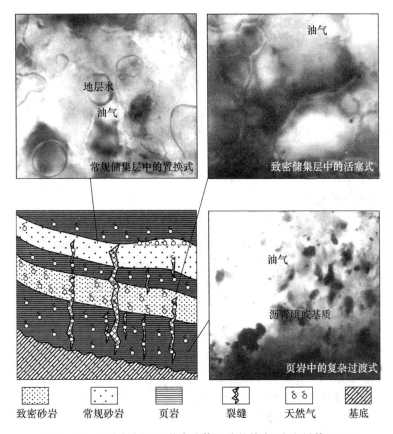

图 2-19　页岩气剖面及其中流体运移的特点(张金川等,2008)

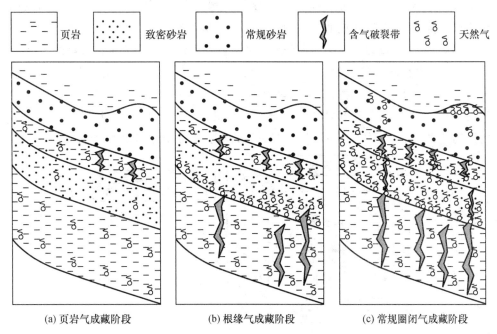

图 2-20　页岩气成藏的三个阶段(张金川等,2004)

页岩内部沿应力集中面、岩性接触过渡面或脆性薄弱面产生裂缝,天然气聚集其中,则易于形成以游离相为主的工业性页岩气藏;天然气原地或就近分布,则构成挤压造隙式的运聚成藏特征(图2-20b)。在该阶段,游离相的天然气以裂隙聚集为主,页岩地层的平均含气量丰度达到较高水平。

(3) 第三个阶段是随着更多天然气源源不断的生成,越来越多的游离相天然气无法全部保留于页岩内部,从而产生以生烃膨胀作用为基本动力的天然气"逃逸"作用。因此从整套页岩层系考察,不论是页岩地层本身还是薄互层分布的砂岩储层,均表现为普遍的饱含气性(图2-20c)。

**2. 页岩气藏的特点**

根据石油与天然气地质理论,"油气藏"是指油气在单一圈闭中的聚集,具有独立压力系统和统一油水界面的聚集(戴金星等,1992;陈昭年,2005)。根据页岩气的特点,页岩气聚集是自生自储式,不需要或者没有圈闭条件,因此,对页岩气聚集来说,并不符合"藏"的条件。有学者认为使用"页岩气聚集"来代替"页岩气藏"的概念更为合理,本书使用"页岩气藏"来指页岩气聚集只是出于习惯用法。

页岩气、致密砂岩气以及煤层气均属连续型气藏范畴,页岩气藏的成藏特征不同于常规气藏,主要表现在以下几个方面(张金川等,2003,2004;陈更生等,2009)。

(1) 成藏时间早。常规油气藏中聚集的油气是在水动力的作用下运移而来的,即油气的生成地和储存地不属同一地质体,烃源层、储层和盖层三者既相互关联又相对独立。而页岩气藏则不同,作为烃源岩的页岩集生、储、盖"三位一体",自身构成一个独立的成藏系统。页岩气藏是烃源岩(富有机质页岩)在一系列地质作用下生成大量烃类,其中一部分被排出、运移到渗透性岩层(如砂岩、碳酸盐岩)中,从而聚集形成构造、岩性等常规油气藏,另一部分则仍滞留在烃源岩中原地聚集而形成的。因此,页岩气藏的形成时间在任何含油气盆地的油气藏中应该是最早的。

(2) 自生自储(图2-21)。在页岩气藏中,富含有机质的页岩是良好的烃源岩,页岩中的有机质、黏土矿物、沥青质等以及裂隙系统和粉砂质岩夹层又可以作为储气层,而渗透性差的泥质页岩可为页岩气藏充当封盖层。页岩作为储层,与常规天然气的砂岩储集层不同,其主要特点是:① 储集岩为泥页岩及其粉砂岩夹层;② 微

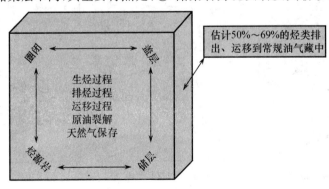

图2-21　页岩气自生自储含油气系统图

孔隙、裂缝是页岩气储集的主要空间,裂缝发育程度和走向变化复杂;③ 天然气的赋存状态具有多变性,吸附、游离是页岩气赋存的主要方式,少量页岩气以溶解方式赋存;④ 岩石物性较差。

(3) 无明显圈闭。圈闭是油气藏形成的基础,传统上的常规油气均聚集在圈闭中,圈闭类型决定着油气藏的基本特征以及勘探方法。常规油气藏都是在一定的构造背景下形成的,而页岩气藏不受构造因素的控制。构造圈闭对页岩气藏的形成并不起主导作用,但是一个长期稳定的构造背景对页岩气聚集可能具有一定的积极作用。页岩气的赋存及富集不依赖于常规意义上的圈闭及其保存条件,可直接将传统意义上的气源岩作为天然气勘探目标,从而扩大了天然气勘探领域和范围。

(4) 储层超致密。在常规油气勘探中,泥页岩由于储层致密往往起充当盖层的作用。研究表明,页岩的原始孔隙度可达 35% 以上,随埋藏深度的增加而迅速减少,在埋深 2 000 m 以后,孔隙度仅残留 10% 或更低。据美国含气页岩统计,页岩岩心孔隙度小于 4%~6.5%(测井孔隙度为 4%~12%),平均为 5.2%;渗透率一般为 $(0.001\sim2)\times10^{-3}\,\mu m^2$,平均为 $40.9\times10^{-6}\,\mu m^2$。但在断裂带或裂缝发育带,页岩储层的孔隙度可达 11%,渗透率达 $2\times10^{-3}\,\mu m^2$。

(5) 气体赋存状态多样。泥页岩中的天然气大部分以吸附状态赋存于有机质和黏土矿物颗粒表面或以游离状态赋存于微孔隙和裂缝之中,还有极少量天然气以溶解状态存在于不同的介质中。吸附态天然气的含量在 20%~90% 之间变化,与有机质含量呈正相关关系,但与游离含气量之间呈互为消长的关系(图 2-22)。从赋存特点来看,页岩的含气特点介于煤层气(吸附气含量在 80% 以上)和根缘气(吸附气含量通常小于 20% 而忽略不计)之间。

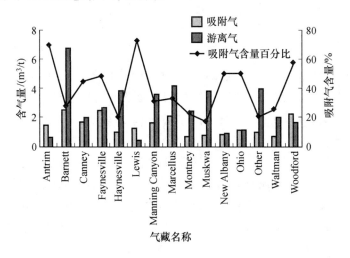

图 2-22 北美地区各页岩气藏中吸附气与游离气含
量统计直方图(陈更生等,2009)

(6) 页岩气藏较易保存。与常规油气藏相比,页岩气藏不易遭受破坏,这主要基于以下三方面因素:① 页岩气藏多形成于盆地区域构造低部位或盆地中心,这是由页岩地层的沉积特征所决定的。② 页岩气藏为不间断供气、连续聚集成藏。页岩气藏即使遭受构造运动局部有所抬升,在烃源岩分布的较大范围内,仍部分处于油气持续演化状态,整个页岩气藏仍能保持不间断持续供气和连续聚集,从而弥补因构造活动所造成的部分散失。③ 页岩气藏中 20%～90% 的气体是以吸附状态存在的,即使游离气散失殆尽,吸附气也可保存下来,不至于使整个气藏遭到完全破坏。因此,即使在构造油气藏破坏严重的盆地或区带,仍具有勘探开发页岩气藏的前景。

(7) 与常规油气共生共处。在含油气盆地中,形成页岩气藏的页岩往往都是盆地中的主力源岩或重要源岩,且呈大面积区域分布。因此,页岩气藏分布面积一般与有效烃源岩面积相当或一致。而且,页岩气藏与常规油气藏在紧邻构造隆起、大型斜坡区等部位是相伴生的。从区域构造上看,页岩气藏往往分布在构造低部位、凹陷或盆地中心(图 2 - 23)。

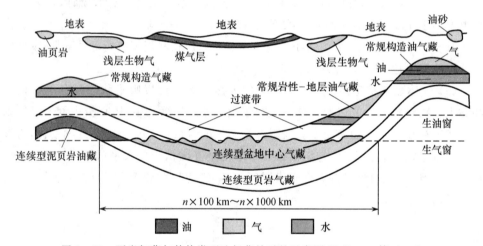

图 2 - 23　页岩气藏与其他类型油气藏关系的示意图(Pollastro 等,2001)

(8) 自然产能极低。页岩气藏由于物性致密、孔渗极差,因此自然产能极低。页岩气井完井后,只有极少数裂缝系统特别发育的井可以直接生产,90% 以上的页岩气井需要经过储层改造后才能获得一个良好的效果。水力压裂是页岩气藏储层改造的主要措施。

(9) 采收率变化大。美国页岩气藏开发证实,页岩气藏采收率变化范围在 5%～60%。例如埋藏较浅、地层压力较低、有机质丰度较高、吸附气含量较高的 Antrim 页岩气藏的采收率可达 60%;而埋藏较深、地层压力较高、吸附气所占比例相对较低的 Barnett 页岩气藏的采收率早期为 7%～8%,随着水平井和压裂技术的进步,目前的采收率达到 16%,预计最终可达 25% 左右。

(10) 生产周期长。泥页岩岩性致密,孔隙度和渗透率较低,天然气赋存方式以吸附和游离为主。页岩气井开始生产时,先是游离气自然析出,游离气析出后产能下降,气井靠吸附气的自然解吸维持生产,自然解吸时间往往持续数年。在生产曲线上,页岩气藏呈现负下降曲线特征,页岩气井产能从开始生产后逐渐下降,最后保持一个平稳的趋势(图 2-24)。据估算,页岩气井的生产寿命可在 30～50 年,2008 年据美国地质调查局(USGS)预测,Barnett 页岩气藏开采寿命可超过 80 年。

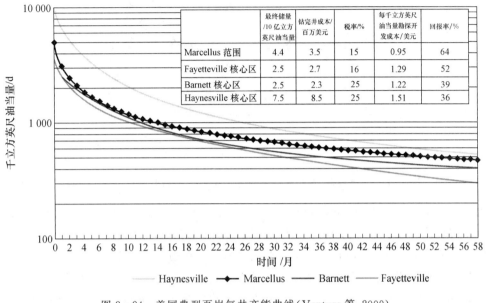

| | 最终储量/10亿立方英尺油当量 | 钻完井成本/百万美元 | 税率/% | 每千立方英尺油当量勘探开发成本/美元 | 回报率/% |
|---|---|---|---|---|---|
| Marcellus 范围 | 4.4 | 3.5 | 15 | 0.95 | 64 |
| Fayetteville 核心区 | 2.5 | 2.7 | 16 | 1.29 | 52 |
| Barnett 核心区 | 2.5 | 2.3 | 25 | 1.22 | 39 |
| Haynesville 核心区 | 7.5 | 8.5 | 25 | 1.51 | 36 |

图 2-24 美国典型页岩气井产能曲线(Ventura 等,2009)

### 3. 页岩气富集规律

页岩气藏的富集受多种因素的控制,无论是页岩气藏的特征还是形成机理都十分复杂,这两者也决定了页岩气富集规律的复杂性。页岩气藏作为非常规油气聚集,与常规油气藏最大的区别在于其自生自储模式,下面就从页岩气藏自生自储的特殊模式介绍页岩气的富集规律,包括页岩储层厚度、有机碳含量和裂缝系统三个方面(《页岩气地质与勘探开发实践丛书》编委会,2011)。

1) 页岩厚度愈大,气藏富集程度越高

与常规油气一样,要形成工业性的页岩气藏泥页岩必须达到一定的厚度,从而成为有效的烃源岩层和储集层。页岩面积和厚度是决定是否有充足的有机质及充足的储集空间的重要条件。一般在海相沉积体系中,富有机质页岩主要形成于盆地相、大陆斜坡、台地坳陷等水体相对稳定的环境;在陆相湖盆沉积体系中,富有机质页岩在深湖相、较深湖相以及部分浅湖相带中发育,这些相带一般为盆地主要沉积相带,具有广泛的展布空间。因此,页岩厚度就成为页岩气藏是否富集的重要因素。在有效厚度大于 15 m、有机碳含量大于 2% 以及处于生气窗以上演化阶段的页岩气藏形成基本条件的限定下,页岩厚度越大,所含总有机质含量就越大,天然气生成量与滞留量就越大,页岩气藏的含气丰度就越高(图 2-25)。需要指出的是,要形成优质的页岩气藏,页岩厚度一般应大于有效排烃厚度。

一个好的页岩气远景区的页岩厚度大多在 90～180 m。在阿肯色州西的 Fayetteville 页岩的厚度为 15～21 m,在阿科马盆地东厚度达到 180 m,而在密西西比海

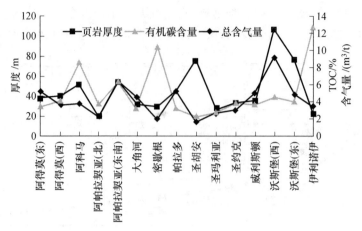

图 2-25　页岩厚度、有机碳含量与含气量关系曲线图(陈更生等,2009)

湾的一些地方达到了 305 m(Ratchford,2006)。Lewis 页岩有 305～450 m 厚。页岩气储层埋藏深度从最浅的 76 m 直到最深的 2 438 m,大多数则介于 760～1 370 m。例如,New Albany 页岩和 Antrim 页岩有 9 000 口井的深度为 76～610 m。在阿巴拉契亚盆地页岩、泥盆系页岩和 Lewis 页岩大约有 20 000 口井的深度是在 915～1 525 m。而 Barnett 页岩和 Woodford 页岩埋藏更深,Caney 页岩和 Fayetteville 页岩的埋深为 610～1 830 m。

对于具有商业价值的页岩气藏形成的有效厚度,很多学者做了相关研究,但厚度的下限目前还没有明确提出来(Bowker,2007)。邹才能等(2010)指出,页岩气经济开发的核心区通常是指 TOC 值大于 2%、处在生气窗内、脆性矿物含量大于 40%的有效页岩,有效页岩厚度大于 30～50 m,即当有效页岩连续发育时厚度大于 30 m,断续发育或 TOC 值小于 2%时,累计厚度应大于 50 m。北美产气页岩的有效厚度最小为 6 m(Fayetteville),最大为 304 m(Marcellus),核心区有效页岩厚度均大于 30 m。李玉喜等(2010)研究指出,美国页岩气藏的有效厚度一般在 15 m 以上,TOC 低的页岩厚度一般在 30 m 以上。张金川等认为,对页岩气藏来说,含气孔隙度、吸附含气量、有机质成熟度、净厚度、有机碳含量是五个相互补充的条件,当其他四个条件优越时,页岩厚度可以适当地降低,随着页岩气开发技术的进步,具有商业价值的页岩气藏的有效厚度可能降低到 10 m。

2) 有机碳含量越高,气藏富集程度越高

有机碳是页岩气生成的物质基础,有机碳含量越高,页岩的生烃潜力越大;储层中吸附态的天然气含量越高,气藏富集程度就越高。一方面,页岩气藏是自生自储式气藏,页岩气生成后几乎不发生运移,页岩气藏的含气面积常常与页岩的分布面积相当,有机碳含量越高则生气潜力越大,由于产生的气运移不出去,单位面积页岩的含气率就高;另一方面,页岩有机质中存在大量的孔隙,这些有机质孔隙既增大了天然气的吸附面积,又为游离气的储集提供了空间,减少了页岩气的损失。另外,烃类气体在无定形和无结构基质沥青质体中的溶解作用也为增加气体的吸附能力作出了贡献(张林晔等,2009)。Boyer 等(2007)对北美地区页岩气盆地有机碳含量进行了统计,认为页岩储层成为烃源岩的最低有机碳含量应大于 2%。

Sondergeld(2010)通过对 Barnett 岩心的微观特征研究发现,Barnett 页岩样品有机质中的孔隙体积占有机质孔隙的 48%~55%,页岩含气量中有部分来自有机质孔隙(图 2-26)。图 2-27 显示了 Barnett 页岩 T. P. Sims No. 2 井页岩典型的甲烷吸附曲线,从图中可以看出,吸附气约占总含气量的 40%~45%,大约有 55%~60%的游离气位于基质孔隙、裂缝和有机质孔隙中。

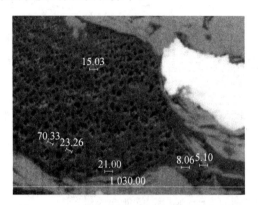

图 2-26　Barnett 页岩样品有机质中的孔隙
(单位为 nm)(Sondergeld 等,2010)

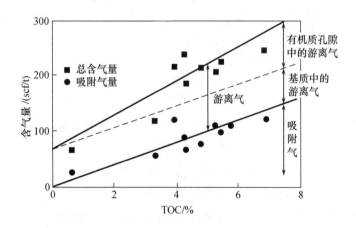

图 2-27　Barnett 页岩 T. P. Sims No. 2 井页岩样品含气量构成图(Jarvie 等,2004)[1]

页岩的总有机碳含量与页岩对气的吸附能力之间存在着正相关的线性关系。在相同压力下,页岩有机碳含量就越高,甲烷吸附量就越高。Jarvie 等(2004)通过对多个盆地的研究发现,页岩中有机碳的含量与页岩产气率之间有良好的线性关系。Ross 等(2007)在对加拿大大不列颠东北部侏罗系 Gordondale 组页岩研究过程中发现,有机碳与甲烷的吸附能力具有一定的关系(图 2-28),但是相关系数较低

---

① 　1 scf=0. 028 316 8 m³,下同。

$(R^2=0.39)$(图 2-29),认为在这个地区影响有机碳与吸附气量关系的还有其他因素,如温度、压力等。

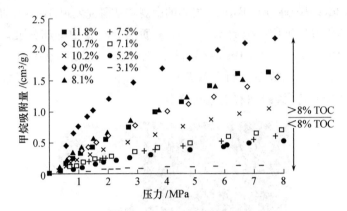

图 2-28　Gordondale 组页岩在不同压力下的甲烷吸附量与
有机碳含量的关系图(Ross 等,2007)

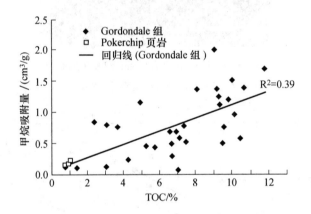

图 2-29　在 6 MPa 压力下的甲烷吸附量与有
机碳含量的关系图(Ross 等,2007)

　　Chalmers 等(2008)利用加拿大哥伦比亚省下白垩统 Bucking Horse 组页岩中不同拇指类型的有机质,在 6 MPa 条件下进行了甲烷气吸附能力及相关特性模拟实验,202 个样品的实验结果同样表明,不同有机碳含量的页岩与甲烷吸附量呈正相关关系,但相关性并不高,这说明页岩气藏的富集不仅受有机碳含量的影响,还受其他因素的影响。Chalmers 等的研究还进一步说明,不同类型、不同演化程度和不同有机碳含量的页岩的等温吸附能力也存在差异(图 2-30)。Ⅰ型干酪根(有机碳含量为 10.2%)页岩甲烷最大吸附量为 2.0 cm³/g;Ⅱ型干酪根(有机碳含量为 6.1%)页岩甲烷最大吸附量为 1.5 cm³/g;Ⅱ/Ⅲ型干酪根(有机碳含量为 7.2%)页岩甲烷最大吸附量为 1.25 cm³/g;Ⅲ型干酪根(有机碳含量为 2.3%)页岩甲烷最大吸附量为 1.0 cm³/g。

　　干酪根的类型不但对岩石的生烃能力有一定的影响作用,还影响天然气吸附率和扩散率。一般来说,在湖沼沉积环境形成的煤系地层的泥页岩中富含有机质,并

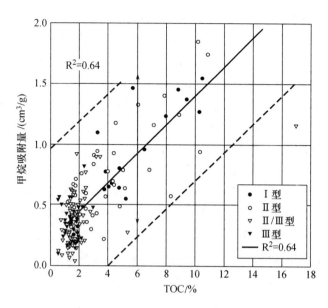

图 2-30　不同有机质类型及含量的页岩吸附能力图

（压力为 6 MPa）（Chalmers 等,2008）

以腐殖质的Ⅲ型干酪根为主,有利于天然气的形成和吸附富集,煤层气的生成和富集成藏也正好说明了这一点(煤层中有机质的含量更加丰富,煤层的含气率一般为页岩含气率的 2~4 倍)。在半深湖-深湖相、海相沉积的泥页岩中,Ⅰ型干酪根的生烃能力和吸附能力一般高于Ⅱ型或Ⅲ型干酪根。

3）页岩孔隙与微裂缝越发育,气藏富集程度越高

页岩储层的孔隙度和渗透率极低,非均质性极强,页岩气藏中的游离气主要储集在页岩基质孔隙和裂缝等空间中。由于页岩中矿物组成、富有机质等独特因素的存在,页岩除基质孔隙外,天然裂缝的发育、有机质经生烃演化后的消耗而增加的大量孔隙空间以及页岩层中的粉、细砂岩夹层等,均可极大地增加页岩的实际储集空间,从而提高页岩的储气能力。Jarvie 等（2007）的实验分析结果表明,有机质含量为 7% 的页岩在生烃演化过程中消耗 35% 的有机碳可使页岩孔隙度增加 4.9%。因此,有机碳含量越高,页岩基质中的超微孔隙就越多,页岩气藏丰度也越高,与常规油气藏相似,页岩气藏中孔隙与微裂缝愈发育,气藏的富集程度就愈高。

裂缝对页岩气的运移和聚集的影响作用很容易理解。页岩中裂缝系统的发育可以有效地提高储层的裂缝孔隙度,增大游离气的聚集量,发育的页岩裂缝作为输导系统能够促进页岩气的运移,对页岩气的聚集和开采都有利。但是,若早期形成太过发育的裂缝系统,就会使储层的封闭性遭到破坏,造成天然气聚集分散或者散失,不利于页岩气的保存。

美国正在进行商业开采的页岩气盆地一般都经历了区域地质构造运动,在岩石表面形成了褶皱、裂缝,并且经历了多次的海平面变化,在地层中形成有效的不整

合。这些裂缝和不整合面为页岩气提供了聚集空间,也为页岩气的生产提供了运移通道。Hill 等(2000)认为,由于页岩中极低的基岩渗透率,开启的、相互垂直的或多套的天然裂缝能增加页岩气储层的产量。导致产能系数和渗透率升高的裂缝可能是由干酪根向烃类转化时的热成熟作用(内因)、构造作用力(外因)或是两者产生的压力引起的。此外,这些事件可能发生在截然不同的地质历史时期。对于任何一次事件来说,页岩内的烃类运移的距离均相对较短。Cole 等(1987)认为,位于页岩上部或下部的常规储层也可能同时含有作为烃源岩的该套岩层生成的油气。页岩气储层中倘若发育大量的裂缝群,就意味着可能会存在足够多的进行商业生产的页岩气。阿巴拉契亚盆地产气量高的井都处在裂缝发育带内,而裂缝不发育地区的井则产量较低或不产气,这说明天然气生产与裂缝密切相关。储层中压力的大小决定裂缝的几何尺寸,通常会集中形成裂缝群。控制页岩气产能的主要地质因素为裂缝的密度及其走向的分散性(图 2-31)。裂缝条数越多,走向越分散,连通性越好,则页岩产气量越高(蒲伯伶,2008)。

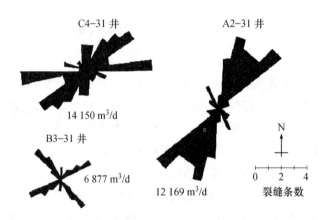

图 2-31　Antrim 页岩裂缝特征及其产量对比图(Decker 等,1992)

# 参考文献

《页岩气地质与勘探开发实践丛书》编委会.2011.中国页岩气地质研究进展[M].北京:石油工业出版社.

陈更生,董大忠,王世谦,等.2009.页岩气藏形成机理与富集规律初探[J].天然气工业,2009,29(5):17-21.

陈昭年.2005.石油与天然气地质学[M].北京:地质出版社.

戴金星,裴锡古,戚厚发.1992.中国天然气地质学:第二卷[M].北京:石油工业出版社.

丁文龙,许长春,久凯,等.2011.泥页岩裂缝研究进展[J].地球科学进展,26(2):135-144.

贾承造,李本亮,张兴阳,等.2007.中国海相盆地的形成与演化[J].科学通报,52(1):1-8.

姜在兴.2003.沉积学[M].北京:石油工业出版社.

金之钧,蔡立国.2007.中国海相层系油气地质理论的继承与创新[J].地质学报,81(8):

1017-1024.

李新景,吕宗刚,董大忠,等.2009.北美页岩气资源形成的地质条件[J].天然气工业,29(5):
　　27-32.

李玉喜,乔德武,姜文利,等.2011.页岩气含气量和页岩气地质评价综述[J].地质通报,30(2/3):
　　308-317.

马力,陈焕疆,甘克文,等.2004.中国南方大地构造和海相油气地质[M].北京:地质出版社.

聂海宽,唐玄,边瑞康.2009.页岩气成藏控制因素及我国南方页岩气发育有利区预测[J].石油学
　　报,30(4):484-491.

蒲伯伶.2008.四川盆地页岩气成藏条件分析[D].东营:中国石油大学.

唐颖.2011.渝页1井储层特征及其可压裂性评价[D].北京:中国地质大学.

文玲,胡书毅,田海芹.2001.扬子地区寒武系烃源岩研究[J].西北地质,34(2):67-73.

张爱云.1987.海相黑色页岩建造地球化学与成矿意义[M].北京:科学出版社.

张金川,姜生玲,唐玄,等.2009.我国页岩气富集类型及资源特点[J].天然气工业,29(12):
　　109-114.

张金川,金之钧,袁明生.2004.页岩气成藏机理和分布[J].天然气工业,24(7):15-18.

张金川,唐玄,边瑞康,等.2008.游离相天然气成藏动力连续方程[J].石油勘探与开发,35(1):
　　73-79.

张金川,徐波,聂海宽,等.2008.中国页岩气资源勘探潜力[J].天然气工业,28(6):136-140.

张金川,薛会,张德明,等.2003.页岩气及其成藏机理[J].现代地质,17(4):466.

张林晔,李政,朱日房.2009.页岩气的形成与开发[J].天然气工业,29(1):124-128.

邹才能,董大忠,王社教,等.2010.中国页岩气形成机理、地质特征及资源潜力[J].石油勘探与开
　　发,37(6):641-653.

Bowker K A. 2003. Recent development of the Barnett Shale play,Fort Worth Basin[J]. West Tex-
　　as Geological Society Bulletin,42(6):4-11.

Bowker K A. 2007. Barnett Shale gas production,Fort Worth Basin issues and discussion[J].
　　AAPG Bulletin,91(4):523-533.

Boyer C,Kieschnick J,Lewis R E,et al. 2007. Producing gas from its source[EB/OL]. [2010-09-
　　20]. http://www.slb.com/media/services/resources/oilfieldreview/ors06/aut06/producing_gas.pdf.

Bustin R M,Bustin A M,Cui X,et al. 2008. Impact of shale properties on pore structure and stor-
　　age characteristics[C]//SPE Shale Gas Production Conference,November 16-18,2008,Fort
　　Worth,Texas,USA.

Chalmers G R L,Bustin R M. 2007. The organic matter distribution and methane capacity of the
　　Lower Cretaceous strata of northeastern British Columbia,Canada[J]. International Journal of
　　Coal Geology,70:223-239.

Cole G A,Drozd R J,Sedivy R A,et al. 1987. Organic geochemistry and oil-source correlations,Pa-
　　leozoic of Ohio[J]. AAPG Bulletin,71(7):788-809.

Curtis J B. 2002. Fractured shale-gas systems[J]. AAPG Bulletin,86(11):1921-1938.

Curtis M E,Ambrose R J,Sondergeld C H,et al. 2010. Structural characterization of gas shales on
　　the micro-and nano-scales[C]//Canadian Unconventional Resources and International Petrole-
　　um Conference,October 19-21,2010, Calgary,Alberta,Canada.

Decker A D, Coates J M, Wicks D E. 1992. Stratigraphy, gas occurrence, formation evaluation, and fracture characterization of the Antrim Shale, Michigan Basin[R]. Chicago: Gas Research Institute.

Gale J F, Reed R M, Holder J. 2007. Natural fractures in the Barnett shale and their importance for hydraulic fracture treatments[J]. AAPG Bulletin, 91(4): 603-622.

Gilman J, Robinson C. 2011. Success and failure in shale gas exploration and development: Attributes that make the difference[EB/OL]. [2011-09-30]. http://www. searchanddiscovery. com/ documents/2011/80132gilman/ndx_gilman. pdf.

Hill D G, Nelson C R. 2000. Gas productive fractured shales: An overview and update[J]. GRI Gas TIPS, 6(2): 4-13.

Jarvie D. 2004. Evaluation of hydrocarbon generation and storage in the Barnett Shale, Ft. Worth Texas[EB/OL]. [2011-11-19]. http://www. blumtexas. tripod. com/sitebuildercontent/sitebuilderfiles/humblebarnettshaleprespttc. pdf.

Martini A M, Walter L M, Ku T C W, et al. 2003. Microbial production and modification of gases in sedimentary basins: A geochemical case study from a Devonian shale gas play, Michigan basin[J]. AAPG Bulletin, 87(8): 1355-1375.

Matt M. 2003. Barnett shale gas-in-place volume including sorbed and free gas volume[C]//AAPG Southwest Section Meeting, March 1-4, 2003, Fort Worth, Texas, USA.

Montgomery S L, Jarvie D M, Bowker K A. 2005. Mississippian Barnett Shale, Fort Worth Basin, north-central Texas: Gas-shale play with multi-trillion cubic foot potential [J]. AAPG Bulletin, 89(2): 155-175.

Pollastro R M, Hill R J, Jarvie D M. 2003. Assessing undiscovered resources of the Barnett-Paleozoic total petroleum system, Bend Arch-Fort Worth Basin Province, Texas[EB/OL]. [2011-09-30]. http://www. searchanddiscovery. com/documents/pollastro/index. htm.

Reed R M, Loucks R G, Jarvie D M, et al. 2007. Nanopores in the Mississippian Barnett Shale: Distribution, morphology, and possible genesis[J]. GSA Abstracts with Programs, 39(6): 358.

Ross D J K, Bustin R M. 2007. Shale gas potential of the Lower Jurassic Gordondale Member northeastern British Colunbia, Canada[J]. AAPG Bulletin, 55(1): 51-75.

Schlanger S O, Jenkyns H C. 1976. Cretaceous oceanic anoxic events: Causes and consequences[J]. Geologie En Mijnbouw, 55(3/4): 179-184.

Sondergeld C H, Ambrose R J, Ral C S, et al. 2010. Micro-structural studies of gas shales[C]// SPE Unconventional Gas Conference, February 23-25, 2010, Pittsburgh, Pennsylvania, USA.

Ventura J, Mcclendon A K, Scoot R C K, et al. 2009. Marcellus shale gas and shale gas production type curves and type curve comparisons[EB/OL]. [2011-09-30]. http://www. palmertongroup. com/pdf/Marcellus_Production_Type_Curves. pdf.

Wang F P, Reed R M. 2009. Pore networks and fluid flow in gas shales[C]//SPE Annual Technical Conference and Exhibition, October 4-7, 2009, New Orleans, Louisiana, USA.

# 第3章

# 页岩气勘探及评价技术

页岩气属于非常规油气资源,页岩气的赋存及富集不依赖于常规意义上的圈闭及其保存条件,成藏具有隐蔽性的特点,且页岩气藏含气丰度低,往往成为常规油气勘探中容易忽略的地方,因此,页岩气藏的勘探有别于常规油气藏。另外,页岩储层物性极差,孔隙度一般小于 $10\%$ ,渗透率往往小于 $1\,\mathrm{mD}$ ,因此在评价技术上有别于常规的油气藏。随着科技的进步,国外在页岩气勘探及评价方面已形成了一套完善的技术体系。

## *3.1* 页岩气地质勘探技术

### *3.1.1* 页岩气地震勘探技术

地震勘探技术是油气勘探的重要手段,对页岩储层来说,地震技术能够获得大量页岩储层的关键参数,例如深度、岩性、岩相、厚度、孔隙度、压力、总有机碳含量、古应变、断裂分布等。

**1. 浅层地震技术**

在地震勘探中,根据探测对象和目的层的埋深可以分为浅层地震、中层地震和深层地震。浅层地震技术主要是利用浅层地震资料描述分析地层的沉积环境,确定构造背景、岩性及其分布。

具有工业开发价值的页岩气聚集一般的埋深在 $3\,000\,\mathrm{m}$ 以浅,超过 $3\,000\,\mathrm{m}$ 埋深的储层由于其开发成本巨大,在勘探开发初期一般不予考虑。美国已商业开发的五个页岩气盆地只有福特沃斯盆地的 Barnett 页岩埋深较深,其埋深为 $1\,981\sim2\,591\,\mathrm{m}$ ,其他储层埋深大都在 $2\,000\,\mathrm{m}$ 以浅,例如阿巴拉契亚盆地 Ohio 页岩的埋深为 $610\sim1\,524\,\mathrm{m}$ ,密歇根盆地 Antrim 页岩的埋深为 $183\sim730\,\mathrm{m}$ ,伊利诺伊盆地 New Albany 页岩的埋深为 $183\sim1\,494\,\mathrm{m}$ (Hill 等,2000;Curtis,2002)。由于储层埋藏浅,浅层地震勘探技术是比较适合的。

浅层地震技术具有工作面积小、勘探深度浅的特点,根据地震波的传播特点可以分为折射波法、反射波法以及透射波法。折射波法一直以来是浅层地震技术的主要方法,在页岩气勘探过程中利用浅层地震折射波可以探测埋藏较浅的页岩层的厚度,识别隐蔽断层,发现地层起伏,判别页岩中裂缝的发育情况。反射波法浅层地震技术的勘探对象一般在 200 m 以内或者几十米以内,反射波法使用的工作频率比中、深层地震技术反射波的频率要高一个数量级,因此能够更精确地测出地下构造的细微变化,缺点是该方法对于近地表二三百米深度的勘探效果并不理想。投射波法能够观测和研究通过页岩的直达穿透波,根据记录波的传播时间和激发点与接收点的距离可以求得地震波在页岩中的传播速度,并计算出岩层弹性模量等参数。

### 2. 三维地震技术

地震勘探是根据人工激发的地震波在地下岩层中的传播路线和时间探测地下岩层界面的埋藏深度和形状,并认识地下地质构造进而寻找油气藏的技术。三维地震是一种面积地震勘探方法,其野外的观测系统有多种形式,例如用 48 个激发点和 48 道检波器构成互相垂直的观测系统,对每个反射面可得到 2 000 多个均匀分布的深度点,从而将得到的数据构成一个三维数据体,并可以用不同的方法进行显示。三维地震技术的进步促进了油气勘探的发展,同时,油气勘探的需求也促进了三维地震技术的进步。三维地震勘探技术近几年发展很快,在数据的采集、处理和解释方法方面不断取得新的突破。

三维地震是页岩气早期开发中最常见的手段,三维地震数据常用来鉴别断层和尖灭等异常构造带,从而认识复杂构造、储层非均质性、应力情况以及裂缝发育带,以提高探井(或开发井)的成功率(图 3-1)。还可利用速度分析来预测含气层的深度、潜在的压裂液漏失层以及含水层的渗透率,甚至可以预测诱导裂缝的倾向。三维地震技术的发展旨在预测页岩的弹性常数。弹性常数可以为页岩勘探提供压力的非均质性、裂缝方向倾向、断层带构造模型、孔隙度趋势,甚至还有裂缝中不同流体的饱和度、含气页岩的孔隙度等参数。另外,还可以采用三维地震解释技术设计水平井轨迹。在 Barnett 页岩钻井作业中,由于采用了三维地震技术,作业者能够将页岩钻井扩展到那些一直被误认为没有产能、含水且位于页岩下方的喀斯特白云岩区域。

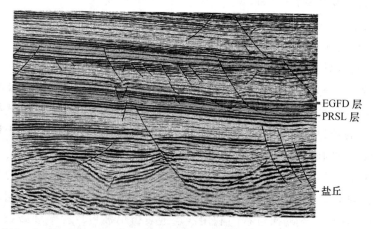

图 3-1　Eagle Ford 页岩地震数据反映的断层发育情况(Treadgold,2010)

由于地震波在泥页岩地层与上下围岩中的传播速度不同,在泥页岩的顶底界面会产生较强的波阻抗界面,可结合录井、测井等资料识别、解释泥页岩,并进行构造描述。裂缝的存在会引起地震反射特征的改变,应用高分辨率三维地震技术可以根据反射特征的差异来识别和预测裂缝。

地震波在致密岩石中传播时波长是一定的,若其传播速度大,则频率也高,但是如果地层中发育裂缝,地震波速度就会降低,频率也会明显下降。地震波在页岩储层中的主频一般为 50～60 Hz,高频成分丰富。当页岩中发育裂缝,尤其是当裂缝中充满天然气时,地震波频率就会降低很多,从而与不发育裂缝的层段形成差异。据研究,致密泥岩中如果大量发育裂缝,则地震波频率最多可降低 15%。因此,瞬时频率剖面对识别裂缝很有用,瞬时频率是反射波旅行时间 $t$ 的函数,在裂缝发育带,地震波的瞬时频率往往向低频移动。由于地震振幅的激发条件、接收条件、各种噪声的干扰以及吸收衰减等因素都基本相似,因此可以认为在页岩储层内部引起振幅明显变化的主要原因是存在裂缝(尹志军等,1999)。在页岩储层中,瞬时频率横向上的突变或渐变是存在裂缝和天然气的标志。

### 3.1.2　页岩气井测井录井技术

页岩气井测井评价技术是页岩气开发时常用的技术之一,主要应用于各种裂缝、孔洞以及黄铁矿等的识别,储层有效性的评价,页岩储层的裂缝参数、孔隙度、渗透率、含气饱和度的计算以及矿物成分等物性参数的计算。另外,页岩气测井评价技术在烃源岩的评价方面也不可或缺,利用测井资料可以计算地层总有机质含量、游离气和吸附气含量、地质储量等参数。

页岩气井测井评价的内容主要包括气层、裂缝、岩性的定性与定量识别。页岩是不导电介质,具有密度小、含氢指数低、传播速度慢等物理特性。气层测井具有高电阻、高声波时差、低体积质量、低补偿中子、低光电效应等特征。作业者可以通过测井资料对页岩的其他性质进行评价,在某些情况下,这些测井曲线具有明显的特征。与普通页岩相比,含气页岩具有自然伽马强度高、电阻率大、地层体积质量小以及光电效应低等特征。

#### 1. 页岩气井测井评价技术

页岩气主要以游离气和吸附气的形式保存在页岩地层中,有机质含量高的页岩地层往往伽马值较高,相应地吸附气含量也较高;而裂缝、孔隙发育的页岩层中以游离气为主,可利用测井曲线形态和测井曲线相对大小快速而直观地识别页岩气储集层。实测中,页岩气储集层在常规测井曲线上有明显的特征响应(图 3-2)。

高的自然伽马强度被认为是页岩中干酪根的函数。通常情况下干酪根能形成一个使铀沉淀下来的还原环境,从而影响自然伽马曲线。高含气饱和度导致高电阻率,但电阻率也会随着流体含量和黏土类型而变化。黏土含量及干酪根的存在能降低地层的密度,其中干酪根的密度较低,通常介于 $0.95～1.05\ \mathrm{g/cm^3}$ 之间(Boyer

等,2006)。将 DEN - CNL、AC - CNL 曲线经岩性及环境影响校正后进行重叠,可根据其差异判断气层,并利用三条孔隙度曲线和电阻率曲线及数字处理成果进行综合评价(刘洪林等,2009)。

作业者还可以根据测井资料确定页岩中复杂的矿物组分以及源岩孔隙空间内的游离气体积。由于页岩吸附气含量与本身的有机质含量之间存在密切的正相关关系,通过综合应用常规三组合(岩性、电性、物性)和地层元素测井资料,可以确定纵向上连续的有机碳含量,从而依据两者之间的线性关系获得页岩吸附气的含量。地层元素测井资料还能帮助岩石物理学家分辨黏土类型以及各自体积。这些信息对计算生产能力、确定水力压裂作业中应使用流体的类型起着关键的作用。

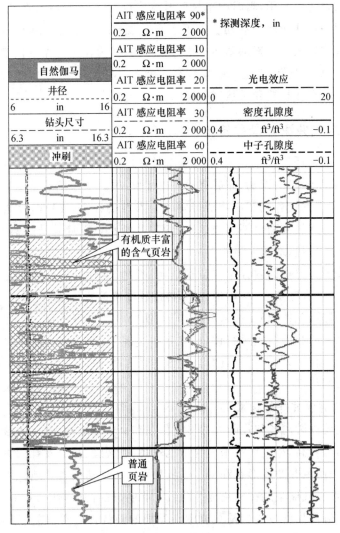

图 3 - 2　含气页岩测井解释结果(Boyer 等,2006)①

① 　1 in＝2.54 cm,1 ft＝3.048×10⁻¹ m,下同。

利用测井曲线形态和测井曲线相对大小可以快速而直观地识别页岩气储集层。实测中,页岩气储集层在常规测井曲线上有明显的特征响应。识别非常规天然气的常规测井方法主要包括自然伽马测井、井径测井、声波时差测井、中子密度测井、地层密度测井、岩性密度测井、电阻率测井等。通过测井解释资料可以定量分析储集层的岩性,确定储集层的基本评价参数,包括孔隙度、渗透率、含气饱和度、含水饱和度、束缚水饱和度、储集层厚度等。页岩储层在常规测井曲线上具有表 3-1 所示的特征。

**表 3-1　页岩气测井曲线响应特征(潘仁芳等,2009)**

| 测井曲线 | 输出参数 | 曲线特征 | 影响因素 |
|---|---|---|---|
| 自然伽马 | 自然放射性 | 高值>100 API,局部低值 | 泥质含量越高,自然伽马值越大;有机质中可能含有高放射性物质 |
| 井径 | 井眼直径 | 扩径 | 泥质地层表现为扩径;有机质的存在使井眼扩径更严重 |
| 声波时差 | 时差曲线 | 较高,有周波跳跃 | 岩性密度为泥岩<页岩<砂岩;有机质丰度高,声波时差大;含气量增大,声波值变大,遇裂缝发生周波跳跃;井径扩大 |
| 中子孔隙度 | 中子孔隙度 | 高值 | 束缚水使测量值偏高;含气量增大使测量值偏低;裂缝地区的中子孔隙度变大 |
| 地层密度 | 地层密度 | 中低值 | 含气量大,密度值低;有机质使测量值偏低;裂缝地层密度值偏低;井径扩大 |
| 岩性密度 | 有效光电吸收值 | 低值 | 烃类引起测量值偏低;气体引起测量值偏小;裂缝带局部曲线降低 |
| 深浅电阻率 | 深探测电阻率 浅探测电阻率 | 总体低值,局部高值,深浅侧向曲线几乎重合 | 地层渗透率;泥质和束缚水均使电阻率偏低;有机质干酪根电阻率极大;测量值局部为高值 |

1) 识别非常规天然气的常规测井方法

(1) 自然伽马测井。页岩气层的自然伽马值通常显示高值,主要原因是:① 页岩中泥质含量高,泥质含量越高,伽马放射性就越强;② 某些有机质中含有高放射性物质。一般泥页岩在地层中的伽马值显示高值(>100 API)。相比之下,砂岩和煤层显示低值。

(2) 井径测井。砂岩显示缩径;泥页岩一般为扩径。

(3) 声波时差测井:页岩气储层声波时差值显示高值。页岩比泥岩致密,孔隙度小,声波时差介于泥岩和砂岩之间,遇到裂缝气层有周波跳反应,或者曲线突然拔高。页岩有机质含量增加时,其声波时差增大;若声波值偏小,则说明有机质丰度低。

(4) 中子密度测井。页岩气储集层中子测井值为高值。中子测井值反映的是岩层中的含氢量。含氢物质一般为水、石油、结晶水和含水砂，即中子密度测井反映的是地层孔隙度。页岩地层孔隙度一般小于10%。在页岩气储集层中，要注意两个相反的影响因素：地层中含气会使中子密度值减小，而束缚水会使中子密度值增大。束缚水饱和度大于含气饱和度，故认为束缚水对于中子测井值的影响较大。有机质中的氢含量也会对中子测井产生影响使孔隙度偏大。在页岩储集层段，中子孔隙度值显示低值，这代表高的含气量和短链碳氢化合物。

(5) 地层密度测井。地层密度为低值。地层密度值实际上是指地层的电子密度，而电子密度相当于地层的体积质量。页岩密度为低值，比砂岩和碳酸岩地层密度测井值低，但是比煤层和硬石膏地层密度值要高出很多。有机质和烃类气体含量的增加会使地层密度值更低。若存在裂缝，也会使地层密度测井值降低。

(6) 岩性密度测井。现代测井仪器可以同时测量地层密度和岩性密度。岩性密度测井 Pe 值可以用来指示岩性。岩性密度测井可应用于识别页岩黏土矿物类型。页岩矿物组成的变化将导致单位体积页岩岩性密度测井值发生变化。结合取心资料，可以很好地分析某地区的黏土岩矿物成分。

(7) 电阻率测井。页岩深浅探测电阻率均显示低值。影响页岩气电阻率的因素较为复杂，主要有：① 页岩、泥岩含量高，束缚水饱和度高；② 页岩气储集层低孔、低渗，使得泥浆滤液侵入范围很小，侵入带影响很小，深浅曲线值非常相近，这反映了页岩气储集层的渗透率低；③ 有机质电阻率高，干酪根的电阻率为无限大，在有机质丰度高的地层中，电阻率测井值为高值。

Barnett 页岩在测井曲线上表现为高伽马值、低密度和高电阻率的特征。目前，针对页岩气开发的需要，斯伦贝谢等公司通过测井资料进行了各种有针对性的测井解释，包括矿物成分和含量、有机质含量和演化程度、孔隙度和渗透率、流体饱和度、岩石力学参数、游离气、吸附气以及天然气总量等多个方面。如图 3-3 所示，第 4 道是以 Platform Express 和 ECS(斯伦贝谢公司测井系列)数据为基础得到的含气页岩岩石物理模型的结果，其描述的几个因素是页岩气远景区成功开采的关键。除了干酪根和含气孔隙外，Barnett 页岩还含有数量较多的石英和碳酸盐，这两种矿物使地层更脆弱，从而更容易进行压裂。黏土矿物成分主要是伊利石，一般情况下，伊利石不容易与压裂液起化学反应(Boyer 等,2006)。

2) 页岩测井评价配套技术

(1) 总有机碳含量、有机质成熟度指标计算。干酪根多是在放射性元素铀含量比较高的还原环境中形成的，因而它使自然伽马曲线出现高值。通过自然伽马测井，测得自然伽马能谱，进而分析钾、铀、钍等主要元素的丰度，可以定量确定总有机碳的含量。中子密度法可以指示镜质体反射率 Ro 值。

(2) 页岩孔隙、裂缝参数评价。根据补偿声波、长源距声波、补偿中子以及体积质量来评价孔隙度。可依据 QFM(石英、长石、云母)模型由 ECS 测得的元素含量换算有关骨架参数，从而计算含气页岩的孔隙度。微电阻率扫描成像测井和核磁共

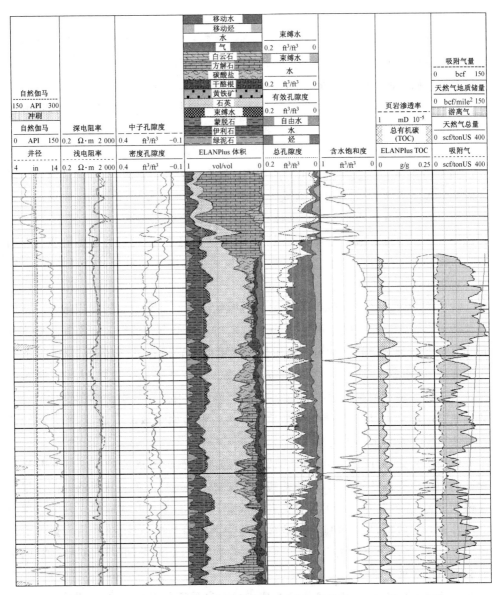

图 3-3　Barnett 页岩典型测井响应特征及测井解释结果(Boyer 等,2006)①

振测井对天然缝、诱导缝以及断层等都有良好的分辨能力。压裂后可采用井温测井、同位素测井或交叉偶极横波测井来识别和评价裂缝的高度和长度。

(3) 页岩储层含气饱和度估算。可利用双侧向测井、感应测井、核磁共振测井等来估算含气饱和度。另外还可根据等温吸附曲线和测井得到的地层温度和压力来计算地层的吸附气含量,在精确获得黏土矿物含量及其类型和地层孔隙度的基础上计算游离气饱和度。

(4) 页岩渗透性评价。可利用自然电位、自然伽马能谱、微电极、核磁共振测井

---

① 1 bcf=2.831 68×10⁷ m³,1 mile=1.609 344 km,下同。

等进行渗透性评价。

（5）页岩岩矿组成测定。ECS元素俘获能谱测井是一种很好的方法,其ECS探头应用中子感生的俘获自然伽马能谱测定矿物硅、钙、硫、铁、钛、钆、氯、钡和氢的含量,可以获得准确的地层成分评价结果,包括黏土、碳酸盐、硬石膏、石英、长石和云母等。

（6）页岩岩石力学参数计算。根据声波扫描测井、中子密度测井、成像测井来综合计算岩石弹性参数(泊松比、杨氏模量),确定地层应力和最大主应力方位。

3) 随钻测井技术

随钻测井(logging while drilling,LWD)就是在钻进作业的同时,通过测井设备实时测取地质参数,并绘制出各种类型的测井曲线。由于是实时测量,地层暴露的时间短,因此,测井曲线是在地层液体有轻微侵入甚至没有侵入的情况下获得的,与电缆测井相比更接近地层的真实情况。在必要的情况下,还可以将随钻地质测井曲线与电缆测井曲线进行对比,以获得地层被流体侵入的实际资料,为地层液体的特性分析提供帮助。

页岩气开发多采用水平井,但水平井井壁状况不好且易发生坍塌或堵塞。常规测井技术多是在钻井完成后再进行,故难以实时地取得测井资料。水平井随钻测井技术可根据实时测量的近钻头的地质参数识别地层岩性、地层破碎带、易卡钻的高压层段等,能够即时反映井下裂缝的发育情况。结合井眼几何参数,水平井随钻测井技术还可以确定钻头在地层中的空间位置,能够实时地引导钻头沿着设计的井眼轨迹或目的层钻进,从而提高钻井效率。作为一种行而有效的方法,水平井随钻测井方法正发挥着越来越大的作用。

成像测井(imaging logging)是随钻测井技术的重要发展方向。成像测井是根据钻孔中地球物理场的观测,对井壁和井周围物体进行物理参数成像的方法。根据成像的位置,成像测井技术可以分为井壁成像、井边成像和井间成像。井壁成像测井在技术上最成熟,包括井壁声波成像和地层微电阻率扫描成像;井边成像主要是电阻率成像,所用的方法为方位侧向测井和阵列感应测井;井间成像包括声波、电磁波和电阻率成像。

全井眼地层微电阻扫描成像测井技术(FMI)是斯伦贝谢公司20世纪90年代中期推出的新一代电阻率成像测井技术,它能够获得高清晰度的电阻率图像,目前已经广泛地应用于页岩气水平井钻井中。成像测井能够为作业者提供构造信息、地层信息和力学特性信息。除此之外,通过成像测井还能够识别天然裂缝和钻井诱发裂缝以及通过地震资料无法识别的断层,在进行加密钻井时,井眼成像有助于识别邻井中的水力裂缝,从而帮助作业者将注意力集中于储层中未被压裂部分的增产措施上。

全井眼微电阻率扫描成像测井的纵向分辨率可以达到0.2 in,横向探测深度约1~2 in,在页岩层的裂缝识别中具有良好的效果,能够很好地识别裂缝的方向、倾角和走向。图3-4所示是全井眼微电阻率扫描成像测井用于页岩气井时显示的水平井钻遇裂缝和层理的特征。从成像结果可以看出,钻井诱发的裂缝沿钻井轨迹顶部和底部出现,在井筒侧面终止,井筒侧面的应力最高。井筒钻穿的原有天然裂缝以垂直线的形态穿过井筒的顶部、底部和侧面。页岩中发育黄铁矿结核,并与层里面平行出现。

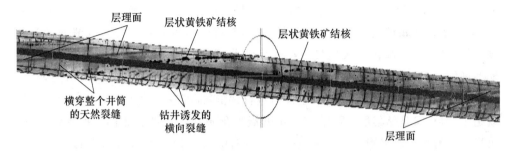

图 3 - 4　全井眼微电阻率扫描成像测井

### 2. 页岩气录井解释技术

录井工作的首要任务是如何及时发现钻井中的油气显示,及时发现页岩气层,确保钻井作业安全,使油气层损害程度降到最低。应用综合录井技术,在常规岩屑、岩心地质录井的基础上,结合区域地质特征,通过对气体参数的检测及工程参数和钻井液参数的监测,可在及时发现、评价油气层和地层压力的预测等方面提供解释方法和手段,并能取得较好的效果(庞江平等,2010)。根据美国密歇根盆地(Michigan Basin)的 Antrim 页岩、阿巴拉契亚盆地(Appalachian Basin)的 Ohio 页岩、伊利诺伊盆地(Illinois Basin)的 New Albany 页岩、福特沃斯盆地(Fort Worth Basin)的 Barnett 页岩以及圣胡安盆地(San Juan Basin)的 Lewis 页岩五个盆地页岩气勘探的经验,能够比照页岩气的含气地质特征。页岩气录井技术包括地质录井、综合录井以及 XRF 录井(X 射线荧光录井、地层化学元素录井)。

下面从地质录井、综合录井、XRF 录井三方面阐述页岩气藏的录井特征:

1) 地质录井

岩屑(心)录井是评价储层含油气性最直观、最重要的方法,对判断储层含油气情况具有极其重要和不可替代的作用。岩屑(心)颜色、岩性的变化及次生矿物的含量特征是现场录井过程中正确判断页岩气储层的基础因素。

一般而言,页岩具有一定的硬度和脆性,国外资料表明,页岩储层的基质渗透率很低,岩性致密,页岩的矿物成分直接决定钻速的快慢。通常,硅质和钙质含量较高的页岩较脆、较硬,钻进时相对较快,钻速较高;反之则钻进较慢,钻速较低。

页理和裂缝的发育程度直接影响页岩中游离气的多少。钻时曲线可以帮助判断裂缝、孔洞的发育井段,确定储集层。微钻时的变化更能直观地反映页岩中裂缝的发育情况。与快钻相比,微钻时的曲线特征可较好地识别裂缝性气层,同时缩短气测的检测周期,快速检测钻井液中气体的含量,在检测和识别储层非均质性时具有较强的优势。

2）综合录井

页岩气在页岩中的聚集特征，主要有游离气和吸附气两种形态，检测钻井中的游离气通常采用气测录井方法，吸附气的检测则采用地化录井方法。

油气勘探工作中，气测录井是油气层录井最基本和最有效的方法之一，是及时发现油气显示的重要手段。钻进中，进入井筒钻井液的油气包括岩石破碎后的岩屑气、地层渗透气和扩散气三种。在已钻井中，钻进时常见井涌、气侵、气测异常等现象，说明该层系普遍含有天然气。在安全钻井的前提下，常采用过平衡钻井方式。实践证明，常规录井中肉眼不易发现微弱气，但综合录井则具有较强的识别优势。

根据地化录井资料既可以对生油岩进行评价，也可以对储集层进行评价。页岩既是生油层，又是储集层，因此，录井中开展地化录井是很有必要的。据资料统计，页岩气中游离气和吸附气大约各占 50%，有时吸附气含量可高达 80% 以上。页岩气的吸附介质主要是页岩中的有机质颗粒，不含有机质的页岩其吸附能力较差，吸附气含量也相应较低。页岩岩屑由于受到取样条件和岩屑中油气散失等不利因素的影响，不能准确地反映页岩中流体的含量，但通过对岩屑（心）加热，可以检测页岩中未完全散发的吸附气。当页岩中含有吸附气时，地化录井中所测含气态烃 $S_0$（90 ℃下检测的单位质量岩石中的吸附烃量）将有一定的增加。

录井技术中用于检测地层压力的方法主要有 dc 指数法、Sigma 法、泥页岩密度法、地温梯度法、C2/C3 比值法等。页岩录井现场常常根据页岩地层特点对多种方法进行对比分析，下面主要介绍 dc 指数法和简单方便的泥（页）岩密度法。

（1）dc 指数反映地层的可钻性。当钻达异常超压层上面的压力过渡带时，钻速加快，dc 值明显减小，偏离正常趋势线，预示着已进入欠压实地层，因此可以根据 dc 指数的变化发现异常过渡带，为平衡钻进提供依据，同时，可预防井涌、井喷和井漏。

（2）泥页岩密度录井。在正常压实地层中，泥页岩密度随着深度的增加而增加，但在欠压实地层中，由于地层含有的流体密度比其他造岩矿物小，从而造成欠压实泥页岩的密度小于正常压实的泥页岩密度。地层欠压实情况越严重，泥页岩密度就越小。在泥页岩密度与深度曲线图上，欠压实地层的泥页岩密度会偏离泥页岩密度正常趋势线而减小。欠压实泥页岩的特征就是密度负向偏离正常趋势线。

3）XRF 录井

XRF 录井仪能够直接测量页岩中的硅、钙、镁、铁、铝、氯等元素，同时还能检测岩屑的自然伽马值，实验证明，每米 1 点的测量结果与测井自然伽马曲线拟合得较好。若能提供页岩样品的孔隙度、含油气性等参数，可准确地判断岩性。

### 3.1.3　页岩实验分析技术

国外（特别是美国）的页岩气工业起步较早，一些研究机构还设立了专项对页岩气实验测试技术进行研究，从而使页岩实验测试技术得以完善，促进了页岩气勘探开发的进步。在商业利益的驱动下，一些国外的实验室和石油公司也投入大量的资金进行页岩实验测试技术的研究,并掌握了一整套技术,例如 Weatherford 实验室、Chesapeake 实验室、Intertek 实验室,Corelab 公司、Schlumberger 公司等。其中 Weatherford 实验室主要进行了九项测试项目,并形成了六大实验体系,能够提供页岩地质学、地球化学、含气量、页岩属性、常规岩心分析、改进岩心分析、岩石力学以及压裂液和完井液的评价等方面的实验测试;Chesapeake 实验室专注于岩石特征和岩石物理测试,在岩石物理测定方面可以进行致密岩石分析实验,从而准确地测定致密页岩的孔隙度、渗透率、含水饱和度以及含气量;Intertek 实验室共形成了八大实验体系,分别为气体评价体系、现场气测定体系、页岩气等温吸附体系、孔隙度渗透率测试体系、特殊岩性分析体系、岩石学体系、烃源岩分析体系和井场服务体系;Schlumberger 公司的业务主要涵盖钻井、测井、固井、综合钻井、综合地震、油藏管理以及综合项目管理等领域,其下的子公司 Terra Tek 能够准确地评价页岩分类、地质储量、裂缝地层等,其用于地质力学研究的仪器装置在世界上享有很高的声誉;Corelab 公司是世界上最大的岩心分析公司,其实验室配置了最先进的测试设备,可以提供的测试分析服务包括岩石力学分析、地质学分析、生物地层学分析、地球化学分析、页岩分析等。总之,国外页岩实验测试技术较为成熟,设备先进,同时技术保密也十分严格,对国内提供样品测试服务的费用较为昂贵。

页岩实验分析是页岩气勘探开发评价中的重要环节。综合考虑国外大型实验室和分析测试公司关于页岩气的研究进展,认为页岩储层通用的测试项目主要有以下六项:① 气体组分分析。通过气相色谱法分析产出气的组分,利用稳定同位素评价储层的产气来源和有利储集区。② 含气量测试。通过现场解吸、损失气估算、残余气测量获得页岩的含气量,从而预测储层的地质储量,评价区块的有利性。③ 等温吸附实验。测量页岩样品对不同组分气体在不同压力下的吸附气量,评价页岩储层的吸附能力。④ 岩石学特征。通过扫描电镜、薄片鉴定以及 X 射线衍射实验分析页岩的层理产状、孔隙结构和岩石矿物组成。⑤ 烃源岩分析。通过岩石的热解实验和镜质体反射率 Ro 的测定分析有机质丰度、成熟度和有机碳含量;⑥ 致密岩石专项分析。主要是通过压力脉冲衰减法测定致密页岩的渗透率和孔隙度以及压汞毛管力曲线、相对渗透率、储层敏感性、压裂液伤害评价等。

根据国土资源部油气资源战略研究中心 2010 年 3 月开始试行的全国页岩气资源战略调查先导试验区《页岩气实验测试技术要求(试行)》,页岩气地质调查时推荐使用的必做项目有 16 项,按照样品又分为地表、地下(浅井、预探井)两类;从测试内容上可分为地球化学分析、岩石学分析、致密岩石专项分析、含气性分析四大类(国土资源部油气资源战略研究中心,2010)。

### 1. 地球化学分析

地球化学分析是页岩气研究中最重要的一个方面。地球化学测试和研究贯穿了页岩生气性、储气性和产气性分析的各个环节,包括有机碳含量、热成熟度、有机质类型、岩石热解分析、碳同位素分析等,其中有机碳含量及热成熟度分析是页岩地球化学中最重要的两个方面。

1) 有机碳含量

众多含气页岩研究实例表明,页岩气的吸附能力与页岩有机碳含量之间存在着线性关系,因而有机碳含量是进行页岩气生气及含气性分析的基本参数。目前进行有机碳含量分析的技术有碳硫测定法、燃烧法、岩样热解气相色谱分析法以及氯仿沥青"A"测定法等,这里只介绍部分方法。

(1) 碳硫测定法

一般用稀盐酸去除样品中的无机碳,然后在高温氧气流中燃烧,直至总有机碳完全转化成为二氧化碳,再以红外检测器检测其总有机碳含量。用燃烧法测定总有机碳含量时与本方法类似,不同的是,使用碱石棉吸收在高温氧气流中生成的二氧化碳,最后以碱石棉的增重计算总有机碳含量。

(2) 岩样热解气相色谱分析法

试样通过热解炉控制不同温度和恒温时间,分别将蒸发烃和热解烃脱附,两者在惰性气体携带下经过毛细管色谱柱分离成各种单体烃及单体化合物,由火焰离子化检测器检测。采用色谱峰保留指数、保留时间、标准物质、色谱-质谱进行定性。利用热解气相色谱的正烷烃和正烯烃的百分含量划分烃源岩的有机质类型,也可以从热解气相色谱热解烃中的甲烷含量、苯和甲苯含量等区分有机质类型。对干酪根显微组分镜质体、惰质体、角质体等的热解气相色谱产物组成进行比较,从而研究其产烃能力和产物性质。

(3) 氯仿沥青"A"测定法

粉碎试样至 100 目,用滤纸包好,借助三氯甲烷(即氯仿)对岩石中沥青物质的可溶解性用脂肪抽提器进行加热提取,并以质量法求出所取沥青物质的含量,从而计算出氯仿沥青的含量。可以应用岩石中氯仿沥青"A"的含量评价有机质丰度和有机质的演化程度。由于不同烃源岩的生烃地球化学特征不同,因此在用氯仿沥青"A"作为有机碳丰度指标时,应要考虑有机质母质类型、热演化程度以及排烃相似性。

2) 热成熟度

表示烃源岩成熟度的指标很多,例如岩石热解参数、镜质体反射率、孢粉碳化程度、可溶抽提物的化学组成特征、干酪根自由基含量、干酪根颜色、H/C‐O/C 原子比关系以及时间温度指数(TTI)等都可以用来表征烃源岩的成熟度。

(1) 岩石热解参数

试样在氦气流中加热,使其热解,排除的游离气态烃、自由液态烃和热解烃由氢火焰离子化检测器检测,热解排除的二氧化碳和热解后的残余有机碳加热氧化生成的二氧化碳由热导检测器检测。在不同的设置分析条件下可得到热解分析的游离烃($S_1$)、热解烃($S_2$)、$CO_2$($S_3$)和最大热解峰温($T_{max}$)等参数。$S_1$ 峰值是第一阶段从室温加热至 300 ℃过程中每毫克岩石受热后释放出来的游离碳氢化合物数量。$S_2$ 峰值是第二阶段从 300 ℃加热至 600 ℃过程中干酪根受热裂化后产生的碳氢化合物数量。从图 3-5 所示曲线中可以了解岩石中的残余油潜能,或者埋藏深度和温度继续增加后岩石能够产出的碳氢化合物量。$S_3$ 峰值表明干酪根受热后释放出来的二氧化碳的体积。$T_{max}$ 为 $S_2$ 峰值对应的温度,可以大致指示源岩的成熟度(图 3-5)。

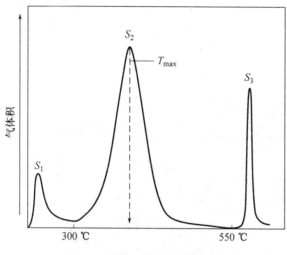

图 3-5　岩石热解气峰值-温度图

（2）镜质体反射率

镜质体反射率是鉴定岩样成熟度最直接的指标。作为干酪根的一个关键部分,镜质体是植物细胞壁中木质素和纤维素受热转变后形成的一种发光物质。随着温度的增加,镜质体经历复杂的、不可逆转的芳构化反应,导致反射率增大。镜质体反射率最早用来确定煤炭的等级或成熟度,后来用于干酪根热成熟度的评估。由于反射率随温度的增加而增大,因而可以使用该指标来评估碳氢化合物形成的各个温度范围。这些温度范围又可以被进一步划分成油窗或气窗。通过一个配有油浸物镜及光度计的显微镜就可以测量镜质体反射率,该反射率反映了反射到原油中的光度百分比（Ro）。通过多个岩样的测试可以确定镜质体反射率的均值,通常用 Rm 表示。

镜质体反射率是目前世界上公认的、唯一可对比的有机质成熟度指标,但该参数在使用过程中存在两个问题:一是镜质体反射率受母质类型、沉积环境影响较大,在与较多的壳质组伴生时,镜质体因不同程度地富氢而受到抑制,使得检测值偏低,导致许多石油勘探区有被忽视的可能;二是镜质体主要存在于泥盆纪以来的沉积层中,而泥盆纪以前的海相地层中无法获得镜质体反射串的数据。因此需要一种更加精确的测定成熟度的方法,以便能够更加准确地找到勘探区和油源,降低勘探风险。

多组分显微荧光分析（FAMM）技术可以弥补在成熟度应用研究中因富氢而出现的检测结果偏低的缺陷。这一新的分析技术是由澳大利亚联邦科学与工业研究机构石油资源部（CSIRO）的 Wilkins 博士在 20 世纪 90 年代发明的,它能够解决单参数镜质体反射方法难以解决的问题,是有机质成熟度研究中一项新的、有效的评价技术。

有机质多组分显微荧光分析技术利用测定样品中不同显微组分的荧光光谱得到

各组分颗粒的初始荧光强度和最终荧光强度值。计算各组分颗粒的最终/初始荧光强度比*,然后投影到标准荧光变异图上,就可得到等效镜质体的反射率值。该技术在准确评价泥页岩、煤和分散有机质成熟度上具有较为明显的优势,使成熟度评价的准确性得以提高(张美珍等,2007)。多组分显微荧光分析技术也可用于烃源岩的有机质类型及有机显微组分的鉴定。图 3-6 所示为 FAMM98 荧光显微探针设备。

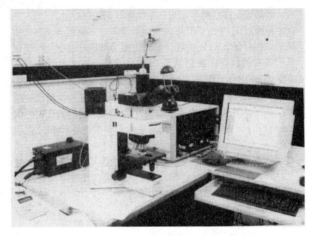

图 3-6　FAMM98 荧光显微探针设备

### 2. 岩石学分析

页岩岩石学分析包括岩石矿物组成、页岩薄片鉴定、扫描电镜分析、岩石力学特征测定等。

页岩岩石矿物组成是页岩储层评价的重要组成部分。页岩气勘探实践表明,矿物组成决定着页岩气藏的品质,它不但影响气体的含量,而且通过该指标还能对成熟度进行分析,同时也可为钻井、完井和压裂提供分析资料。页岩的矿物成分较复杂,矿物组成以黏土矿物、石英为主,另外还含有长石、碳酸盐、黄铁矿等成分。页岩矿物组成及其含量通常由全岩分析实验测出,斯伦贝谢公司开发的 ECS 元素俘获能谱仪器(图 3-7)能够通过记录中子与地层作用后感生的自然伽马能谱获得准确的地层成分评价结果,包括黏土、碳酸盐、硬石膏、石英、长石及云母等,除此之外,ECS 探头还能测定储层中硅、钙、硫、铁、钛、钆、氯、钡和氢等元素的含量。我国页岩全岩分析技术比较成熟,能够准确地测量出页岩中各种矿物的含量,X 射线衍射是

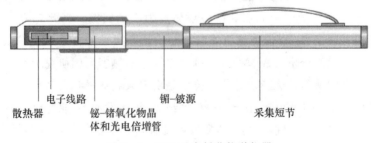

散热器　电子线路　铋-锗氧化物晶体和光电倍增管　锢-铍源　采集短节

图 3-7　ECS 元素俘获能谱仪器

分析页岩黏土矿物组成的常用方法。

　　扫描电镜是研究页岩微观特征的重要设备,通过扫描电镜能够观察分析页岩的微观孔隙特征,例如微裂缝、溶蚀孔隙等,目前,高倍的扫描电镜还能够清楚地观察页岩有机质中的裂缝。另外,在扫描电镜下,根据各种黏土矿物的特征还能够定性地识别黏土矿物组分,判别黏土矿物的成岩作用。背散射电子(BSE)成像是研究页岩沉积学特征的一种强有力的工具,其空间和化学分辨率高,操作容易,速度快,能够观测到许多普通扫描电镜无法观测到的微观现象,常用来分析页岩矿物的分布情况及裂缝的形态特征。根据扫描电镜发展起来的环境扫描电镜(ESEM)也开始应用于页岩研究中。环境扫描电镜可将湿的或含油的样品在其自然状态下成像,观察和记录下真实的、动态的过程(如干燥、熔化、膨胀、溶解和沉淀等),观察前样品无需打碎、清洗等程序,能够模拟其在地层条件下的状态,更加真实地反映页岩的特性,可以用于页岩的基质酸化研究、酸敏研究、水敏研究以及润湿性研究等。图 3-8 所示为页岩扫描电镜的成像特征。

(a) 普通扫描电镜成像　　　　　　　　　(b) 背散射电子成像

(c) 环境扫描电镜成像

图 3-8　页岩扫描电镜成像特征

页岩岩石力学特征是进行压裂设计的重要参数,包括页岩的弹性模量、泊松比、地应力特征、岩石强度等。页岩岩石力学特征影响储层的改造,例如水力压裂裂缝的方向、长度、形态等特征,因此页岩岩石力学特征的准确表征是水力压裂成功的关键。页岩岩石力学特征分析是页岩实验分析的重要组成部分,由于页岩脆性较砂岩高,因此页岩力学特征的测量比常规储层岩石更加困难。

弹性模量是弹性材料最重要的、最具特征的力学指标,也是物体变形难易程度的表征。根据不同的受力情况,有相应的弹性模量(杨氏模量)、切变模量(刚量模量)、体积模量等。对于页岩一般研究其弹性模量。测量弹性模量的方法一般有拉伸法、梁弯曲法、振动法、内耗法等,还出现了利用光纤位移传感器、莫尔条纹、电涡流传感器和波动传递(微波或超声波)等技术测量弹性模量的方法,但最常用的是拉伸法。对页岩来说,弹性模量越高,脆性越大,钻井或压裂过程中越容易产生裂缝,也就越有利于页岩气的开采。泊松比是横向正应变与轴向正应变的绝对值的比值,泊松比越低,页岩脆性越大,就越容易压裂产生裂缝。泊松比的测量方法和弹性模量相同,常用的是拉伸法。

页岩岩石应力分析包括岩体内应力的来源、初始应力(构造应力、自重应力等)、二次应力、附加应力等。初始应力由现场测量决定,常用钻孔应力解除法和水压致裂法,有时也用应力恢复法。二次应力和附加应力的计算常采用固体力学经典公式,复杂情况下采用数值计算方法。

页岩岩石强度包括抗压、抗拉、抗剪(断)强度以及岩石破坏、断裂的机理和强度准则。室内采用压力机、直剪仪、扭转仪及三轴仪测量,现场则做直剪试验和三轴试验,以确定强度参数(凝聚力和内摩擦角)。强度准则通常采用库伦-纳维准则,该准则假定对破坏面起作用的正应力会增加岩石的抗剪强度,其增加量与正(压)应力的大小成正比。其次可采用莫尔准则,也可采用格里菲思准则和修正的格里菲思准则。

### 3. 致密岩石专项分析

页岩属于超致密储层,采用常规物性测试手段很难捕获极低数量级的数值,因而必须采用专用的实验方法或者高精度仪器来进行测试。

#### 1) 脉冲式岩石渗透率测试方法

页岩类基质孔隙极不发育(浅层孔隙度可大于10%,2 300 m 深度以下通常小于10%),多为微毛细管孔隙,渗透率远小于致密砂岩,属于渗透率极低的沉积岩,常规孔渗性测试方法很难获得准确的数据,通常采用脉冲式岩石渗透率测试方法进行测量。脉冲式岩石渗透率测试系统最早由美国 Corelab 公司研发,是测量低渗储层、致密砂岩和其他低渗多孔介质渗透率的理想技术,渗透率测量范围介于 10 nD～0.1 mD 之间。

脉冲式岩石渗透率测试系统采用压力脉冲衰减法,其测试设备 PDP - 200 如图 3-9 所示。控制模块首先给岩心施加一个孔隙压力,然后通过岩心传递一个压差脉冲,随着压力瞬间传递通过岩心,计算机数据采集系统记录岩心两端的压力差、下游压力和时间,并在计算机屏幕上绘制出压差和平均压力与时间的对数曲线,进而通过压力和时间数据的线性回归计算出渗透率,最终将测量结果存储到数据文件中。使用很小的压差可以减少非达西流态的影响。改变孔隙压力进行多点测量,即可用常规方法计算克氏渗透率。

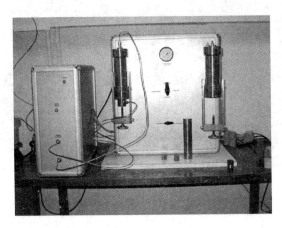

图 3-9　Corelab 公司脉冲式渗透率测试仪 PDP-200

2) 氩离子光束抛光制样技术

常规岩石表面抛光是根据矿物软硬程度的不同,选择不同的磨料和抛光布进行抛光。但页岩遇水容易膨胀、变形和改变物性,因而一般曝光技术都不适用,目前常用的是氩离子光束抛光制样技术。利用氩离子光束抛光页岩岩石样品表面,然后通过扫描电镜、薄片岩相鉴定仪和 X 射线衍射仪的分析,可以定量观察微孔隙结构,确定孔隙度,分析矿物成分。

氩离子光束抛光制样技术在页岩研究中具有以下特点:

(1) 氩离子光束抛光制样技术具有样品制备简便快捷、观察视域广、图像景深大、放大倍数范围宽且连续可调、可进行单组分细微结构的多方位观察、能对样品表面进行多种信息综合分析等特点。

(2) 能够清楚地观察到岩石的主要孔隙类型,例如粒间孔、微孔隙(包括粒内溶孔、杂基内微孔隙、微裂缝)、喉道(包括点状、片状和缩颈喉道)等,并可测定出孔喉半径等参数和孔隙度。

(3) 能够较为方便地观察岩样构造面、组分界面、矿物质、纳米级及其他更小尺度的孔隙、裂缝等,并可获得不同放大倍数的较为优质的图像和照片。

图 3-10 是美国德克萨斯联合公司提供的 Blakely ♯1 井页岩样品经过机械抛光和氩离子抛光后的扫描电镜对比照片,从中可以看出,机械抛光的样品表面比氩离子抛光的表面粗糙很多,机械抛光的表面比大多数页岩微孔隙直径要大,从而影响了对页岩微孔隙的研究(Loucks 等,2007)。

3) 压汞和比表面联合测定微孔结构技术

采用传统的压汞法和气体吸附法均不能得到岩样微孔隙结构的全部分析,即完整的毛细管压力曲线和孔径分布图。压汞和比表面联合测定微孔结构技术就是

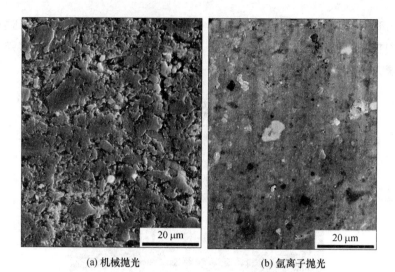

(a) 机械抛光                    (b) 氩离子抛光

图 3 - 10    页岩样品机械抛光和氩离子抛光对比电镜照片(Loucks 等,2007)

将两者的测试结果进行综合换算和衔接。首先将压汞法测得的岩样微孔毛细管压力曲线换算成气水条件下的毛细管压力曲线,然后与气体吸附法测得的岩样微孔毛细管压力曲线相衔接,从而可以得到较为完整的毛细管压力曲线及其孔径分布图。

为描述和评价岩石孔隙结构的特征,在压汞和比表面联合测定所取得的毛细管压力曲线上读取试样孔隙的中值半径,同时也可测得试样的微缝隙。

斯伦贝谢公司下属的 TerraTek 公司开发了一项专门用于低孔低渗致密岩石的热解反洗技术(TRA),可对含气页岩岩样颗粒密度、孔隙度、流体饱和度、渗透率及总有机碳进行综合评价。在表 3 - 2 所示的分析实例中,含气饱和度、孔隙度和渗透率测量值等均表明该气藏为高潜能气藏。

表 3 - 2    TerraTek 公司的致密岩石分析实例

| 岩样号 | 密度/(g/cm³) | 颗粒密度/(g/cm³) | 干颗粒密度/(g/cm³) | 孔隙度(体积分数)/% | 含水饱和度(孔隙体积分数)/% | 含气饱和度(孔隙体积分数)/% | 可动油饱和度(孔隙体积分数)/% | 含气孔隙度(体积分数)/% | 束缚烃饱和度(体积分数)/% | 束缚黏土水/% | 渗透率/mD | 总有机质含量(质量分数)/% |
|---|---|---|---|---|---|---|---|---|---|---|---|---|
| 1 | 2.48 | 2.622 | 2.645 | 6.65 | 15.16 | 81.4 | 3.43 | 5.42 | 0.5 | 6.21 | 270 | 3.77 |
| 2 | 2.436 | 2.559 | 2.584 | 6.26 | 18.5 | 76.44 | 5.05 | 4.79 | 1.29 | 7.03 | 230 | 6.75 |
| 3 | 2.48 | 2.633 | 2.652 | 6.87 | 15.43 | 83.9 | 0.66 | 5.77 | 0.5 | 6.8 | 270 | 3.36 |
| 4 | 2.327 | 2.487 | 2.509 | 7.74 | 13.09 | 83.02 | 3.87 | 6.43 | 0.73 | 6.67 | 347 | 7.41 |
| 5 | 2.373 | 2.539 | 2.558 | 7.58 | 11.17 | 85.92 | 2.9 | 6.52 | 0.34 | 2.63 | 359 | 5.95 |
| 6 | 2.461 | 2.605 | 2.63 | 6.87 | 16.26 | 80.42 | 3.32 | 5.53 | 0.99 | 7.19 | 298 | 5.04 |

#### 4. 含气性分析

含气性分析主要包括页岩气的含气量测试、等温吸附实验、气体组分及甲烷同位素分析,其中含气量测试是含气性分析的重点,因为它决定了所研究区含气量的多少以及有无工业开采价值。

1) 含气量测试

含气量是指每吨页岩中所含天然气在标准状态(0 ℃,101.325 kPa)下的体积。页岩含气量是计算原地气量的关键参数,对页岩含气性评价、资源储量预测具有重要的意义。页岩含气量测试方法有解吸法、测井解释法、等温吸附法等,其中解吸法是页岩含气量测试的直接方法,也是最常用的方法。

解吸法又称为 USBM 直接法,最早由 Bertard(1970)提出,后经美国矿业局(US Bureau of Mines)改进和完善,成为美国煤层含气量测试的工业标准,该方法操作简单,测试精度基本能够满足勘探阶段的要求。解吸法中页岩含气量由解吸气、损失气和残余气三部分构成,常用的实验设备如图 3 - 11 所示。测试时,岩心提上井口后要迅速装入密封罐,在模拟地层温度条件下测量页岩中的自然解吸气量,解吸结束后将岩心粉碎,测量其残余气量,最后利用实测解吸气量和解吸时间的平方根回归求得损失气量。页岩的含气量即为解吸气量、残余气量及损失气量之和,如图 3 - 12 所示。

图 3 - 11　解吸法含气量测试设备

在解吸法中,解吸气量及残余气量都可以通过实际测量获得,损失气量是岩心从地层取出并直接装入解吸罐之前所释放出的气量,这部分气体已经逸散到周围环境中,不能实测,因此只能通过计算获得。损失气量可以通过直线法回归获得,它基于以下假设:① 岩样为圆柱形模型;② 扩散过程中温度、扩散速率恒定;③ 扩散开始时表面浓度为零;④ 气体从颗粒中心扩散到表面的浓度变化是瞬时的(Bertard

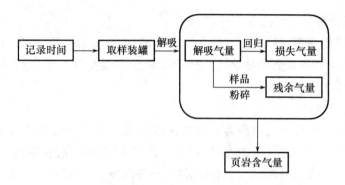

图 3-12 用解吸法测量页岩含气量的流程(唐颖等,2011)

等,1970)。扩散模拟结果显示,在解吸作用初期,解吸的总气量是随时间的平方根呈线性变化的,因此,将最初几个小时解吸作用的读数外推至计时起点,并运用直线拟合就可以推算出损失气量。另外,也可采用多项式回归或非线性回归的方法来估算损失气量(唐颖等,2011)。

解吸法测量页岩含气量时,其准确性主要取决于以下两方面。一是设法减少损失气量。保压取心被认为是最为准确的方法,但价格昂贵;绳索取心可以缩短取心时间,是国内含气量测试时常用的方法;在技术和资金都具备的条件下,可以采用密闭取心、二次取心的方法;在深井或含有多套层系的井中,旋转式井壁取心能够获得很好的效果。二是实测解吸气量时应模拟地层条件,尤其是地温条件。这样,既能反映页岩中气体在地层原始条件下的解吸速率,又能更加准确地估算损失气量。

页岩与煤层含气量的测试基本原理相同,但在碎小的页岩样品中基质渗透率非常低,不像煤层那样具有广泛的天然割理系统。由于页岩基质渗透率极低,解吸速度会很慢,特别是当岩心样品直径很大时,解吸时间就更长。另外,页岩含气量比煤层的少,因此需要更高分辨率的分析设备,特别是当测量的样品较小时(旋转式井壁样品或钻屑)。中国地质大学(2010)研发的解吸气含量测量仪及其实验方法已能满足页岩储层含气量的测试要求。

测井解释法是通过对测井资料的解释来获得页岩含气量的方法。通过现代测井技术手段能够获得页岩的孔隙度、含气饱和度、矿物组成、地层温度、地层压力等参数。用测井解释法时可以利用储层孔隙度及含气饱和度得到游离气含量;利用等温吸附曲线以及地层温度、压力计算出地层的吸附气含量。页岩含气量即为上述游离气和吸附气之和。

斯伦贝谢公司是根据研究区样品的等温吸附曲线和测井获得的地层温度、压力来计算地层的吸附气含量的;通过测井解释可得到黏土矿物含量及其类型以及地层的孔隙度,利用双水模型并采用 ELANplus 优化解释程序,可得到游离气饱和度,从而结合储层孔隙度计算出游离气的含量。需要指出的是,等温吸附曲线是在特定的温度和压力下得到的,因此在确定地层条件下的吸附气含量时,需要经过一系列的校正。

2) 等温吸附实验

等温吸附实验测试样品在不同气体和不同压力下的吸附体积。通过等温吸附实验获得的等温吸附曲线描述了页岩储层吸附气量与压力的关系,反映了页岩对甲烷气体的吸附能力,由等温吸附曲线得到的气体含量反映了页岩储层所具有的最大容量。

吸附机理是页岩气赋存有效的机理。页岩气主要以物理吸附形式存在,一般采用 Langmuir 模型描述其吸附过程。吸附在干酪根表面上的甲烷与页岩中的游离甲烷处于平衡状态,Langmuir 等温线就是用来描述某一恒定温度下的这种平衡关系的。页岩等温吸附实验基本流程是:首先将页岩岩样粉碎后加热,以排除其所吸附的天然气,然后将岩样放在密封容器内,在温度恒定的甲烷环境中不断地对其增加压力,测量其所吸附的天然气量($V$),最后将结果与 Langmuir 方程式拟合形成等温线。通过等温吸附曲线可以获得等温吸附的两个重要参数,即 Langmuir 体积($V_L$)和 Langmuir 压力($P_L$)。Langmuir 体积描述的是无限大压力下页岩吸附气体积,Langmuir 压力则为吸附体积等于二分之一 Langmuir 体积时的压力(图 3-13)。

等温吸附实验是页岩测试技术中不可缺少的重要组成部分。值得注意的是,吸附作用是在低压(低于 6.9 MPa)条件下储存天然气非常有效的手段,当储层压力接近或高于 13.8 MPa 的渐近线时则吸附效率不佳(Boyer 等,2006)。另外,等温吸附获得的是页岩的最大含气量,其结果往往比解吸法测得的数值大,因此等温吸附实验一般只用于评价页岩的吸附能力以及确定页岩含气饱和度的等级,很少用其求取页岩含气量的多少,只有缺少现场解吸实验数据时才用其定性地比较不同页岩含气量的多少。

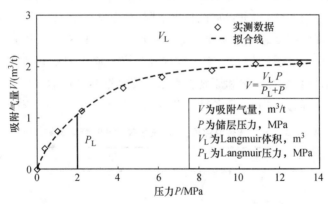

图 3-13 Langmuir 等温吸附曲线

3) 气体组分及甲烷同位素分析

正确标定气体组分对准确评价经济开采价值是必要的,甲烷同位素的测定结果可用于产气来源、储层连续性以及区域分布的定量研究。对于天然气气体的组分分析,我国通常采用气相色谱法,其具体操作方法如下:在同样的操作条件下,将具有代表性的气样(样品)和已知组分的标准混合气(标准气)进行分离。样品中许多重尾组分可以在某个时间通过改变流过柱子载气的方向获得一组不规则的峰,这组重尾组分可以是 $C_5$ 和更重组分,或者 $C_6$ 和更重组分,或者 $C_7$ 和更重组分。根据标准气的组成值,通过对比峰高、峰面积或者两者的对比,计算出样品的相应组分。

甲烷样品经气相色谱仪分离成单组分后,烃类组分被依次送入氧化炉中氧化为二氧化碳和水,分别冷冻收集各组分生成的二氧化碳,并测定碳的同位素组成;甲烷中的二氧化碳组分经气相色谱仪分离后,直接进行冷冻收集,并测定碳的同位素组成。

# 3.2　页岩气综合评价技术

## 3.2.1　页岩气资源评价方法

页岩气发育条件及富集机理的特殊性决定了相应的资源评价方法和参数取值的特殊性。页岩气藏储层连续分布,具有较强的非均质性,气体富集机理和产能控制具有多样性。因此,页岩气资源评价中既要考虑地质因素的不确定性,也要考虑技术、经济上的不确定性。不同勘探开发阶段所适用的方法并不相同,若关键参数不同以及参数获取方式不同,则资源估算结果也有较大的差异。

根据常规的油气成藏特点,油气资源评价通常采用系统的"累加"法原则和思路,与常规油气的不断"富集"过程和特点相吻合;页岩气以吸附和游离两种状态同时赋存于泥页岩中时,页岩气的富集兼有煤层气、根缘气和常规储层气的机理和特点,表现为典型的页岩气吸附与脱附、聚集与逃逸的动态过程,对其资源量与储量的评价需进行相应的调整;当页岩物性超出下限(孔隙度小于1%)、页岩含气量达不到工业标准或者埋藏深度超出经济下限(埋深 4 km)时,页岩气资源量与储量的计算结果应从总量中予以适当扣除。基于常规油气资源评价方法并考虑页岩气聚集的地质特殊性,采用系统性思想和原则将页岩气资源量与储量的评价方法划分为六大类及若干小类,不同方法的应用条件和关键因素如表 3-3 所示。

表 3-3　页岩气资源评价方法(朱华等,2009;董大忠等,2009)

| 方法 | 小类 | 应用条件 | 关键因素 |
|------|------|---------|---------|
| 类比法 | 面积丰度类比法<br>体积丰度类比法<br>聚集条件类比法<br>综合类比法<br>Tissot 法 | 低勘探程度的盆地及地区、新区 | 类比单元划分、类比参数确定、可靠的单位资源量数据 |
| 成因法 | 成因分析法<br>剩余资源分析法<br>产气历史分析法<br>特尔菲法 | 各阶段都可使用,但具有不同程度的可信度 | 资料可信度、排聚系数、产率曲线 |

| 方法 | 小类 | 应用条件 | 关键因素 |
|------|------|----------|----------|
| 统计法 | 体积统计法<br>吸附要素分析法<br>产量分割法<br>趋势分析法<br>地质要素风险概率分析法 | 成熟盆地及地区 | 趋势模型的选择、油气系统的准确划分 |
| 综合分析 | 蒙特卡罗法<br>专家赋值法盆地模拟法<br>打分法<br>资源规划序列法<br>特尔菲综合分析法 | 各阶段均可使用，以其他方法为基础进行综合分析 | 不同参数赋值准确性、专家对资料的掌握程度 |

**1. 类比法**

类比法是页岩气资源和储量评价及计算的最基本方法。由于重点考虑的因素不同，可以进一步划分为多个小类。该方法理论上可适应于不同的地质条件和资料的情况，但由于目前已成功勘探开发页岩气的主要是美国，且页岩气富集模式还比较有限，因此该方法的实际应用还局限于与美国页岩气区具有相似地质背景的研究对象。假设 $q$ 为标准区页岩气总资源量，$k_1$ 为评价区地质参数（或评价系数），$k_2$ 为标准区地质参数（或评价系数），$c$ 为修正系数，则评价区页岩气资源和储量 $Q$ 为

$$Q = q \frac{k_1}{k_2} c \tag{3.1}$$

页岩气地质评价系数的主控因素为源岩有机碳含量、成熟度、类型、厚度以及埋深等，因此在计算中往往以这五个条件作为地质评价系数赋值的基本依据（表 3-4），根据各自在评价过程中的重要性不同，可分别赋予不同权重（$P_O$，$P_R$，$P_T$，$P_h$，$P_H$）进行计算，地质评价系数由下式确定：

**表 3-4　页岩气资源预测类比参数取值标准（朱华等，2009）**

| 参数名称 | 权值 | 分值 | | | | |
|----------|------|------|------|------|------|------|
| | | 4~5 | 3~4 | 2~3 | 1~2 | ≤1 |
| 页岩累积厚度/m | 0.1 | ≥600 | 400~600 | 200~400 | 20~200 | ≤20 |
| 页岩单层厚度/m | 0.1 | ≥50 | 30~40 | 20~30 | 10~20 | ≤10 |
| 有机碳含量/% | 0.3 | ≥6 | 4~6 | 2~4 | 0.5~2 | ≤0.3 |
| 镜质体反射率/% | 0.3 | 1.2~2.0 | 1.0~1.2 或 2~2.5 | 0.7~1.0 或 2.5~3 | 0.4~0.7 或 3~4 | ≤0.4 或 ≥4 |
| 深度/km | 0.2 | 1~3 | 0.7~1 或 3~3.4 | 0.5~0.7 或 3.4~3.8 | 0.3~0.5 或 3.8~4 | ≤0.3 或 ≥4 |

$$K = P_O K_O + P_R K_R + P_T K_T + P_h K_h + P_H K_H \qquad (3.2)$$

式中，$K$ 为地质评价系数；$K_O$ 为有机碳含量条件系数；$K_R$ 为有机质成熟度条件系数；$K_T$ 为有机质类型条件系数；$K_h$ 为厚度条件系数；$K_H$ 为埋深条件系数。

### 2. 成因法

页岩气形成过程极其复杂，要详细地弄清页岩生气中每一次生、排烃过程几乎是不可能的。成因法就是在页岩气的资源和储量评价计算过程中采用"黑箱"原理，即将页岩视为"黑箱"，并以页岩气研究为核心（张金川等，2001），通过多次试验分别求得页岩的平衡聚集量，进而求得页岩的剩余总含气量。在常规的页岩气资源评价方法中，页岩气是作为残留于烃源岩中的损失量计算的，故页岩气资源量计算的成因法是油气资源量计算的重要补充。其中的剩余资源分析法适用于页岩气勘探开发的早期。当盆地内页岩总生气量 $Q$ 和常规类型天然气资源量和储量 $Q_n$（含逸散量）为已知，并假定其他非常规天然气资源量可以忽略不计时，页岩气资源量 $Q_s$ 为总生气量与常规资源总量的差值（金之钧等，1999），即

$$Q_s = Q - Q_n \qquad (3.3)$$

### 3. 统计法

当取得一定的含气量数据或拥有开发生产资料时，使用统计法进行页岩气资源和储量的计算易于取得更加准确的数据。

用体积统计法计算页岩气资源量主要是以 TOC 大于 0.3%、Ro 大于 0.4%、埋藏深度不超过 4 km 的页岩发育面积和厚度求得页岩含气体积，进而求得资源量。假设页岩的有效体积为 $V$，单位质量页岩总含气量为 $q$，岩石密度为 $\rho$，则页岩气资源和储量 $Q$ 为

$$Q = qV\rho \qquad (3.4)$$

吸附要素分析法主要是考虑页岩气赋存状态与其约束因素之间的统计关系，页岩总含气量 $Q_a$ 与其有机碳含量 $x_1$、有机质类型 $x_2$、有机质成熟度 $x_3$、伴生矿物类型 $x_4$ 等存在一定的统计关系（Milici，1993），即

$$Q_a = f(x_1, x_2, x_3, x_4, \cdots, x_n) \qquad (3.5)$$

进一步，根据上述各影响因素自身的概率函数分布对其进行概率赋值，可求得页岩气资源分布的概率分布函数，据此可计算不同概率条件下的页岩气资源和储量，即

$$Q_p = f(S_p, H_p, \phi_p, K_p, \cdots) \qquad (3.6)$$

式中，$Q_p$ 为概率 $p$ 条件时的资源量；$S_p$、$H_p$、$\phi_p$、$K_p$ 分别为面积、厚度、孔隙度、渗透率等参数。

### 4. 综合分析法

在类比法、成因法、统计法的基础上，可采用蒙特卡罗法、打分法、盆地模拟法、专家赋值法、特尔菲综合法等对计算结果进行综合分析，并可通过概率分析法对页岩气资源的平面分布进行预测，得出可信度较高的结果。

盆地模拟方法及先进的盆模软件可以定量模拟烃源岩的成熟演化及空间的展布特征,恢复盆地在地史时期中的烃源岩生排烃过程,利用动态研究的思想分析并预测页岩生气以后的留排过程,计算页岩中天然气的现今存留数量,作为页岩气资源评价的结果(张金川等,2001)。

蒙特卡罗法是一种基于"随机数"的计算方法,它回避了结构可靠度分析中的数学困难,无需考虑状态函数特征,只要模拟次数足够多,就可以得到一个比较精确的可靠度指标。计算公式可表示为页岩气成藏地质要素与经验系数的连乘,即资源量 $Q$ 可表示为

$$Q = K \prod_{i=1}^{n} f(X_i) \tag{3.7}$$

式中,$f(X_i)$ 为第 $i$ 个地质要素的值;$K$ 为所有经验系数的乘积。

特尔菲综合法的主要原理是将不同地质专家对研究区页岩气的认识进行综合,是完成资源汇总与分析的重要手段,在美国、加拿大等国,特尔菲法被认为是最重要的评价方法之一。

### 3.2.2 页岩气地质评价技术

页岩气地质评价是在勘探过程中对页岩储层的关键地质参数、储层特征、资源储量进行评价,以确定页岩的可开发特征。页岩气地质评价涉及页岩气地质学的所有内容,必须对控制页岩气赋存的地质因素和储层进行系统地描述,并对页岩气的资源量进行估算。

**1. 页岩气综合地质评价**

页岩气等非常规油气勘探不同于常规油气勘探,非常规油气勘探的内容不仅包括发现全新的油气藏,还包括过去漏掉的或不经济的天然气藏的再发现,例如致密砂岩气和煤层气,它们很早就被发现了,但由于经济和技术的原因一直没有得到开发,在技术进步的推动下,如今又被重新认识和开发。页岩气地质评价包括对新的勘探区页岩气的评价,而更多的是对已开展常规油气勘探的地区的重新评价。因此,充分利用已有资料信息和知识是进行页岩气地质评价的捷径。

根据常规油气藏的成藏机理,常规油气藏的地质评价离不开"生、储、盖、运、圈、保"六大成藏要素。页岩气属于自生自储式成藏,运移距离短,不需要圈闭条件,页岩既是烃源岩,又是储层,还是页岩气藏的盖层。因此,对于页岩气藏的综合地质评价比常规油气藏的地质评价简单,可以从基础地质条件和储层条件两个方面着手,但页岩气成藏机理具有特殊性,页岩地质评价的要素较多,大致包括地层和构造特征、岩石和矿物成分、储层厚度和埋深、储集空间类型和储集物性、泥页岩储层的非均质性、岩石力学参数、有机地球化学参数、页岩的吸附特征和聚气机理、区域现今应力场的特征、流体压力和储层温度、流体饱和度与流体的性质、开发区的基本条件等。

1) 页岩气基础地质评价

页岩气基础地质评价主要是了解页岩储层形成的地质背景以及储层的基本特征，主要包括以下内容：

(1) 沉积。不同沉积环境下形成的页岩有机质丰度、热演化程度、干酪根类型等有所不同，这决定了页岩储层的生烃潜力的不同，因此，页岩的沉积环境研究是页岩基础地质评价中最重要的内容。页岩沉积学研究的具体内容包括以下几方面：① 沉积环境：根据区域地质背景、岩心特征确定页岩沉积环境，并对研究区发育的页岩的岩性、年代进行描述，识别各套页岩层的顶底界面，确定页岩厚度，建立精细的页岩层对比格架。② 沉积特征：通过岩心观察、剖面测量、地层对比等手段分析页岩储层的沉积特征，识别沉积微相，查明与沉积作用有关的页岩气形成和保存条件。③ 沉积展布：根据区域沉积背景研究、野外露头观测以及地层剖面实测，并结合连井剖面，建立页岩空间展布形态。

(2) 构造。构造作用对页岩气的生成和聚集有着重要的影响，主要体现在以下几个方面：① 构造作用能够直接影响页岩的沉积作用和成岩作用，进而对页岩的生烃过程和储集性能产生影响；② 构造作用会造成页岩地层的抬升和下降，从而控制页岩气的成藏过程；③ 构造作用可以产生裂缝，从而有效改善页岩的储集性能，对储层渗透率的改善尤其明显。另外，虽然页岩气成藏不需要圈闭条件，但是圈闭的存在能够提高页岩的密闭性，构造最有效的封闭条件。

页岩构造研究的主要内容包括地层的产状、断层的性质和位置、断距大小、封闭性和形成期以及裂缝系统特征等。

(3) 地化。页岩层的地球化学特征是页岩气成藏的主控因素，包括有机碳含量、干酪根类型、热演化程度等。页岩层地球化学研究的目的是通过对页岩的地球化学性质的研究，确定页岩的纯厚度和吸附甲烷的能力，并选择有机质含量高、有效厚度大、成熟度适中的页岩层作为开发的目的层，为页岩气勘探开发提供依据。

(4) 地貌。对于页岩气成藏来说，地貌不是一个控制因素，但是对于页岩气勘探选区来说，地貌条件就是一个不得不考虑的因素。地貌条件是进行页岩气开发评价的一个重要方面。

(5) 其他。页岩气地质评价是一个综合研究的过程，涉及的因素很多，除了沉积、构造、地貌、地化之外，还包括页岩的层序地层格架、区域的构造演化、储层的埋藏史等。

2) 页岩储层评价

页岩储层评价是通过一系列参数对储层进行定性和定量的描述，查明页岩储层的空间展布特征、含气性特征、天然气赋存及产出状态、经济性条件等，为页岩气的勘探开发提供充分的依据。页岩气藏是典型的自生自储型气藏，因此页岩的储层评价既是对其烃源岩的评价，又是对其储层和盖层的评价。页岩储层评价十分重要。

Jenkins 等(2008)概括了页岩储层评价的 14 项关键参数(表 3 - 5)。

表 3 - 5　页岩储层评价关键参数(Jenkins 等,2008)

| 分析项目 | 结果 |
| --- | --- |
| 含气量 | 测试解吸气量、损失气量、残余气量,确定页岩储层含气量 |
| 岩石热解 | 评估样品中有机质的生烃潜力和热成熟作用,确定已经成烃的有机质比例以及可以通过全部热转换的生烃总量 |
| 气体组分 | 确定解吸气中甲烷、二氧化碳、氮气、乙烷的百分比,以确定气体的纯度,建立混合气体的解吸等温曲线 |
| 岩心描述 | 描述页岩的裂缝发育特征、矿物学特征、页岩厚度以及其他参数,提供关于页岩的岩性、渗透率以及非均质性特征 |
| 等温吸附 | 在恒温状态下,描述由于压力原因而吸附在有机质和黏土矿物表面的气体体积,描述页岩储集气体的能力以及气体的释放速率 |
| 矿物学分析 | 通过全岩分析页岩的矿物组成,通过 X 射线衍射和扫描电镜确定页岩的黏土矿物组成 |
| 镜质体反射率 | 镜质体反射率是确定页岩成熟度的常用参数 |
| 体积质量 | 体积质量与其他参数(如含气量)之间的关系可用于确定体积质量的截止值,通过体积质量的对数计算页岩的有效厚度 |
| 常规测井 | 可用自然电位、伽马射线、深浅电阻率、微电极、井径、密度、中子、声波测井等识别含气页岩,确定页岩的孔隙度和含气饱和度 |
| 特殊测井 | 成像测井用于识别裂缝,线缆光谱仪测井用于确定现场气体含量 |
| 压力瞬态测试 | 可通过压力恢复或注入衰减实验确定储层压力、渗透率、趋肤系数,并检测断裂储层的性能 |
| 三维地震 | 用来确定断层的位置、储层深度、厚度变化、横向延伸以及页岩特性 |

页岩储层评价的流程可以概括为:

(1) 关键井精细岩心物性分析、地化基本参数分析、岩石矿物组成分析。

(2) 等温吸附能力研究及现场含气量解吸,了解页岩在地层条件下的吸附能力,并评价页岩储层的实际含气量大小。

(3) 利用岩心数据和测井曲线,通过岩心-测井对比,建立解释模型,获取含气饱和度、含水饱和度、孔隙度、有机碳含量、岩石类型等参数的空间变化特征。

(4) 结合沉积相、岩石组合特征以及测井解释结果确定含气页岩边界,初步预测研究区的资源储量。

(5) 结合地震资料和经济指标权衡各类参数,例如原始地质储量、含气丰度、吸游比、埋藏深度等,以优选勘探目标。

**2.页岩气有利区优选**

商业性页岩气的开采区必须具备四个基本地质条件：① 页岩在热演化阶段要有足够的生烃能力，即页岩的有机质含量必须达到一定的热演化程度；② 必须有足够多的气体保存在页岩层中，即页岩的含气量要达到一定的开采界限；③ 单井产气量必须达到一定的工业性开采价值；④ 开采出来的天然气的价值足以弥补开采成本，即具有一定的经济效益。

页岩气作为聚集于源岩层系的连续型油气聚集，其分布层位明确，分布面积大，但有富集区存在。资源潜力评价要同时考虑以游离态和吸附态存在的页岩气。目前，国外评价页岩气资源潜力的方法主要有体积法、类比法、统计法、成因法等。在勘查阶段主要采用体积法和类比法，其中体积法是基础方法。体积法预测资源潜力和确定富集区的主要指标包括目地层的厚度、面积、密度以及含气量。目的层的厚度和面积要结合含气量指标，通过地质和地球物理手段确定，这对获取页岩的吨岩含气量及其分布十分关键。

目前，美国页岩气有利区的优选要求有机质含量达到一定的指标。美国主要页岩气层 TOC 一般大于 2％，最好的在 2.5％～3.0％之上；有机质热成熟度在生气窗范围之内，Ro 一般在 1.1％以上，主要页岩气层的 Ro 为 1.1％～3.5％，包括处于1.1％～2.0％生气高峰阶段的页岩气层，也包括 2.0％以上处于生气高峰后的页岩气层，以上都有成功开发的实例。

富有机质页岩的厚度要达一定的数值，一般在 15 m 以上，区域上连续稳定分布，TOC 低的页岩的厚度一般在 30 m 以上，要求有一定的保存条件，盆地中心区或构造斜坡区为有利区。页岩含有脆性矿物和微裂缝发育，其中石英、方解石、长石等矿物的含量为 30％～40％。这样的页岩在大面积区域富集和连续分布时，气藏面积与有效气源岩面积相当，因此资源量非常巨大，可能是常规油气资源的 2～3 倍或更多。若要进行有效开发，必须应用先进的勘探开发技术来提高单井产量和采收率，主要开采技术包括水平井钻井和分段压裂等。

页岩地质评价的最终目的是进行有利区优选。鉴于我国页岩气研究尚处在起步阶段，可供研究的资料较少，因此一般采用综合信息叠合法选择有利区，选择参数包括有机碳含量、成熟度、厚度以及含气量等。

（1）有机碳含量。页岩中的有机质是天然气生成的物质基础，页岩有机碳含量越高，生烃潜力就越大。另外，有机质还为页岩气的富集提供了吸附的介质和游离的孔隙。统计结果表明，页岩的吸附气含量和总含气量与有机碳含量呈明显的正相关关系，因此，有机碳含量越高的地区对页岩气成藏越有利。

（2）成熟度。页岩气从成因上来讲可以分为热成因、生物成因以及两者的混合。对于热成因的页岩气来说，北美的页岩气统计结果表明，页岩的高成熟度（Ro＞2.0％）不是制约页岩气聚集的主要因素，相反，成熟度越高越有利于页岩气的生成。

（3）厚度。页岩厚度控制着页岩气藏的经济效益，根据页岩厚度及展布范围可以判断页岩气藏的边界。虽然目前对于页岩气成藏的最小厚度还没有统一认识，但一般认为，页岩厚度越大资源量就越大。

（4）含气量。页岩含气量是计算原始含气量的关键参数，对页岩含气性评价、资源储量预测具有重要的意义。在进行有利区选择时，页岩含气量越大则资源潜力越大。

下面介绍我国南方地区古生界下寒武统的有利区优选。我国南方地区（四川盆地、十万大山、思茅盆地等）具有与美国东部盆地（阿巴拉契亚盆地、福特沃斯盆地、密歇根盆地等）相似的地质条件和构造演化历史，均属于古生代海相沉积盆地，它们的特点是面积广、厚度大、热演化程度高，经历了复杂的构造运动，泥页岩不仅是盆地内常规气藏的烃源岩，还具备页岩气成藏的地质条件。因此，以现代页岩气理论为指导，可以对我国南方页岩气藏发育有利区进行预测和优选。通过以上对美国页岩气藏主控因素的分析，认为我国南方地区页岩热演化程度较高，普遍大于 2%，笔者认为相应的有机碳含量可以适当地降低，但至少应为 2%，其深度、厚度指标可类比福特沃斯盆地 Barnett 页岩气藏的最大深度和最小厚度，分别为 2 591 m 和 30 m，对于热成因的页岩气而言，Ro 达到 1.0% 即可。

前人研究表明，我国南方共发育了四套区域性黑色页岩和八套地区性黑色页岩。根据各套泥页岩的沉积环境、有机质类型和含量、成熟度、厚度以及含气量等指标，并结合美国主要页岩气藏的参数指标，认为形成页岩气藏的最有利层段主要是寒武系和志留系（聂海宽等，2009）。

在早寒武世梅树村期和筇竹寺期，南方地区整体处于统一的古地理背景之下，从而形成了我国古生界最好的烃源岩产地之一。下寒武统烃源岩发育在大陆边缘的内陆架盆地和斜坡区，北边的南秦岭海槽以及南边的滇黔海槽、扬子深海、江南深海沉积了大套的黑色页岩、碳质页岩。

下寒武统泥页岩有机碳含量高，下扬子区最高为 5.98%，最低为 0.74%，平均为 2.77%，平均厚度为 139.4 m；中扬子区有机碳含量为 0.86%～5.66%，平均为 1.96%，平均厚度为 239.2 m；滇黔桂地区有机碳含量为 0.74%～4.27%，平均为 1.86%，平均厚度为 209.8 m；四川盆地平均有机碳含量为 0.69%，平均厚度为 183.8 m。通过实验测得的地表样品在 10.35 MPa（相当于埋深 1 000 m 左右）下的含气量为 1.51 m³/t，与美国主要页岩气藏的含气量相当。但本次实验用的是露头样品，存在由不同程度的氧化所导致的有机碳含量降低的现象，因此，地下页岩的实际含气量要比实验所测得的大些。志留系样品亦存在该问题。

下寒武统页岩气藏最有利发育区位于米仓山—大巴山前陆以及渝东黔北湘西—江南隆起北缘一线（图 3-14）。米仓山—大巴山前陆及江南盆地与美国阿巴拉契亚盆地寒武系页岩的沉积环境相当，均为开阔的陆棚沉积环境，沉积了灰黑色和黑色页岩、碳质页岩、硅质页岩，有机碳含量普遍大于 2.0%，成熟度较高，Ro>2.0%，厚度较大，平均厚度大于 50 m，具备了页岩气形成的良好条件。例如，在米仓山的南江和大巴山的城口两地，实测的平均有机碳含量分别为 2.08％ 和 2.58％，平均 Ro 均为 2.22％，是页岩气藏形成的有利区。

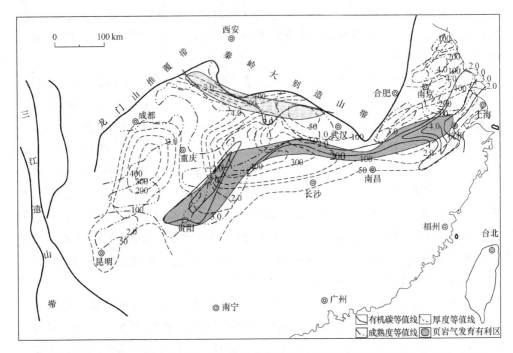

图 3-14　我国南方下寒武统黑色页岩层系页岩气藏最有利发育区的预测(聂海宽等，2009)

# 参考文献

董大忠,程克明,王世谦,等.2009.页岩气资源评价方法及其在四川盆地的应用[J].天然气工业,29(5):33-39.

国土资源部油气资源战略研究中心.2010.全国页岩气资源战略调查先导试验区页岩气实验测试技术要求(试行).北京.

金之钧,张金川.1999.油气资源评价技术[M].北京:石油工业出版社.

刘洪林,王莉王,红岩,等.2009.中国页岩气勘探开发适用技术探讨[J].油气井测试,18(4):68-71.

聂海宽,唐玄,边瑞康.2009.页岩气成藏控制因素及我国南方页岩气发育有利区预测[J].石油学报,30(4):484-491.

潘仁芳,伍媛,宋争.2009.页岩气勘探的地球化学指标及测井分析方法初探[J].中国石油勘探,3:6-9.

庞江平,罗谋兵,熊驰原,等.2010.志留系页岩气录井解释技术.石油钻采工艺,32(增刊):28-31.

唐颖,张金川,刘珠江,等.2011.解吸法测量页岩含气量及方法的改进[J].天然气工业,31(10):108-112.

尹志军,黄述.1999.使用三维地震资料预测裂缝.石油勘探与开发,26(1):78-80.

张金川,金之钧.2001.深盆气资源量-储量评价方法[J].天然气工业,21(4):32-35.

张美珍,曹寅,钱志浩,等.2007.石油地质实验新技术方法及其应用[M].北京:石油工业出版社.

中国地质大学(北京).2010.吸附气含量测量仪及其实验方法:中国:ZL20101013727.5[P].2010-08-18.

朱华,姜文利,边瑞康,等.2009.页岩气资源评价方法体系及其应用——以川西坳陷为例[J].天然气工业,29(12):130-134.

Bertard C,Bruyet B,Gunther J. 1970. Determination of desorbable gas concentration of coal(direct method)[J]. International Journal of Rock Mechanics and Mining Science,7(1):51-65.

Boyer C,Kieschnick J,Lewis R E,et al. 2006. Producing gas from its source[J/OL]. [2010-09-20]. http://www. slb. com/media/services/resources/oilfieldreview/ors06/aut06/producing_gas. pdf.

Curtis J B. 2002. Fractured shale-gas systems[J]. AAPG Bulletin,86(11):1921-1938.

Hill D G, Nelson C R. 2000. Gas productive fractured shales:An overview and update[J]. Gas TIPS,6(2):4-13.

Jenkins C D,Boyer C M. 2008. Coalbed and shale gas reservoirs[J]. Journal of Petroleum Technology,60(2):92-99.

Loucks R G,Reed R M,Ruppel S C,et al. 2009. Morphology, genesis, and distribution of nanometer-scale pores in siliceous mudstones of the Mississippian Barnett Shale[J]. Journal of Sedimentary Research,79:848-861.

Milici R C. 1993. Autogenic gas(self sourced)from shales:An example from the Appalachian basin[J]. United States Geological Survey,1570:253-278.

# 第4章

# 页岩气开发技术综述

在美国页岩气能够进行商业性开发是得益于一些关键性技术的突破。近年来，美国逐渐形成了以水平钻井、水力压裂及压裂监测为代表的页岩气系列开发技术。本章主要介绍页岩气井钻完井技术、压裂增产技术以及裂缝综合监测技术。

## 4.1 页岩气井钻完井技术

页岩气钻完井与常规油气钻完井的方法大致相同，但页岩气具有特殊性，使得其钻完井技术也具有特殊性。此外，钻完井费用占页岩气开发总成本的比例较高，迫于开发的经济有效性要求，美国逐渐形成了一整套提高产能和降低成本的钻完井技术。

### 4.1.1 钻井与取心技术

#### 1. 井场选择与布井方式

针对美国的页岩气藏的具体情况，页岩气钻井井场的选择原则可以归纳如下：

（1）油、气井井口距高压线及其他永久性设施不小于 75 m，距民宅不小于 100 m，距铁路、高速公路不小于 200 m，距学校、医院和大型油库等人口密集性、高危性场所不小于 500 m。含硫油气田的井口、井场应选在较空旷的位置，在前后或左右方向尽量让盛行风畅通。

（2）井场地面应有足够的抗压强度，地基的承载能力不得小于 0.2 MPa。在各种车辆和自然因素的作用下，地面不应发生过大的变形。

（3）场面平整，中间略高于四周，有 1∶100～1∶200 的坡度，基础平面应高于经常面 100～200 mm，井场、钻台下、机房下、泵房要有通向污水池的排水沟，雨季时，井场周围还应挖环形排水沟。

（4）布置大门方向时应考虑风频、风向，一般要背向季节风，含硫油气田的井门应面向盛行风。

（5）针对不同的钻机级别给出井场面积的参考标准。井场面积是指钻机主要设备、辅助设施、沉砂池、污水池、生产用房、锅炉房和井场道路等所占的面积。各类型钻机所需的井场面积如表 4-1 所示。另有如下说明：① 在环境敏感地区，例如盐池、水库、河流等，应再增加一个专用的、体积不少于 200 m³ 的放喷池，池体中心点距井口应在 75 m 以上。② 在人口稠密地区,最小安全使用面积不低于各类型钻机所需井场面积的 80%。进行特殊工艺井施工时,应根据施工的特殊性和车辆的多少等因素,适当地增加和调整井场面积。

表 4 - 1  各类型钻机所需的井场面积

| 钻机级别 | 井场面积/m² | 长度/m | 宽度/m |
|---|---|---|---|
| ZJ10 | 3 600 | 60 | 60 |
| ZJ20 | 3 900 | 60 | 65 |
| ZJ30 | 4 900 | 70 | 70 |
| ZJ40 | 9 000 | 100 | 90 |
| ZJ50 | 10 000 | 100 | 100 |
| ZJ70 | 12 000 | 120 | 100 |
| ZJ70 以上 | >12 000 | >120 | >100 |

页岩气井的井网布置原则如下:

通过直井、定向井和水平井实施效果的对比,水平井的效果较好,成为页岩气开发的主要钻井方式。水平井可获得更大的储层泄流面积,且能够使井筒与裂缝更大面积地接触(如图 4 - 1 所示),因此利用水平井技术可使无裂缝或少裂缝通道的页岩气藏得到有效的经济开发。在一定范围内水平井段越长,最终采收率和初始开采速度就越高。尽可能地沿最小水平主应力方向布置平行的水平井组,可以使多级压裂裂缝垂直于水平井段方向,最大限度地增加暴露泄流面积。一般而言,水平段长度为 5 000~8 000 ft,具体长度通常与地质油藏条件相关,在设计时要具体分析。实际的井数、水平段井眼方向及长度要根据每个区块的大小、形状、地质油藏条件来确定。为了提高页岩油气的采收率,页岩油气开发的水平段井的井距已从过去的 1 000 ft(油井)和 1 320 ft(气井)加密到现在的 500 ft(油井)和 660 ft(气井)。

水平段井眼的层位选择原则如下:

(1)选则页岩渗透率最大的层位。

(2)根据地应力大小及上下隔层物性和压裂设计,确定准确的着陆位置。

(3)要避开地质灾害层位,例如某些层位含有 $H_2S$,间隔距离要在 30 ft 以上。

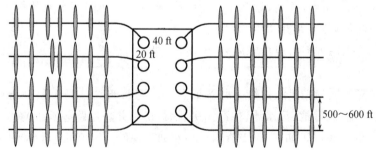

图 4 - 1  钻完井布井方式

### 2．井身结构设计与井型优选

通常，页岩气水平井的井身结构如图 4 - 2 所示。

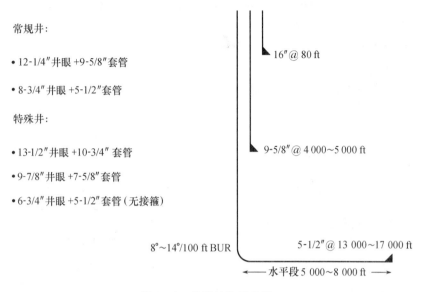

常规井：

- 12-1/4″井眼 +9-5/8″套管
- 8-3/4″井眼 +5-1/2″套管

特殊井：

- 13-1/2″井眼 +10-3/4″套管
- 9-7/8″井眼 +7-5/8″套管
- 6-3/4″井眼 +5-1/2″套管 (无接箍)

16″@ 80 ft

9-5/8″@ 4 000~5 000 ft

8°~14°/100 ft BUR

5-1/2″@ 13 000~17 000 ft

水平段 5 000~8 000 ft

图 4 - 2　井身结构示意图

页岩气井钻井时为了降低成本，经常采用多井单平台钻井方式，该方式具有以下优势：

（1）减少环境影响以及基础设施的费用。

（2）降低钻机的移动费用（可从 200 000 美元降至 20 000 美元）。

图 4 - 3 给出了加拿大 Horn River 地区页岩气多井单平台的钻井示意图，但图

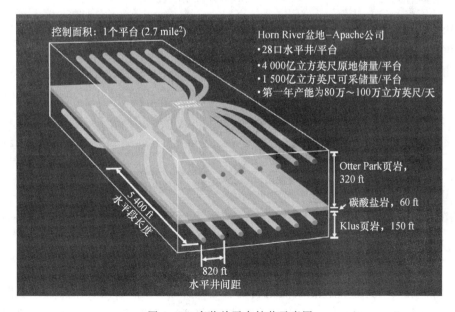

控制面积：1个平台 (2.7 mile²)

Horn River盆地–Apache公司
- 28口水平井/平台
- 4 000亿立方英尺原地储量/平台
- 1 500亿立方英尺可采储量/平台
- 第一年产能为80万~100万立方英尺/天

5 400 ft 水平段长度

Otter Park页岩，320 ft

碳酸盐岩，60 ft

Klus页岩，150 ft

820 ft 水平井间距

图 4 - 3　多井单平台钻井示意图

中所示的井型可能导致钻井井位正下方的地层没有被利用,从而造成资源浪费。因此,在该地区最终采用了"鱼钩"井型,如图 4-4 所示。与传统井型相比,该井型能够多获得 1150 ft 的泄油段长度,从而增加了油气产量,如图 4-5 所示。该"鱼钩"井型和常规水平井相比,其主要技术指标如下:

(1)水平段增长,开采的气量为原来的两倍;

(2)费用增加 40%;

(3)每千立方英尺的勘探开发费用约为 0.74 美元,低于水平井。

图 4-4  "鱼钩"井型            图 4-5  传统井型

### 3.井壁稳定性评价技术

页岩钻井井壁稳定性评价技术与页岩本身的岩石特性密切相关。页岩一般具有薄片状的层理,属于典型的各向异性地层。其强度、泊松比等的各向异性十分突出。在进行页岩单轴抗压强度测试时,假如轴向应力方向与层理面的夹角在 $30°\sim75°$ 之间,则抗压强度与垂直于层理面的抗压强度相比其降低幅度最大可达 80%,平行于层理面的抗压强度小于垂直于层理面的抗压强度,但是仍比呈一定夹角的抗压强度要高,即 $UCS_\perp > UCS_\parallel > UCS_\angle$,如图 4-6 所示。

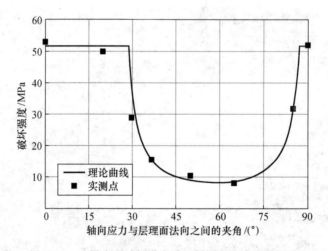

图 4-6  地层岩石破坏强度受不同层理面方向的影响

与常规油气资源开采相同,在进行页岩油气资源开发时常遇到泥页岩井壁失稳问题。钻井时地层原有的应力平衡被打破,钻井液滤液的渗入进一步降低了井壁岩石的强度,同时泥页岩本身就具有层理性和强的水敏性,因此在井眼形成的某段周期内可能会产生大规模的坍塌,导致卡钻甚至井眼的报废,从而使整个页岩气勘探开发进程受到影响。

钻井液滤液在压差作用下渗入地层,地层中所含的黏土矿物会产生水化膨胀,虽然体积变化不大,但产生的膨胀压却不容忽视,而且具有很明显的后效性。黏土矿物在吸水几十个小时后会产生很大的膨胀压,这将导致页岩的延迟破碎现象发生。因此准确地计算泥页岩井壁坍塌周期有利于快速通过不稳定地层,并在最佳时间段内完成固井,而顺利地转入下一开次。

泥页岩井壁失稳的机理主要有三种:力学因素、化学因素和工程因素。

1) 力学因素

处于地层深处的岩石,受上覆岩层压力、水平主地应力以及地层孔隙压力的作用。在钻开井眼前,地下岩石处于应力平衡状态。钻开井眼后,井内钻井液液柱压力取代了岩层提供的井壁支撑力,这很容易失去地层原有的应力平衡,引起井眼周围应力的重新分布。当地应力、岩石强度和孔隙压力等不可控因素与井内液柱压力、钻井液化学成分等不能达到适度平衡时,可能引起不同的井眼破坏。当井内液柱压力偏低时,可能使井壁岩石产生剪切破坏,如果是塑性岩石,将向井内产生塑性蠕动而导致缩径,如果是脆性岩石则会发生坍塌掉块,造成井径扩大。当井内液柱压力偏高时,则相应地使井壁发生张性破坏而造成井漏。

2) 化学因素

泥页岩是一种由水敏性黏土矿物组成的岩石,其与钻井液的相互作用是必然的。但由于泥页岩结构和组分具有不同的特点,因此可采用不同的钻井液体系。钻井过程中,井眼的形成打破了地层原有的力学和化学平衡,从而使泥页岩地层与钻井液接触,并产生如下的相互作用:

(1) 离子交换作用;

(2) 泥页岩和钻井液中水的化学势差异产生的渗透作用;

(3) 在井底压差作用下钻井液中的水沿泥页岩微裂隙侵入;

(4) 毛管力作用产生的渗析。

上述四方面的作用使泥页岩地层吸水膨胀,产生膨胀应变,进而产生水化应力,使井周围岩层的应力分布发生显著的变化,最终导致井壁失稳。

3) 工程因素

工程因素有钻井液的性能、井眼裸露的时间、钻井液的环空上返对井壁的冲刷作用、井眼循环波动压力、起下钻的抽吸压力、井眼轨迹的形状以及钻柱对井壁的摩擦和碰撞等。

以上导致井壁失稳的三种因素从本质上可以归结为一种,即力学因素。归根到底,井壁岩石的破坏和失稳都是力学失稳破坏的结果,其本质是井壁岩石所受应力超过了其强度而引发的破坏。泥页岩井壁失稳有两种基本形式,即压缩剪切破坏和拉伸破坏。压缩剪切破坏是由于钻井液密度过低,不足以满足地层岩石强度和应力集中的要求而造成的。压缩剪切破坏的形式又可分为两种,即井径扩大和缩径。井径扩大通常发生在低强度的脆硬性泥页岩地层;缩径一般发生在软泥页岩、砂岩、盐膏岩等塑性地层。拉伸破坏是造成钻井液漏失的主要原因。严重的井漏可使钻井液液柱压力大幅度降低,从而埋下井喷隐患。

在实际页岩油气钻井过程中,可以从工程和化学两方面降低井壁失稳的风险,具体措施如下:

(1)工程方面措施。为了防止井壁失稳的发生,需要调整到合理的钻井液密度。对于井眼剖面上的部分岩石地层,钻井液密度稍大于地层孔隙压力梯度就能满足钻井要求。但是页岩地层往往具有极强的水敏性,仅靠增大钻井液密度来平衡地层压力是远远不够的,有时增大钻井液密度反而会得到相反的结果。因此,还需要从化学方面采取措施来预防井壁失稳。

(2)化学方面措施。从化学反应角度而言,避免钻井液滤液侵入地层是稳定泥页岩的关键,可通过下述方法来改善泥页岩的稳定性:① 使用合适的钻井液密度,取得力学稳定性,尽量避免钻井液滤液的侵入;② 采用封堵等措施,进一步降低井壁泥饼的渗透率,从而减少钻井液的侵入;③ 增加钻井液中各种离子的浓度,增大其化学势,从而诱发反渗透,以抵消水力侵入。

### 4．井眼轨迹控制技术

就目前而言,页岩油气开发井主要是以长水平井为主,因此,水平井钻井的成败关系到页岩油气能否有效的开发(Nathaniel 等,2009)。水平井钻井成败的关键在于能否控制好井眼轨迹的变化。直井段与斜井段是水平井段井眼轨迹控制的基础井段,只有把直井段和斜井段的井眼轨迹控制好,才能使水平井钻井顺利完成。在钻井施工过程中,可根据井眼轨迹的变化、随钻伽玛曲线以及碳、氢等气测值对油层位置进行对比分析,以及时调整钻具组合和钻井参数。可采用井下动力钻具滑动钻进与转盘复合钻进相结合的方式控制井眼轨迹,这样会取得较好的效果。

一般情况下,进行井眼轨迹控制的工程措施有如下几方面:

(1)使用 MWD 无线随钻测量系统对井身参数进行实时测量,及时掌握井斜、方位以及工具面的变化。

(2)利用随钻伽玛曲线以及碳、氢气测值进行分析,确保水平段在最有价值的产层中钻进,以优化井眼轨迹控制问题。

(3)优化底部钻具组合、井眼轨迹、井身结构以及钻井顺序,解决软地层造斜、防磁干扰、大斜度井段井眼轨迹控制等问题。

(4)采用先进模型预测待钻井眼的走向。利用螺杆钻具钻进和造斜时,测点到井底大约有 15 m 的距离,必须对井底走向进行预测。可以采用曲率补偿预测模型,选取靠近井底的三个测点,计算其中两个测段的曲率变化,对定曲率模型进行修正,用后两个测点进行外推时,可以把最后测点处预测值与实测值的偏差作为一种补偿，即认为井眼轨迹具有这种连续变化的趋势，从而预测井底的井斜角和方位角。

（5）对预测点进行待钻井眼设计。在造斜段，以入靶点为目标进行待钻井眼设计，水平段则以期望纵向误差为目标进行待钻井眼预测，最后根据设计结果来评价钻具组合的造斜能力及工具面摆放大小。

（6）分次定向技术。采用 $\phi172$ 螺杆（1.25°）进行定向造斜。当发现轨迹超前时，可以根据预测在适当时机采用转盘复合钻进的方法。当稳斜或微增一段后，根据轨迹需要再次定向钻进。滑动钻进和复合钻进交替使用，既能加快钻速，又能提高中靶精度。

（7）进行短半径大曲率水平井井眼轨迹设计。短半径大曲率水平井可以减少钻井进尺，又能最大限度地将水平井段布置在区块内。短半径大曲率水平井的主要轨迹参数为：在表层井段定向预斜至 5° 后钻斜直井眼；钻至目的层前，采用 $(8°\sim12°)/30\ m$ 的大曲率造斜着陆；大曲率井段通常为 $800\sim1\ 200\ ft$；水平井着陆点控制精度要求上下为 15 ft，左右为 30 ft。

短半径大曲率水平井井眼轨迹控制的关键技术有以下几方面：

（1）为降低成本，使用常规的高弯壳高扭矩马达配合 PDC 钻头钻具。井深超过 14 000 ft 时，在马达定向滑动困难的井使用旋转导向钻井工具。

（2）马达弯角选用值为 2.12°～2.38°，PDC 钻头选用短抛物线钻头，保径为 1～1.5 in。

（3）使用油基钻井液以及 Mech - thruster、Agitator＋shocktools 等工具，以保证钻头加压，防止滑动钻进粘钻具。

（4）对大曲率长水平井，应严格地计算扭矩和摩阻，计算出的摩阻和扭矩可用于优化井眼轨迹、指导钻井以及下套管作业。

**5. 钻井液及储层保护**

因为页岩大多具有水敏性，所以钻井液与完井液的好坏将直接影响钻井效率、工程事故的发生率以及储层的保护效果。因而针对黏土矿物的特点，采用防水敏的钻井液和压裂液以保护储层和增强储层的改造效果是一种重要的技术措施。

只有准确评价地层黏土矿物的组分，才能有针对性地优化钻井液体系。通常，利用成熟的测井解释模型确定泥质含量，以进行钻井液体系和性能的优选，但黏土矿物各组分含量的不同会使泥页岩的水化失稳机理及失稳程度也不同，据此进行的钻井液性能优化可能不是最佳的方案。由于地层中主要放射性元素[铀（U）、钍（Th）、钾（K）]与黏土矿物组分之间存在着一定的关系，一些学者就利用伽马能谱测井资料评价地层水敏性黏土矿物，提出了 Th - K 交会图法、Th/K -密度交会图法等来进行黏土矿物的识别，并得到广泛的应用。Th - K 交会图法只能进行黏土矿物组分的近似估计，而 Th/K -密度交会图法虽可以定量地计算黏土矿物各组分的含量，但其需要择优选择交会图三角形系数，这给计算结果带来了不确定性。通过对黏土矿物各组分含量与伽马能谱中放射性元素含量的对应统计分析，建立了两者之间的非线性关系式,从而得到研究井所在地层的水敏矿物分布,并在此基础上,根据研究井实用钻井液体系优化邻井的钻井液配方及性能。

不同沉积岩的放射性元素的含量和种类是不同,据此可对油气井工程中常接触的沉积岩进行分类和岩性识别。泥页岩中不同的黏土矿物组分(高岭石、蒙脱石、伊利石及伊蒙混层等)的放射性元素的含量不同,放射性元素含量与黏土矿物组分之间存在着一定的对应关系。前人对志留系地层的黏土矿物组分的 X 射线分析结果及对应层段的自然伽马能谱测井资料中的放射性元素 U、Th、K 的数据进行了统计分析,并利用多元非线性回归手段得到黏土矿物组分含量 Y 与伽马能谱的关系

$$Y_{I/S}=49.36+1.84w(Th)+0.02w^2(Th)-48.37w(U)+$$
$$12.16w^2(U)+1.84w(K)+3.28w^2(K)$$

$$Y_I=-29.696+7w(Th)+0.09w^2(Th)-0.05w^3(Th)+33.01w(U)+$$
$$0.31w^2(U)+2.44w^3(U)-9.88w(K)-2.44w^2(K)+1.46w(K)$$

$$Y_K=27.67+0.55w(Th)+0.04w^2(Th)-25.26w(U)+$$
$$5.69w^2(U)+2.64w(K)-1.3w^2(K)$$

$$Y_C=16.77+1.54w(Th)+0.06w^2(Th)-2.91w(U)+$$
$$0.38w^2(U)-0.9w(K)-1.89w^2(K)$$

$$Y_{C/S}=14.49+1.67w(Th)-0.14w^2(Th)+18.89w(U)-$$
$$3.57w^2(U)-10.4w(K)-3.395w^2(K)$$

利用以上模型可方便、准确地确定研究井所在地层水敏黏土矿物组分的分布情况,且该井的钻井液使用情况可用来指导邻井对应地层钻井液体系的优选,防止了井壁水化失稳,有效地保护了储层。

通过对已钻井进行地层水敏黏土矿物组分分布的评价,并依据实际的钻井井史,可以对其邻井钻井液体系进行优选,以确定合理的配方,并可指导钻井液性能的优化,这不但能够防止井壁水化失稳,还可以有效地防止钻井液与地层不适配而引起的储层损害。

为了阻止页岩颗粒水化分散,降低钻井液滤失量,通常在钻井液中加入磺化沥青和仿磺化沥青防塌剂,其防塌机理是:通过封堵泥页岩孔喉、裂缝或形成渗透膜,能够抑制或阻止自由水进入地层。磺化沥青的水溶性部分极易吸附在黏土颗粒或页岩边缘,形成具有一定机械强度的水化膜,从而阻止自由水进入泥页岩,抑制黏土膨胀和页岩分散;不溶于水的沥青粒子则靠物理吸附或覆盖作用于岩石表面而减少自由水的进入。对于仿磺化沥青,当钻井液温度超过仿磺化沥青在溶液相中的浊点,沥青分子便聚集成塑性的胶束粒子,在井内液柱压力作用下被挤入井壁裂缝、孔喉或层理,并逐渐将其堵塞。同时,相分离作用使胶束分子靠氢键作用黏附在页岩表面形成渗透膜,抑制滤液的侵入。仿磺化沥青醚分子链自动在页岩表面发生强烈的吸附,形成一层憎水分子膜,该分子膜类似于油包水钻井液的半渗透膜,水可以从页岩中排出,从而降低了页岩的膨胀压,这相当于降低了钻井滤液的化学活性。总

之,仿磺化沥青和磺化沥青都是通过封堵在泥页岩岩石表面形成半渗透膜,从而抑制或阻止自由水进入泥页岩引起井壁失稳。

### 6. 取心技术

页岩气录井取心工作是进行储层评价的重点,也是校正测井储层评价的标尺。页岩气储层孔隙致密,一般有微裂缝发育,因此如何实现高质量的取心,最大限度地还原井下岩石的形态具有重要的意义。页岩气井取心的重点位置位于水平段储层内,水平段取心与直井取心的不同之处在于取心工具的轴线与重力方向不同,在重力的作用下,取心工具躺在井筒底边上,在取心钻进过程中有降斜趋势,在钻压的作用下,容易使岩心筒弯曲,产生堵卡和岩心损坏。另外进入岩心筒的岩心也容易发生偏磨与破碎,且岩屑容易在井筒底边上形成岩屑床。

在页岩钻井取心过程中常面临以下问题:

(1)收获率问题。由于部分取心层位的综合含水量高,在直井取心时,割心经常出现撸心、掉心的情况。水平井取心和直井不同,钻进和割心是近似垂直于层理的方向,抗拉强度大,对工具形成考验。由于摩阻增加,从指重表上不能准确地判断割心,另外如果掉心,岩心躺在井眼的下井壁,则无法进行捞心,只有采用下钻待井底处理干净后方可再次取心,因此收获率是非常值得关注的问题。

(2)钻压问题。由于取心工具的轴线与重力的方向接近直角,在重力的作用下,取心工具平躺于井眼方向,造成钻柱与井壁摩擦力的增大,引起井口钻压与井底钻压的不统一,因此取心前要根据上提下放钻具时指重表数值计算出摩阻大小。

(3)割心问题。当岩心较硬的时候,会出现割心困难的问题,因为钻具紧贴在井壁上,摩擦力增大,割断岩心需要一个很大的上提拉力,此时可以考虑使用开泵、甩动割心的方法,但可能会导致岩心的部分丢失。

(4)机具磨损问题。在水平井取心中,对钻头和工具的磨损要比直井中大得多,对钻头和螺旋扶正器的外保径要求更高。为了增加钻头的寿命,必须增加外保径齿的强度和长度,同时工具的强度也要增大,必须要有足够的备件。

(5)卡钻问题。水平段井眼底边易形成岩屑床,岩心筒易粘贴井壁,容易造成取心工具的卡阻现象。大段水平段连续取心的周期较长,起下钻次数多,裸眼浸泡的时间长,因此要防止出现井壁坍塌和卡钻问题。

对于上述的页岩水平段取心问题,应在取心工具和取心工艺技术方面采取相应的措施。

1)取心工具方面的措施

首先是取心钻头。钻头是取心过程中关键部件之一。根据水平井段取心的特点,应采用加长保径、大间距切削齿、工作面流体畅通、排屑效果好、自扶稳定性好的胎体 PDC 取心钻头。

其次是投球安全接头设计。将安全接头与投球接头设计成一个复合部件,可使工具结构更为紧凑,并具有如下好处:① 便于清洗内筒和井底;② 取心时可释放钢球,封堵内筒;③ 岩心出筒方便。

最后是内外筒扶正装置设计。在内筒的两端安装了扶正装置。在上端安装了滚轮扶正器,下端安装整体式滚柱轴承,从而增加了内筒的稳定性,防止岩心偏磨,还可以减少内筒的转动,保证岩心的完整,为提高岩心收获率提供了有利条件。外筒装有螺旋扶正器,能够稳斜钻进,可防止岩心筒弯曲,从而提高了取心筒的抗弯曲强度,有利于取心作业。

2) 取心工艺技术方面的措施

首先是取心钻具组合的选择。为了确保在油层内取心,准确掌握水平段取心时井眼轨迹的变化规律,可通过力学分析计算获得稳斜、降斜、增斜三套钻具组合,并使用 LWD 仪器随钻监测,根据测斜情况及时地调整井眼轨迹,以保证井眼轨迹满足设计要求。

可通过调整扶正器的外径及位置来达到增斜、稳斜、降斜的目的。现场可根据取心井眼轨迹与设计井眼轨迹要求来调整取心钻具组合。

其次,还要慎重地选取取心钻进参数:

(1) 钻压。取心工具近似水平状态,钻柱与井壁的摩阻、扭矩增大,给取心施压造成困难。考虑到螺杆钻具过速失效的问题,现场可根据泵压、扭矩变化、钻进速度来调节钻压的大小。随着水平段的加长,施加钻压会越来越困难,后期取心钻具组合可增加 2 根 6-1/4″钻铤,并采用加重钻杆定期倒换的方法,从而解决水平段施加钻压困难的问题。在取心后期,由于内外岩心筒与井眼不居中,会造成树心时套心困难,为此可在循环时采用大排量清洗井底、钻进时采用 5 kN 钻压钻进、钻压恢复后再加压的方法,待钻进 0.5 m 且泵压升高后,再调整为正常参数钻进。

(2) 排量。取心排量一般要满足取心时携砂及井眼稳定的要求。采用"大排量循环、低排量钻进"循环时,开泵要缓慢,并用低排量循环 10 min,防止投球异常释放,再采用 28~30 L/s 的高排量循环清洗井底和内筒,减少钻井液中的固相含量,防止沉砂卡钻等井下事故的发生,另外井底清洗干净也有利于岩心进筒。钻进时,为防止钻井液冲蚀岩心以及泵压过高导致螺杆钻具失效等问题,常采用 20~22 L/s 的循环排量。随着水平段的加长,有可能出现加不上钻压的情况,使机械钻速降低,此时可采用降低排量、增加钻压的方法来提高机械钻速。

(3) 转盘转数。取心钻进时螺杆动力钻具与转盘联合驱动,取心钻进转数主要来自于螺杆钻具,转盘转动的目的是防止钻具卡钻,并使取心产生的岩屑及时排出。考虑钻具的平稳性可采用低转数,现场可根据钻具摆动情况来调整转盘的转数,通常为 20~25 r/min。低转数能够增加下部钻具的稳定性,降低钻头的扭矩,从而保证岩心的完整性,防止卡心与堵心,提高岩心的收获率。

再次,选取合适的取心钻进与割心参数。由于具有起下钻摩阻较大、钻进时扭矩大、携屑困难以及割心显示不明显等特点,操作过程中应采取以下技术措施:

(1) 清洗井底。取心前应采用大排量循环清洗井底,每次至少循环两周,以保证充分地带砂,使井底清洁。下放钻具时,一次下滑 0.5 m,再上提重新下划,上下反复磨碎井底岩块,防止井底岩石碎块进入岩心筒造成堵心。

(2)钻进。钻头接近井底时,旋转校对指重表,送钻要均匀,保持钻井参数的稳定,取心结束前 1 m 要加大钻压 20~30 kN,使岩心直径变粗。

(3)割心。取心结束后要停泵,缓慢上提钻具,直至指重表指针归零。考虑到摩阻较大,割心时应根据取心前上提钻具的悬重判断割心吨位。若上提钻具超过 0.5 m,割心吨位超过 20 kN,则应该开泵或转动转盘来割断岩心。

最后是螺杆钻具倒转的预防措施:

(1)用 20~30 kN 轻钻压钻进,防止钻头扭矩过大所引起的转盘倒转。

(2)随着水平段的加长,摩阻和扭矩也增大,会出现突然泵压过高的现象,钻进过程中要求副司钻坐岗,发现泵压过高时要及时停泵。

(3)循环过程中若发现沉砂憋泵的现象,要快速上提钻具,防止螺杆钻具倒转。

(4)钻进中若突然钻遇泥岩夹层,则机械钻速降低,钻头扭矩过大。要求在钻进过程中送钻均匀,注意观察泵压和钻压的变化情况。

(5)钻进后期,泵压升高,要降低泵的排量,防止螺杆钻具过速失效所引起的转盘倒转。

## 4.1.2　固井与完井技术

### 1. 固井工艺技术

目前页岩气固井水泥主要有泡沫水泥、酸溶性水泥、泡沫酸溶性水泥以及火山灰＋H 级水泥四种类型。其中火山灰＋H 级水泥成本最低,泡沫酸溶性水泥与泡沫水泥的成本相当,但高于其他两种水泥,是火山灰＋H 级水泥成本的 1.45 倍。下面分别加以介绍:

(1)页岩气井通常采用泡沫水泥固井技术。由于泡沫水泥具有浆体稳定、密度低、渗透率低、失水小、抗拉强度高等特点,因此泡沫水泥有良好的防窜效果,能解决低压易漏长封固段复杂井的固井问题,而且水泥侵入距离短,可以减小储层损害。根据国外经验,泡沫水泥固井比常规水泥固井的产气量平均高出 23%。在美国俄克拉何马州的 Woodford 页岩储层中就利用了这种泡沫水泥来固井,它在确保层位封隔的同时又抵制了高的压裂压力。泡沫水泥膨胀并填充了井筒上部,这种膨胀也有助于避免凝固过程中的井壁坍塌,泡沫水泥的延展性弥补了其低的压缩强度。

(2)酸溶性水泥常在美国 Barnett 页岩固井中使用。酸溶性水泥提高了碳酸钙的含量,当遇到酸性物质时水泥会溶解,接触时间及溶解度将影响其溶解进程。另外,酸溶性水泥的溶解能力是碳酸钙比例及接触时间的函数。常规水泥也是溶于酸的,但达不到酸溶性水泥的这种程度,常规水泥的溶解度一般为 25%,而酸溶性水泥溶解度则达到 92%。

（3）泡沫酸溶性水泥由泡沫水泥和酸溶性水泥构成，同时具备泡沫水泥和酸溶性水泥的优点。一种典型的泡沫酸溶水泥是由 H 级普通水泥加上碳酸钙构成的，以提高酸的溶解性，并用氮气产生泡沫。该类型水泥用于固井不仅能够避免水泥凝固过程中的井壁坍塌，而且还能够提高压裂能力，因此常用于进行限流水力压裂的水平井段的固井。酸溶性水泥在酸基增产液中具有很快的溶解速率和很高的溶解度（可达 90%），容易从地层孔隙中清除。施工时如果有需要，酸溶性水泥也可发泡成为低密度的水泥浆。

（4）火山灰＋H 级水泥体系是通过调整泥浆密度来改变水泥强度的，可有效地防止漏失，同时有利于水力压裂裂缝。流体漏失添加剂和防漏剂的使用也能有效地防止水泥进入页岩层。这种水泥能抵抗住比常规水泥更高的压力。

目前，常用的页岩气固井工艺如下：

（1）9-5/8″表层套管固井。表层套管的固井参数如表 4-2 所示。

表 4-2　表层套管的固井参数

| 水泥浆返高 | 领浆返至井口，尾浆返至套管鞋以上 500～1 000 ft |
| --- | --- |
| 水泥类型 | A 级水泥 |
| 水泥浆密度 | 领浆为 1.50 g/cm³，尾浆为 1.90 g/cm³ |
| 附加量 | 标准井径附加 90%，套管内不附加 |
| 添加剂 | 早强体系 |
| 固井方法 | 单级单塞固井 |

（2）5-1/2″生产套管固井。表层套管的固井参数如表 4-3 所示。

表 4-3　表层套管的固井参数

| 水泥浆返高 | 领浆返至 tangent 段以上 500 ft，尾浆返至 curve 段以上 500 ft |
| --- | --- |
| 水泥类型 | G 级水泥＋35% 的硅粉 |
| 水泥浆密度 | 领浆为 1.65 g/cm³；尾浆为 1.90 g/cm³ |
| 附加量 | 标准井径附加 30% |
| 添加剂 | 抗高温防气窜体系 |
| 固井方法 | 单级双塞固井 |

（3）长裸眼井、水平井、压裂井的固井技术措施：① 保证套管居中，使用刚性锌合金螺旋扶正器；② 采用高密度冲洗隔离液，要求接触时间为 10 min 或有 1 000 ft 的段长；③ 在泵压允许的前提下，使用最大泵速顶替水泥浆；④ 固井过程中，尽可能地旋转活动套管，保证水泥浆的顶替效率；⑤ 选用抗高温防气窜的水泥浆体系。

（4）在部分井做 CBL - VDL 固井质量检测。图 4 - 7 所示为某井的固井质量的测井曲线。

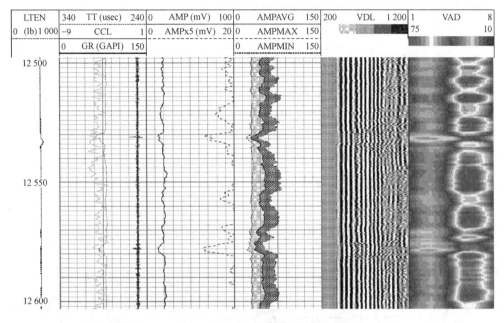

图 4 - 7　固井质量的测井曲线

### 2. 完井方式优选

页岩气井的完井方式主要包括组合式桥塞完井、套管固井后射孔完井、尾管固井后射孔完井以及机械式组合完井（崔思华等，2011），下面分别加以介绍：

（1）组合式桥塞完井是在套管中用组合式桥塞分隔各段，分别进行射孔或压裂，如图 4 - 8 所示，这是页岩气水平井最常用的完井方法。其工艺流程是：下套管，固井，射孔，分离井筒。但由于在施工中需要射孔、坐封桥塞、钻桥塞等，因此也是最耗时的一种方法。

图 4 - 8　组合式桥塞完井示意图

（2）水力喷射射孔完井适用于直井或水平套管井。该工艺利用伯努利原理，从工具喷嘴喷射出的高速射流可射穿套管和岩石，从而达到射孔的目的。通过拖动管柱可进行多层作业，免去下封隔器或桥塞的工艺，缩短了完井时间。

（3）套管固井后射孔完井的工艺流程是用工具喷嘴射出的高速流体射穿套管和岩石，达到射孔的目的，并通过拖动管柱进行多层作业，如图 4－9 所示。其优点是免去下封隔器或桥塞的工艺，可缩短完井时间，工艺也相对成熟和简单，有利于后期的多段压裂；其缺点是有可能造成水泥浆对储层的伤害。美国的大多数页岩气水平井均采用套管射孔完井的方法（Lohoefer 等，2006）。

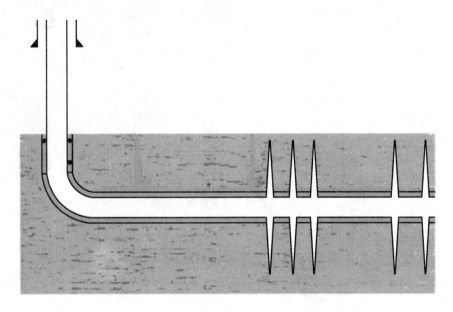

图 4－9　套管固井后射孔完井示意图

（4）尾管固井后射孔完井的优点是有利于多级射孔分段压裂，其成本适中，但工艺相对复杂，固井的难度较大，可能造成水泥浆对储层的伤害。裸眼射孔完井能够有效地避免水泥浆对储层的伤害，避免注入水泥时压裂地层，也能避免水泥侵入地层的原生孔隙中，其工艺相对简单，成本相对较低，缺点是后期的多级射孔分段压裂的难度较大，不易控制，使后期完井操作难度加大。尾管固井后射孔完井及裸眼射孔完井在页岩气钻完井中并不常用。

（5）机械式组合完井采用了特殊的滑套机构和膨胀封隔器，适用于水平裸眼井段的限流压裂，一趟管柱即可完成固井和分段压裂。目前 Halliburton 公司的 Delta Stim 完井技术最有代表性，施工时将完井工具串下入水平井段，悬挂器坐封后注入酸溶性水泥固井。井口泵入压裂液，先对水平井段最末端第一段实施压裂，然后通过井口落球系统操控滑套，依次逐段地进行压裂。最后放喷洗井，将球回收后即可投产。膨胀封隔器的橡胶在遇到油气时会自动发生膨胀，封隔环空，隔离生产层，膨胀的时间也可控制。

### 3．页岩气射孔优化技术

定向射孔的目的是沟通裂缝和井筒，减少井筒附近裂缝的弯曲程度，进而减少井筒附近的压力损失，为压裂时产生的流体提供通道。通过大量的实践，开发人员总结出定向射孔时应遵循的原则，即在射孔过程中，主要射开低应力区、高孔隙度区、石英富集区以及富干酪根区，且采用大孔径射孔可以有效地减少井筒附近流体的阻力。对水平井射孔时，射孔应垂直向上或向下。

根据目前的页岩气射孔经验，可以归纳为以下几点：

（1）孔密间距是最常规的设计参数；

（2）高产能水平页岩气井要求更高的簇数和孔密；

（3）高产能水平页岩气井对产能有贡献的射孔孔眼高于 80％；

（4）低产能水平页岩气井对产能有贡献的射孔孔眼低于 65％；

（5）沿页岩层的射孔数目从 60％提高至 80％可使产气量至少提高 25％；

（6）因施工作业阶段和使用机具的不同，一般设计第一级时应采用 TCP 射孔，后续级应采用电缆射孔。

优化射孔方式应从以下几点入手：

（1）优化几何设计；

（2）优化射孔位置（利用测量数据）；

（3）微地震方式监测射孔。

为更好地进行多级压裂，控制裂缝位置和走向，通常采用套管固井完井方式，很少采用裸眼方式完井。一般在有价值的储层中寻找有效含油区时，按照覆盖范围从大到小的顺序依次是地质勘探层面、油藏层面（地震-测井-岩性整合方法）、单井层面（随钻测量技术），图 4-10 给出了勘探-油藏-单井方法寻找有效区的示意图。在此基础上可评估近井地带的储层，从而选出质量好的层位进行优化射孔设计，如图 4-11 所示。

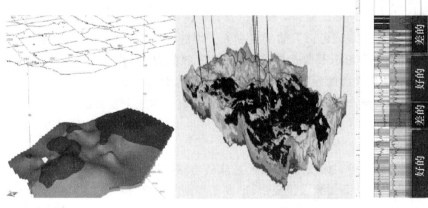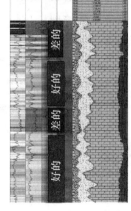

图 4-10　勘探-油藏-单井方法寻找有效区

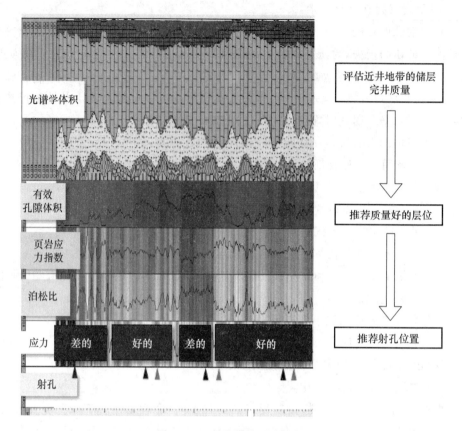

图 4-11　射孔层位选取流程

# 4.2　页岩气井压裂增产技术

如前所述,页岩渗透率极低,统计表明,仅有少数天然裂缝十分发育的页岩气井可直接投入生产,而 90% 以上的页岩气井需要采取压裂等增产措施沟通天然裂缝,以提高井筒附近储集层的导流能力。裂缝的发育程度是页岩气运移聚集、经济开采的主要控制因素之一。裂缝包括天然裂缝和人工裂缝。人工裂缝的产生主要依靠压裂技术。页岩气井实施压裂改造措施后,需要有效的方法来确定压裂作业的效果,以便获取压裂诱导裂缝的导流能力、几何形态、复杂性以及方位等诸多信息,从而改善页岩气藏压裂增产作业效果以及气井产能,提高天然气采收率。

## 4.2.1　压裂设计

页岩气压裂与常规砂岩储层压裂不同,常规砂岩储层压裂裂缝形态主要以双翼平面缝为主,而页岩气压裂裂缝纵横交错,形成无规则的缝网(图 4-12),波及的体积越大越有利于页岩吸附气的析出以及游离气的流通。目前尽管一些压裂模拟软件能够对裂缝特征进行模拟预测,但现阶段的技术还很难将页岩层微裂缝的特性及形状进行精确的描述。

图 4 - 12　页岩气压裂裂缝示意图

根据所收集的大量页岩气井的压裂效果,认为压裂设计时应主要考虑以下三方面的因素:

### 1. 天然裂缝与地应力

页岩储层具有天然裂缝发育,且天然裂缝方向与最小主地应力方向一致。此时,若压裂裂缝方向与天然裂缝方向垂直,则容易形成相互交错的网络裂缝。虽然初始裂缝方向是由岩石应力控制的,但裂缝的方向可以通过压裂设计加以调整。第一裂缝方向是受地层应力影响的,但会随砂子和压裂液的注入而变化,因为在压裂施工中,若施工参数变化,岩石应力就会发生变化。第二方向裂缝被压开将有效拓宽裂缝(网络)的流动通道,并且急剧增大流动区域。这些次级(第二方向)裂缝可以在野外露头或者在压裂时的微地震记录中看到,第二裂缝方向与第一裂缝方向的夹角为 30°~90°。

水平地应力大小同样影响着缝网的产生。当最大和最小主应力差值很小时,主要裂缝(第一方向裂缝)和次级裂缝(第二方向裂缝)就可能产生。而当构造应力的差别很大时,裂缝的转向会变得困难,很难形成复杂的裂缝网络。微地震显示,裂缝延伸从主裂缝(第一方向裂缝)到次级裂缝(第二方向裂缝),再到主裂缝(第一方向裂缝),如此反复,从而压出复杂的裂缝网络。压裂施工时的压力记录也能很好地指示出地下裂缝形成的复杂性。

### 2. 岩石脆性

高碎屑结构的页岩硅质含量高,岩石脆性好,压裂时易形成多分枝结构的空间体积缝网,压裂效果明显;而黏土含量高的储层具有可塑性,易吸收能量形成双翼平面裂缝,压裂效果较差。由此可见,页岩压裂效果与岩石的矿物组分密切相关,通常采用脆性系数来表征岩石的这一特性,其计算公式为

$$BI = \frac{Qtz}{Qtz + Carb + Clay}$$

式中,BI 为脆性系数;Qtz 为石英含量,%;Carb 为碳酸盐岩含量,%;Clay 为黏土含量,%。

根据经验,若岩石硅质含量高(大于 35%),则脆性系数高。岩石硅质(石英和长石)含量高,使得岩石在压裂过程中产生剪切破坏,不是形成单一的裂缝,而是形成复杂的网状缝,从而大幅度地提高了裂缝的体积。

岩石的脆性还与其弹性模量和泊松比有关。对于脆性等级较高的页岩,其泊松比越低,则杨氏模量越高;而对于脆性等级较低的页岩,泊松比越高,则杨氏模量越高。Rickman 等(2008)介绍了利用弹性模量和泊松比计算脆性系数的方法,计算公式如下:

$$YM\_BRIT = \frac{YMS\_C - 1}{8 - 1}$$

$$PR\_BRIT = \frac{PR\_C - 0.4}{0.15 - 0.4}$$

$$BI = \frac{YM\_BRIT + PR\_BRIT}{2}$$

式中,YMS_C 为杨氏模量,$10^4$ MPa;PR_C 为泊松比;BI 为脆性系数。

可通过声波测井资料获取岩石的杨氏模量和泊松比,并运用上述公式计算岩石的脆性系数。

运用以上介绍的两种岩石脆性计算方法分析某页岩气井的物理脆性,结果如图 4-13 所示。

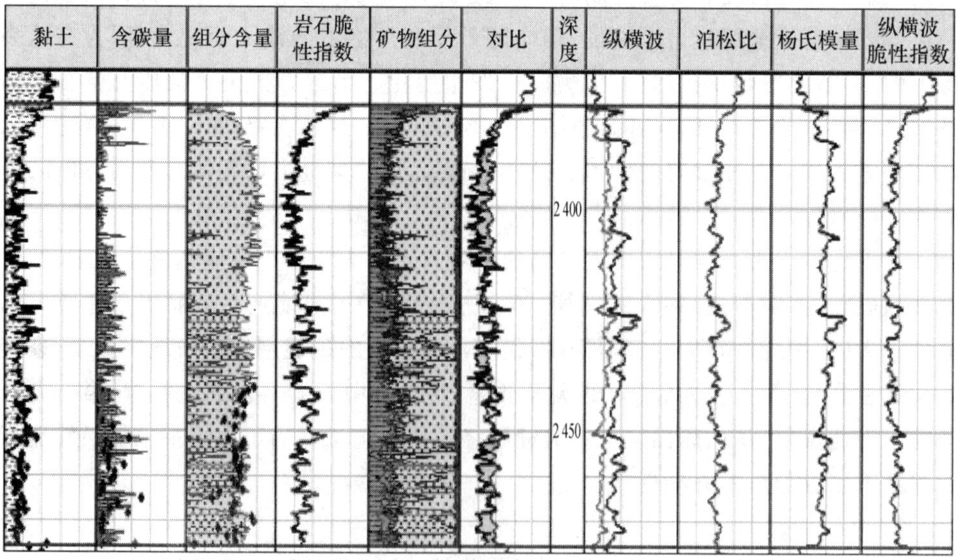

图 4-13　两种岩石脆性的计算方法对比

由图 4 - 13 可以看出,上述两种方法计算的脆性系数的吻合度较高。在实际应用中测井资料的获取更加便捷,因而通过测井资料计算的脆性系数具有较高的应用性。但是上述两种方法的研究机理完全不同,因此设计时应综合考虑,并加以对比分析。

### 3. 储层敏感性

若储层敏感性不强,则适合大型滑溜水压裂。弱水敏地层有利于提高压裂液的用液规模,且使用滑溜水压裂时,滑溜水的黏度低,可以进入天然裂缝中,迫使天然裂缝扩展到更大的范围,从而扩大改造体积。对于水敏性较强的页岩气层,则需要考虑使用无水基压裂液。无水基压裂液主要包括甲醇基压裂液、泡沫(氮气或二氧化碳气)压裂液、稠化油压裂液、液化石油气压裂液等。

压裂设计应考虑压裂材质的选择,主要包括支撑剂和压裂液。支撑剂的选择主要考虑闭合应力大小以及导流能力,闭合应力又直接影响裂缝内支撑剂的导流能力。因此选择支撑剂类型之前,必须首先计算页岩层的闭合应力。

闭合应力的计算公式如下:

$$CS = \frac{PR\_C}{1 - PR\_C} \times (Po - V\_Boits \times Pp) + Pp + Strain \times YMS\_C$$

式中,CS 为闭合应力;Po 为上覆岩层压力;V_Biots 为 Biots 系数;Pp 为孔隙压力;Strain 为应变系数。

根据计算所得的闭合应力,可参照图 4 - 14 确定支撑剂的类型。

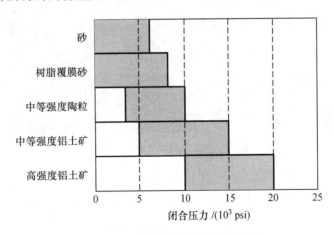

图 4 - 14　页岩气支撑剂类型推荐图

在页岩气压裂设计工艺方面要体现"两大、两小"的特征,"两大"是指:① 大排量,即施工排量在 10 m³/min 以上;② 大液量,即单段用液量在 2 271～5 678 m³。"两小"是指:① 小粒径支撑剂,即支撑剂一般采用 70/100 目和 40/70 目的陶粒,② 低砂比,即平均砂液比为 3%～5%,最高砂液比不得超过 10%。据上述原则及实践经验建议,施工排量为 12.7～19.0 m³/min;压裂液为滑溜水或低浓度的胶液,每段用量为 2 000～5 000 m³;支撑剂单井用量为 60～190 m³,100 目支撑剂为 30～360 kg/m³ 斜坡递增浓度,40/70 目支撑剂为 30～600 kg/m³ 斜坡递增浓度。

### 4.2.2　压裂设备及工具

在进行页岩气水力压裂时,整套的压裂设备、地面工具和下井工具是有效完成压裂施工的必要条件。压裂设备主要包括压裂车、混砂车、砂罐车、液罐车、高低压管汇、仪表车以及井口附件等。压裂作业时,混砂车自供液罐吸入液体,并与砂罐车输送的砂子进行混合,经充分搅拌后吸入压裂泵,压裂泵将混合液加压并由井口注入井底,对储层进行压裂。不同的压裂施工工艺需要采用不同的下井工具,以组成特定工艺所需的管串。常见的下井工具有封隔器、滑套、喷砂器、水力锚、可钻式桥塞、安全接头等。

#### 1. 地面大型压裂设备

页岩气水力压裂施工所需的场地大、设备多,如图4-15所示。现场一般需要压裂车18~20台,对于埋藏深、压裂难度大的井,压裂泵车甚至可能在40台以上。地面大型压裂设备除了压裂车外,还有混砂车、控制采集中心、大量液罐等。

图4-15　页岩气水力压裂现场

目前主流的压裂机组为2000型,主要由美国的Halliburton公司、双S公司,加拿大的Crown、Nowsco公司等生产,表4-4给出了目前常用的主力机型压裂车。

表4-4　主力机型压裂车

| 机组名称 | 制造厂家 | 机组名称 | 制造厂家 |
| --- | --- | --- | --- |
| Halliburton 2000 | 美国 Halliburton 公司 | Crown 2000 | 加拿大 Crown 公司 |
| 双 S 2000 | 美国双 S 公司 | Nowsco 2000 | 加拿大 Nowsco 公司 |

1) 压裂车

压裂车是页岩气压裂时最关键的设备之一,其主要功能是为压裂液注入地层提供动力,其基本的要求是:压力高,排量大,有较好的变化范围,工作可靠,能够连续稳定地运转;有较强的耐腐蚀性和耐磨性;越野性能好。其主要组成部件包括:载重车底盘、车台发动机、车台传动箱、压裂泵。此外,压裂车的其他组成系统包括:气路控制系统、液压控制系统、仪表控制台、高压排出管汇、低压吸入管汇、润滑系统和高压管汇、活动弯头等。下面以 HQ - 2000 型压裂车为例(图 4 - 16),说明压裂车的主要性能参数。

(1) 最高工作压力:103.4 MPa。

(2) 最高工作压力下的排量:0.447 m³/min。

(3) 最大排量:2.48 m³/min。

(4) 最大排量下的压力:36.5 MPa。

(5) 额定功率:2 024 hp[①]。

(6) 转弯半径:<18 m。

(7) 离地间隙:250 mm。

(8) 吸入管口径:101.6 mm。

(9) 排出管口径:76.2 mm。

图 4 - 16 HQ - 2000 型压裂车

2) 混砂车

混砂车的主要作用是将液体与支撑剂按一定的比例混合后向压裂车输送,经压裂泵加压后挤入井底岩层。其主要组成部件包括:传动系统、管路系统、混合罐、螺旋输砂器、液压系统、固体添加剂系统、气路系统、液面自动控制系统等。下面以 CHFBT100 型混砂车为例(图 4 - 17),说明其主要性能参数。

(1) 额定排出压力:0.57 MPa。

(2) 最大排量:15.9 m³/min。

(3) 接近角:>36°。

(4) 最大输砂能力:10 909 kg/min。

(5) 添加剂输入系统:3 个液体系统、2 个固体系统。

(6) 吸入管口径:101.6 mm。

(7) 吸入接头数:12 个。

---

① 1 hp=745.700 W,下同。

（8）排出管口径：101.6 mm。

（9）排出接头数：12 个。

图 4-17　CHFBT100 型混砂车

3）仪表车

仪表车是压裂单元的指挥、监控和分析中心。其主要系统组成包括供电系统、压裂泵遥控系统、混砂车遥控系统、数据采集系统、微机系统等。下面以 H-2000 型仪表车为例（图 4-18），说明其主要性能参数。

（1）遥控泵车台数：10 台。

（2）数据采集系统：1 个。

（3）压裂设计系统：1 个。

（4）液压驱动发电机：1 台。

（5）便携式数据采集系统：1 套。

（6）混砂车遥控系统：2 套。

图 4-18　H-2000 型仪表车

4）压裂液罐车和砂罐车

压裂液罐车是用于装运各种压裂液的专用汽车，砂罐车是用于装运各种压裂砂的专用汽车(图 4 - 19),它们与压裂车、混砂车、仪表车等关键设备组成页岩气水力压裂车组。

图 4 - 19　砂罐车

### 2. 其他地面设备

除压裂泵车组以外,其他地面设备主要包括:防喷器组、井口球阀、投球器、压裂管汇等井口装置,其连接如图 4 - 20 所示。根据每个页岩气层所需压裂参数的不同,压裂井口装置需要的关键设备、设计方法也不同,这些工具随着井控技术的发展而不断地优化。

图 4 - 20　地面井口装备

### 3. 井下工具

页岩气水力压裂工艺多,采用的井下压裂工具也存在很大差异,下面简单地介绍常用的井下工具。

#### 1) 封隔器

压裂封隔器是页岩气分层压裂最关键、最常用的工具之一。目前世界上封隔器的类型繁多,各个服务公司以及国内外各大油田公司均有自主研发的封隔器。但从封隔形式上划分,可分为机械式封隔器和膨胀式封隔器两类。无论哪种封隔器,其用途都是一样的,即通过封隔器坐封,密封压裂层上部的油套环形空间,从而有效地实现分层压裂。膨胀式封隔器如图 4 - 21 所示,机械式封隔器如图 4 - 22 所示。

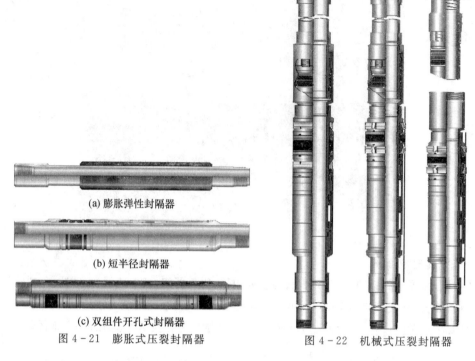

(a) 膨胀弹性封隔器

(b) 短半径封隔器

(c) 双组件开孔式封隔器

图 4-21    膨胀式压裂封隔器

图 4-22    机械式压裂封隔器

2）滑套

滑套与封隔器配合使用，可实现多层压裂。目前页岩气压裂滑套有多种，除了常规的与油管连接以实现分层压裂的滑套外，还有固井滑套，以及采用特制工具开关实现分层压裂的滑套。页岩气水平井常用的滑套类型如图 4-23、图 4-24 所示。

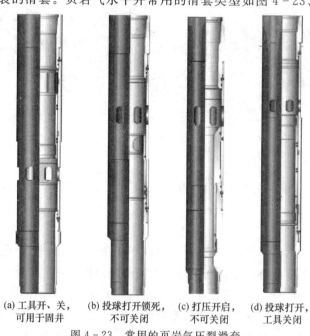

(a) 工具开、关，    (b) 投球打开锁死，    (c) 打压开启，    (d) 投球打开，
可用于固井        不可关闭          不可关闭        工具关闭

图 4-23    常用的页岩气压裂滑套

图 4 - 24　滑套开关专用工具

斯伦贝谢公司最新研制的 TAP 套管固井滑套可与完井工具一起下入固井,无需封隔器,通过滑套和飞镖即可实现无限级压裂,并能满足分层测试和分层生产等功能。图 4 - 25 所示为 TAP 套管固井滑套的示意图。

3）可钻式压裂桥塞

页岩气压裂中应用较多的是桥塞分级压裂技术,其主要工具是快速可钻式桥塞。可钻压裂桥塞多用于套管井压裂,适用的套管尺寸广泛,主要有 3.5 in、4.5 in、7 in 等。其最大优点在于压裂后可快速钻掉,通常 10 min 就可钻掉一个,另外其材质较轻,很容易排出。美国 Halliburton 公司生产的可钻式压裂桥塞如图 4 - 26 所示。

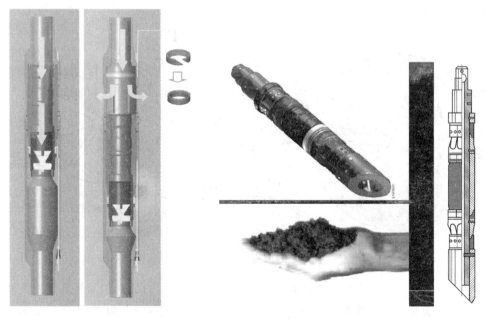

图 4 - 25　TAP 套管固井滑套　　　　图 4 - 26　可钻式压裂桥塞

4）悬挂器

压裂过程中的管柱悬挂器一般使用水力锚,它在压裂施工中起固定管柱的作用,可防止管柱位移影响压裂层的准确性。其工作原理是:通过加压,锚爪在液压阻作用下压缩弹簧,并推向套管内壁,卡在套管内壁上,从而达到固定管柱的目的。泄压时,锚爪在弹簧力的作用下回位解卡。

### 4.2.3 压裂液及水资源管理技术

页岩储层中含有黏土矿物,水敏性黏土矿物遇水溶解后将导致井壁发生坍塌事故,这是页岩储层钻井和压裂都面临的问题。因此,合理地配置压裂液、选择添加剂的成分和比重对页岩储层压裂至关重要,使用性能恰当的压裂液是提高页岩气井压裂经济效益的重要措施。

#### 1. 水基压裂液

页岩气压裂所使用的液体和砂子与常规砂岩压裂的不同。常规砂岩压裂常以冻胶压裂液为主,冻胶压裂液滤失小,可携带分选好的砂子进入地层,形成流体通道,但在页岩气压裂中使用得较少。大多数冻胶液都以降滤失、在井筒外形成长裂缝为目的,而页岩压裂液则主要以进入和开启天然裂缝为目的,它能携带少量的细砂,同时尽量减少对地层的伤害。

采用不同的压裂方式开发页岩储层时,压裂液配制的成分也各不相同。目前页岩气井水力压裂常用的压裂液有减阻水压裂液、纤维压裂液和清洁压裂液。以减阻水压裂液为例,其组成以水和砂为主,含量占总量的99%以上,其他添加剂成分(如酸、减阻剂、表面活性剂等)的总量占压裂液总量不足1%(图4-27)。

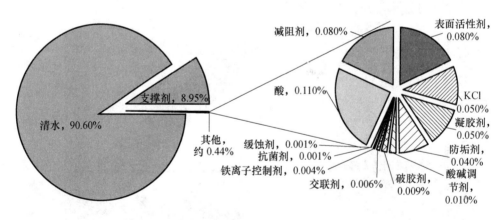

图4-27    清水压裂的压裂液体积组分(唐颖,2011)

添加剂在压裂液中所占的比例很小,不足压裂液总量的1%,但对提高页岩气井的产量来说却是至关重要的。水力压裂液中含有多种添加剂,以美国Fayetteville页岩水力压裂过程中使用的减阻水压裂液为例,减阻水压裂液是一种水基压裂液,集合了凝胶压裂液和清水压裂液的优点,其主要成分为水,添加剂包括凝胶剂、减阻剂、抗菌剂等。在页岩气井水力压裂液成分中,常用的添加剂类型、主要化合物及其作用见表4-5。

表 4 - 5 水力压裂液添加剂类型、主要化合物及其作用(唐颖,2011)

| 添加剂类型 | 主要化合物 | 作用 |
|---|---|---|
| 酸 | 盐酸 | 有助于溶解矿物和造缝 |
| 抗菌剂 | 戊二醛 | 清除生成腐蚀性产物的细菌 |
| 破乳剂 | 过硫酸铵 | 使凝胶剂延迟破裂 |
| 缓蚀剂 | 甲酰胺 | 防止套管腐蚀 |
| 交联剂 | 硼酸盐 | 当温度升高时保持压裂液的黏度 |
| 减阻剂 | 原油馏出物 | 减少清水的摩擦因子 |
| 凝胶 | 瓜胶或羟乙基纤维素 | 增加清水的浓度以便携砂 |
| 铁离子控制剂 | 柠檬酸 | 防止金属氧化物沉淀 |
| 防塌剂 | 氯化钾 | 使携砂液成卤化物以防止流体与地层黏土反应 |
| 酸碱调节剂 | 碳酸钠或碳酸钾 | 保持其他成分的有效性,如胶黏剂 |
| 防垢剂 | 乙二醇 | 防止管道内结垢 |
| 表面活性剂 | 异丙醇 | 减小压裂液的表面张力并提高其返回率 |
| 支撑剂 | 二氧化硅 | 使裂缝保持张开以便气体能够溢出 |

页岩中含有多种酸溶性矿物,它们均匀地分布在页岩的基质、层理和原生裂缝中。当这些酸溶性矿物遇到可反应流体时,就会溶解并被清除,从而有助于增加压裂所产生的裂缝的表面积,提高吸附态页岩气的解吸速度,并增强页岩气在裂缝网络中的扩散作用。在压裂液中添加一种可与页岩中酸溶性矿物发生反应的化学成分是目前页岩压裂中一种较新的理念。实验表明,添加可反应性流体成分后,井眼内气体的初始产量是未添加反应性流体成分时的两倍。

**2. 其他压裂液**

除了水基压裂液外,对于一些条件特殊的压裂作业则常常需要采用无水基压裂液,这些特殊情况主要包括以下五个方面:

(1)水敏严重的地层;

(2)低渗高压页岩储层;

(3)压后需要长时间关井;

(4)无法获取大量水资源的地区;

(5)天气寒冷(0 ℃以下)的地区。

目前美国页岩气田主要使用的无水基压裂液主要包括甲醇基压裂液、泡沫(氮气或二氧化碳气)压裂液、稠化油压裂液、液化石油气压裂液等,各压裂液的优缺点见表 4 - 6。目前美国应用相对较多的是泡沫压裂液。

表 4-6    美国常用的无水基压裂液体系分析

| 压裂液类型 | 甲醇基压裂液 | 泡沫压裂液 | 稠化油压裂液 | 液化石油气压裂液 |
|---|---|---|---|---|
| 优点 | 表面张力低 | 与水、碳氢化合物、甲醇等表面活性剂相容 | 压裂液中没有水 | 密度低(为水密度的50%) |
| | 凝固点低 | 降低水带来的储层污染 | 可以稠化原油、凝析油和柴油 | 表面张力低(为水的10%) |
| | 水中溶解度高 | 提供返排能量 | | 原材料成分单一(丙烷) |
| | 与氮气或者二氧化碳相容 | | | 胶黏残留物少(与聚合物相比) |
| 缺点 | 闪点低(54℉),需额外安全防护 | 现场需要赋能设备 | 有时与储气层不相容 | 液体易燃,需要额外的安全防护措施 |
| | 火焰不可见 | 有时需要使用水 | | 需要专门的压裂设备 |
| | | 设备冷却期间需将二氧化碳排入大气中 | | |
| | | 可能与天然气混合燃烧 | | |

### 3. 压裂水资源管理

页岩气井分段压裂作业需要大量的淡水资源,其每段压裂所需要的水一般都会超过 1 000 m³,通常一口页岩气井的压裂用水量都在 10 000 m³ 以上。压裂后,一般会有 35% 左右的压裂液和地层水返排至地面,返排液的量也非常大。因此,包括取水方法、返出液处理以及再应用等在内的页岩气开发水资源管理技术水平对页岩气能否经济有效地开发是至关重要的。

页岩气井压裂水资源管理的整个流程如图 4-28 所示。

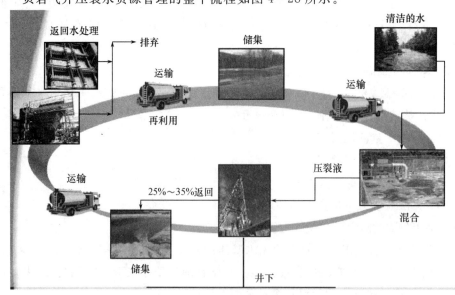

图 4-28    页岩气井压裂水资源管理流程图

### 4.2.4　水平井多级压裂工艺

水平钻井和多级压裂相结合的技术被广泛应用于页岩气开采。水平井可以增加井筒与油层的接触面积,从而提高油气的产量和最终采收率,从水平井中获得的最终采收率是直井的三倍,而费用只相当于直井的两倍,因此被越来越多的作业者应用。但是由于页岩气储层的渗透率低,气流阻力比传统的天然气要大得多,因此还应对水平井进行压裂增产,以提高水平井的产能。分段压裂是利用封隔器或其他材料进行段塞,在水平井筒内一次压裂一个井段,并逐段压裂,从而压开多条裂缝。

在水平井段采用分段压裂能有效地产生裂缝网络,并尽可能地提高最终采收率,同时节约成本(Dan 等,2009)。最初,水平井的压裂阶段一般采用单段或两段,现在常规 5.5 in 套管井已能够实现 20～30 级的分段压裂,对于 7 in 裸眼井,斯伦贝谢公司最新研究的 TAP 固井滑套压裂技术甚至可以实现无限级的分段压裂,这极大地延伸了页岩气在横向与纵向上的开采范围,目前该项技术成为美国页岩气快速发展的关键。

美国的页岩气分段压裂技术种类较多,其中最常用的有:泵注桥塞电缆射孔技术、滑套压裂技术、水力喷射压裂技术、裸眼膨胀封隔器压裂技术以及滑套固井压裂技术等(唐颖等,2010;2011)。

#### 1. 泵注桥塞电缆射孔压裂技术

该技术是目前页岩气水平井压裂技术中应用最广泛的,其最大的优点是能够实现页岩气的批量压裂,可节约压裂时间,减少设备租金,从而降低单井压裂的成本。图 4 - 29 所示为压裂时所用的电缆射孔枪。

泵注桥塞电缆射孔压裂技术的作业工序如下:

(1) 安装 7-1/16″ 压裂阀和闸板防喷器组;

(2) 下 4-5/8″ 磨鞋通径洗井,替入 2％KCl 完井液;

(3) 下油管或连续油管进行第一级射孔;

(4) 拆防喷器组,安装 7-1/16″ 油管挂(带背压阀);

(5) 安装压裂头,取背压阀,连接压裂管;

(6) 从环空进行第一段压裂;

(7) 凝胶冲洗井筒;

(8) 安装电缆防喷器和防喷管;

(9) 用液体泵送电缆＋射孔枪＋桥塞工具入井;

(10) 电引爆座封桥塞,射孔枪与桥塞分离,试压(大约过射孔段 25 m);

(11) 拖动电缆,将射孔枪带至射孔段,射孔,拖出电缆;

(12) 投球并送球到位,进行第二级压裂;

(13) 重复步骤(9)～(12),实现多层分段压裂;

（14）压后用连续油管磨铣或 $\phi73$ mm＋$\phi101.6$ mm 的 5 刃刀钻掉桥塞，合层排液求产。

图 4-29　电缆射孔枪

### 2. 水力喷射压裂技术

水力喷射压裂是集水力射孔、压裂、隔离一体化的水力压裂技术（田守嵴等，2008）。对裸眼水平井进行水力压裂时，若储层发育较多的天然裂缝，则大而裸露的井壁表面会使大量的流体损失，影响压裂的效果。水力喷射压裂技术无须使用密封元件而维持较低的井筒压力，能够迅速准确地压开多条裂缝，解决了裸眼完井水力压裂的难题。水力喷射压裂由三个过程共同完成：水力喷砂射孔、水力压裂以及环空挤压。其优点是不受水平井完井方式的限制，可在裸眼和各种完井结构的水平井实现压裂，缺点是受到压裂井深和加砂规模的限制。

水力喷射压力技术有多种工艺，例如水力喷射辅助压裂、水力喷射环空压裂、水力喷射酸化压裂等。水力喷射技术目前已经在美国、加拿大等多个国家和地区得到应用。2005 年，水力喷射压裂技术第一次用在美国的 Barnett 页岩中，作业者采用水力喷射环空压裂工艺对 Barnett 页岩中的 53 口井进行了压裂，通过对增产效果的评价可知，其中的 26 口井获得了技术和经济上的成功，压裂后页岩气井的产量比压裂前明显地增加，并且在持续生产一定时间后效果更加明显。

# 4.3 页岩气井压裂监测技术

页岩气井实施压裂改造措施后，需要有效的方法来确定压裂作业的效果，并获取压裂诱导裂缝导流能力、几何形态、复杂性及其方位等诸多信息，改善页岩气藏压裂增产作业的效果，提高天然气的采收率（Fisher，2005）。在页岩气井压裂过程中，通常要使用压裂监测技术监测裂缝的走向和展布情况以及压裂规模的大小，更清楚地了解地层应力的方向和大小，以便评估和预测压裂后的产能情况，并进一步指导油气藏布井，或为日后的重复压裂提供依据。压裂监测对油气藏布井的指导意义如

图 4-30 和图 4-31 所示。图 4-30 中的 1～6 为六个井口的位置,每口井周围的椭圆区域为压裂后能够波及的泄油/气范围,图中还标明了压裂后可能双向联通的区域以及压裂裂缝不能波及到的区域。从图 4-30 可以看出,在该区域采用均匀布井方式是不合理的,在最小主应力的方向(压裂裂缝的主要走向)应将井距进一步加大,以避免产生双向联通区域,而在垂直于裂缝走向的方向上,应该将井距进一步缩小,以覆盖住被忽略的油/气区域。图 4-31 所示的压裂井的裂缝方位角主要分布在 300°～330° 之间,压裂半径为 274 m 左右。而实际钻井的水平井筒的方向与裂缝方向并不垂直,说明原钻井设计中水平井筒的方向不太合理。图 4-31 根据压裂监测的结果,给出了该地区合理的布井方式。

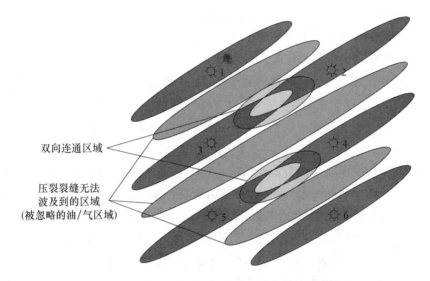

图 4-30　压裂监测对油气藏布井的指导示意图

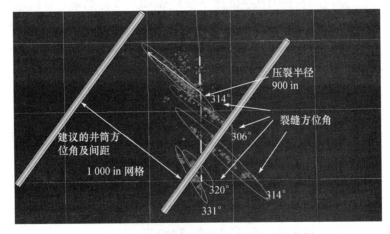

图 4-31　压裂监测结果指导布井方式的实例

压裂监测有多种方法,例如微地震法、示踪剂法、电位法、地倾斜法等。电位法受气候和深度限制,且需要较多的测点,测区范围受到局限;地倾斜法也受深度限制,且与覆盖层厚度和品质有关,需要较多的测点,测区范围也受到局限。目前,上述两种方法在页岩气压裂监测中已很少应用了。示踪剂法有滞后,其可靠性受监测井周围的分布井所在位置的限制,在页岩气井压裂作业中应用较少。目前,最常用的压裂监测方法是微地震监测法。下面简要介绍示踪剂法和微地震法。

### 4.3.1 示踪剂压裂监测

目前水力压裂是提高页岩气井产能的最有效的手段。但是,要想实现压裂增产目标的最大化,必须解决以下问题:

(1) 识别有效支撑剂的分布,防止压裂液返排吐砂;

(2) 确定压开裂缝的高度并识别裂缝倾斜情况;

(3) 识别未压裂或欠压裂层段;

(4) 选择重复压裂井或层段。

压裂增产示踪诊断技术能够有效地解决以上问题,定量地分析出压裂液的用量是否合理,获取有效支撑剂的分布,确定支撑剂返排问题,识别过渡顶替,并最终给出压裂层段和压裂井压裂后的整体效果,量化分析出是否达到压裂目标,并提供后续的压裂改进。

示踪剂压裂监测又叫压裂增产示踪诊断,是一种放射性示踪测试诊断技术。但它并不是一种实时监测技术,需要在压裂结束后对收集的数据进行整理和分析,从而得出压裂效果的诊断结果。用该技术实施水力压裂施工时,需将不同种类的零污染放射性示踪剂随同压裂液(前置液、携砂液)一起分步注入地层,在压裂结束的 30 天内,可使用常规的测井送入工具(电缆、钢绳、油管、冲管、连续油管等)将测试仪器(图 4 – 32)下井,以便测试支撑剂的分布,识别裂缝的扭曲情况,识别未压裂或欠压裂的层段,给出随时间变化的压裂液的分布情况,识别支撑剂返排有问题的层段,给出裂缝高度,识别裂缝倾斜情况,从而有助于选择重复压裂候选井及层段。此技术在页岩气水平井压裂过程中的实际应用如图 4 – 33 所示。

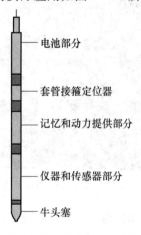

图 4 – 32　压裂增产示踪诊断测试仪器

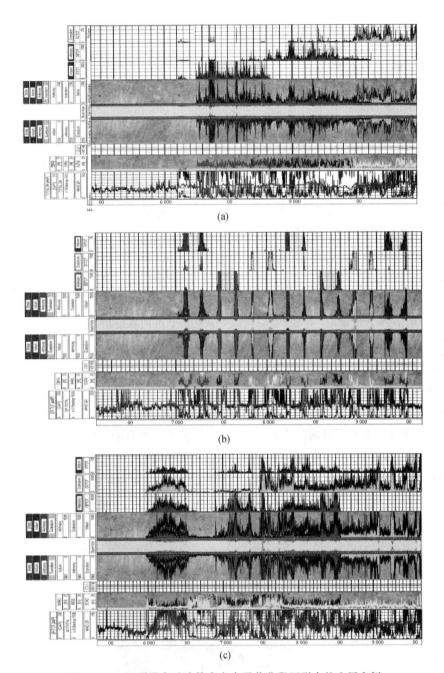

图 4-33　压裂增产示踪技术在水平井分段压裂中的应用实例

目前,常用的示踪剂是比较安全的,并具有以下特点:

(1) 低辐射:比日常所用的烟感器辐射还要低。

(2) 低能量:比地层自然放射性材料至少低一个数量级。

(3) 零冲洗:零污染,基质烧结,非外附着方式。

(4) 半衰期短:60～80 d。

(5) 用量少:一茶杯大小的量至少可满足一个作业。

（6）包装和运输安全：多层铅罐铅箱包装，专用车辆（国家监管）运输。

### 4.3.2 微地震裂缝监测

微地震裂缝监测技术的主要依据是：在水力压裂过程中，裂缝周围的薄弱层面（如天然裂缝、横推断层、层理面）的稳定性受到影响，发生剪切滑动，产生了类似于断层所发生的"微地震"或"微天然地震"（Warpinski 等，2003）。微地震辐射出弹性波的频率相当高，一般处在声波的频率范围内。这些弹性波信号可以用精密的传感器在邻井探测到，并通过数据处理分析出有关震源的信息。实际上微地震的频段从几十到几百赫兹，相当于 2～5 级地震。一般来说，震级越小，频率越高。通常微地震压裂监测仪器的工作频段为 50～200 Hz，且仅取较大的微地震（2 级）。记录这些微地震，根据微地震走时进行震源定位，并由微地震震源的空间分布描述人工裂缝的轮廓。微地震震源空间分布在柱坐标系三个坐标面上的投影可以给出裂缝的三视图（俯视图、侧视图、主视图），分别描述人工裂缝的长度、方位、产状及高度。与其他方法相比，该方法即时、方便、适应性强，在国际上得到广泛应用。

微地震监测又分井下监测和地面监测两种方式。

#### 1. 井下监测

井下监测是在监测井中下入 10～40 个三维的检波器，以记录压裂横波和纵波。最远的信号采集点距离观察井为 3 000 ft，裂缝两翼的边界同样可以被探测到，该方法适用于单井或一组平行井网的监测，如图 4-34 所示。在微地震监测处理中，可用速度模型和纵/横声波时差模型描述裂缝的形态，测量长度、高度、宽度、方位以及整个裂缝的复杂性，通过实时检测，可以显示真实的裂缝扩展情况。由上述方法获得的油藏

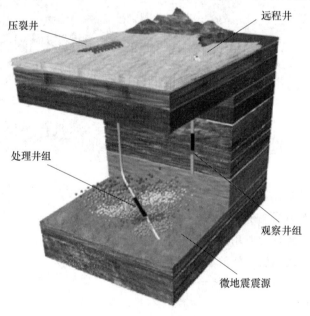

图 4-34　微地震技术模拟图

泄油区域信息可用于估计油藏的泄油面积,从而在油田开发时确定井的位置。

　　通常,井下监测需要有一口邻井作为监测井或者专门打一口监测井,这是常用的邻井微地震监测技术(王治中等,2006)。打一口监测井通常需要很大的资金投入,因此,服务公司开发出了同井微地震监测技术,即把检波器下入需要压裂的井的直井段中,直接监测该井的压裂情况。目前,因同井监测技术需要在压裂井的井筒中下入检波器工作筒,会对压裂作业产生一定的影响,因此使用案例较少,大部分压裂作业仍使用邻井的压裂监测。邻井微地震监测被广泛地应用于页岩气压裂作业中,是目前效果最好的一种压裂监测方式,但其具有一定的局限性:必须有一口邻井作为监测井,且监测井离压裂井的距离有一定的限制,即压裂井中最远的信号采集点到监测仪器的距离一般不能超过 3 000 ft。图 4-35 所示为邻井压裂监测的示意图。

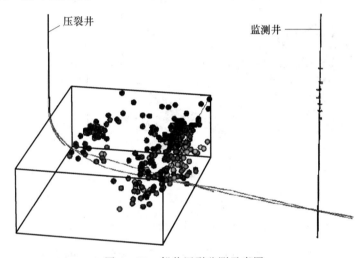

图 4-35　邻井压裂监测示意图

　　下面以邻井压裂监测实例说明井下监测方法。图 4-36 给出了一个压裂失败的案例,从该图中也可看出,页岩气井的压裂裂缝的走向平行于水平井筒的走向,从

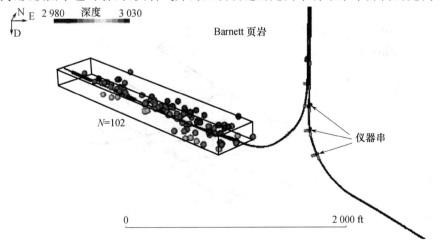

图 4-36　美国 Barnett 盆地页岩气井压裂失败的案例

而导致压裂失败。该井在钻井设计时,其水平井筒的走向是本地区的最大主应力方向。但根据压裂监测结果来看,水平井筒的走向其实是最小主应力方向。这说明在同一地区的页岩层内,地应力不一定全都是一个走向,在某些地区其地应力方向可能正好与本地区的总体地应力方向垂直。因此测试地应力方向也是压裂监测的主要任务之一。

图4-37给出了页岩气井压裂成功的案例,从图中可见裂缝走向正好垂直于水平井筒的走向,且裂缝基本在井筒的两边均匀分布,分段压裂的段间间距设计得也很合理。该井生产后的产能非常好,从而证明了压裂是成功的。

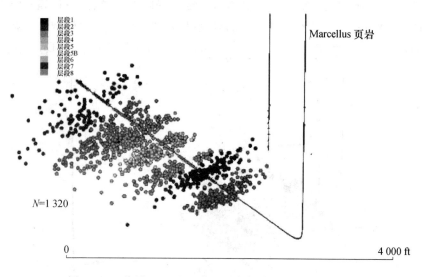

图4-37 美国Marcellus盆地页岩气井压裂成功的案例

从图4-38可以看出,这口井的裂缝没有沿着某个规则的方向排布。通过对监测结果的分析发现,在本地区的地层中存在着一些不规则分布的天然裂缝,压裂裂缝完全是沿着天然裂缝展布的。该案例说明,压裂监测对认识地层天然裂缝的发育情况和展布特点也有很大的帮助。

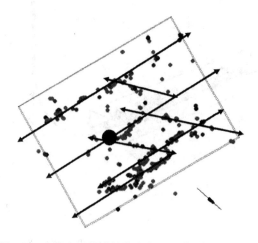

图4-38 具有天然裂缝发育的页岩气井的压裂监测

### 2．地面监测

地面监测是为了解决邻井监测适用性不强而出现的监测方法。井下监测通常需要有一口邻井，因此在很多情况下需要专门打一口井作为监测井，而同井监测方法的适用性又不是很强。近几年，一些公司开发出地面监测的方法。地面监测与井下监测的原理基本一致，不同之处主要在于地面监测具有滤波降噪功能强大的信号接收装置以及特殊的信号分析系统。地面监测与井下监测的区别如图 4 - 39 和图 4 - 40 所示。

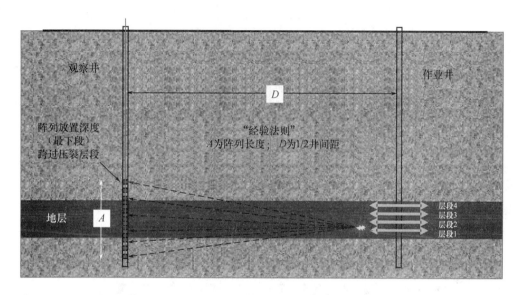

图 4 - 39　井下监测示意图

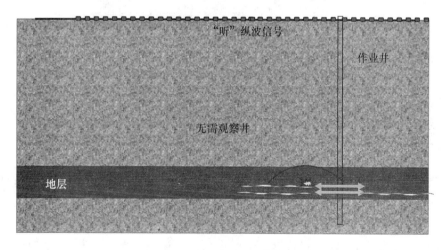

图 4 - 40　地面监测示意图

地面监测有两种方式：一种是 FracStar，即在地面以井口为中心布置 10～12 条采集仪器阵列，其适用于单井的监测，且实施简单，但是受一定噪声的影响。另一种是近几年发展起来的埋置阵列监测方式,即每 3 000 ft×3 000 ft 在地面以下(深度为 300 ft 左右)安放一个检波器,其适用于区块开发的多口井监测,更适合于整个区块的油田管理。两种地面监测方式的示意图如图 4 - 41 和图 4 - 42 所示。

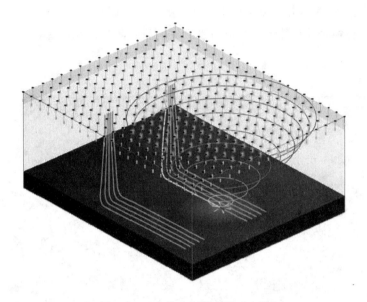

图 4 - 41　多井组拓展监测示意图

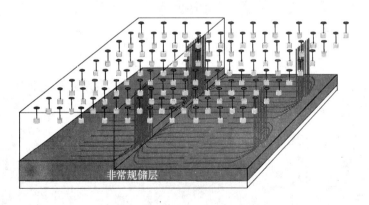

图 4 - 42　埋置阵列监测示意图

目前,地面压裂监测技术不仅可以监测裂缝的走向和展布,还可以根据信号的强弱在软件中展示出裂缝宽度的不同。目前,美国的多个盆地都已使用这种地面监测方法指导和优化本地区页岩气井的压裂设计和施工。

图 4 - 43 是美国 Marcellus 盆地某井组的地面压裂监测效果图,从该图中可以看出,这是一个比较成功的压裂井组案例,裂缝的展布情况较好,且基本上都沿着与井筒垂直的方向展布。图 4 - 43 中的圆点展示出不同地层位置的缝隙大小的不同。

图 4 - 43　美国 Marcellus 盆地某井组的地面压裂监测效果图

图 4 - 44 为页岩气井的地面压裂监测案例,从图中可以看出,水平段靠近趾部的区域可能存在一个断层或地下洞穴,致使大量的压裂液和支撑剂进入,从而造成了能量和材料的很大浪费。

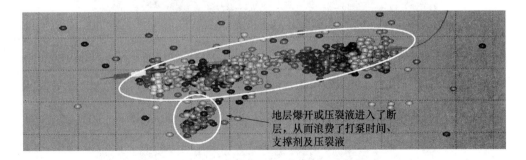

地层爆开或压裂液进入了断层,从而浪费了打泵时间、支撑剂及压裂液

图 4 - 44　压裂液进入断层的地面压裂监测案例

图 4 - 45 为另一口页岩气井的地面压裂监测案例,其完井方式是水平段套管固井后射孔,从图中可以看出,孔密度的大小直接影响着压裂的效果,孔密度过大可能导致无法达到预期的压裂规模。

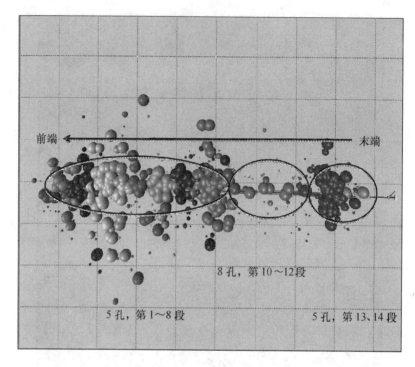

图 4-45 射孔孔眼数对压裂效果的影响

图 4-46 和图 4-47 所示也是页岩气井地面压裂监测案例。如图 4-46 所示，压裂时一条裂缝在非常短的时间内就形成了，这说明压裂过程中压裂裂缝是沿着一条原始的地层裂缝扩展的。由图 4-47 可以非常明显地看出，所有的压裂液和支撑剂都进入了一个巨大的原始地层裂缝或地下洞穴中。

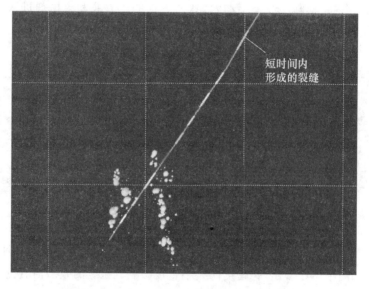

图 4-46 压入原始地层裂缝的压裂案例 1

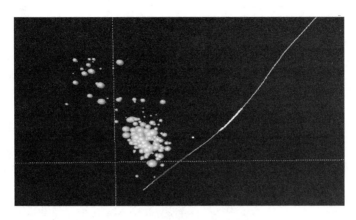

图 4 - 47 压入原始地层裂缝的压裂案例 2

# 参考文献

崔思华,班凡生,袁光杰. 2011. 页岩气钻完井技术现状及难点分析[J]. 天然气工业,31(4):72-75.

田守嶒,李根生,黄中伟,等. 2008. 水力喷射压裂机理与技术研究进展[J]. 石油钻采工艺,30(1):58-62.

唐颖,唐玄,王广源,等. 2011. 页岩气开发水力压裂技术综述[J]. 地质通报,30(2-3):393-399.

唐颖,张金川,张琴,等. 2010. 页岩气水力压裂技术及其应用分析[J]. 天然气工业,30(10):33-38.

王治中,邓金根,赵振峰. 等. 2006. 井下微地震裂缝监测设计及压裂效果评价[J]. 大庆石油地质与开发,25(6):76-78.

Dan J,Brian B,Mark L. 2009. Evaluating implications of hydraulic fracturing in shale gas reservoirs [C]//SPE Americas E&P Environmental and Safety Conference,2009,San Antonio,Texas. New York:SPE.

Fisher M K,Wright C A,Davidson B M. 2005. Integrating fracture-mapping technologies to improve stimulations in the Barnett Shale[J]. SPE Production & Facilities,20(2):85-93.

Lohoefer D,Athans J,Seale R. 2006. New Barnett Shale horizontal completion lowers cost and improves efficiency[C]//SPE Annual Technical Conference and Exhibition,September 24-27,2006,San Antonio,Texas. New York:SPE.

Nathaniel H,Stephen S,John S,et al. 2009. Modern shale gas horizontal drilling:Review of best practices for exploration phase planning and Execution. China Petroleum Exploration,3:41-50.

Rickman R,Mullen M,Petre E,et al. 2008. A practical use of shale petrophysics for stimulation design optimization:All shale plays are not clones of the Barnett Shale[C]//SPE Annual Technical Conference and Exhibition,September 21-24,2008,Denver,Colorado. New York:SPE.

Warpinski N R,Sullivan R B,Uhl J E,et al. 2003. Improved microseismic fracture mapping using perforation timing measurements for velocity calibration[C]//SPE Annual Technical Conference and Exhibition,October 5-8,2003,Denver,Colorado. New York:SPE.

# 第5章

# 美国页岩气及其勘探开发

在美国,天然气生产缓解了石油不足的巨大冲击,其中连续增长的页岩气产量起到了不可低估的作用。美国页岩气年产量的迅速增加进一步减缓了其国内能源需求的压力,2008 年,其石油对外依存度自 1977 年以来首次出现下降。2009 年,美国页岩气产量首度超过煤层气。据纽约时报 2009 年 10 月 10 日的消息,美国 2009 年页岩气年总产量超过了 $900 \times 10^8$ m³,占美国天然气年总产量的 13%,页岩气开采技术的进步使美国的天然气探明储量增加了 40%。同时,为了减缓对俄罗斯天然气的依赖,西欧国家也积极地开展页岩气地质研究,希望借此改变世界的能源、经济以及政治格局。国际上,页岩气地质研究的热潮已经兴起,页岩气资源已经成为能源的新宠。

## 5.1 美国页岩气勘探开发历程

页岩气的勘探开发研究最早始于美国。早在 1627—1669 年,法国勘测人员和传教士就对美国的阿巴拉契亚盆地富含有机质的黑色页岩进行过描述,他们当时所提到的油气资源实际上就是现在纽约西部的泥盆系页岩所产出的油气。1821 年,William Hart 在纽约州 Chautauqua 县 Fredonia 镇的气体渗漏带附近钻了北美第一口页岩气井(图 5-1),该井在泥盆系的 Dunkirk 黑色页岩中生产天然气,采出的

图 5-1　美国第一口页岩气井

天然气被运输并销售给 Fredonia 镇,用于路灯的照明。这为美国开创了一个全新的时代,且该井比在宾夕法尼亚州石油小溪的著名的德雷克油井早了 35 年(Curtis,2002)。Peebles(1980)对这段历史做了如下记录:

在靠近 Canadaway 河流的地方,一群小孩意外地引燃了天然气气苗,从而使当地居民发现了这种"可以燃烧的泉水"的潜在价值。人们钻了一口 8.23 m 的井,并在其中的页岩层中获得了天然气,人们用空心圆木管把天然气输送到附近的房子中用于照明。后来,这些空心圆木管被换成了 William Hart 制造的 19.05 mm 的铅管。William Hart 把 7.62 m 深处的天然气注入一个倒置的装满水的大水槽中(相当于储气罐的功能),并在水槽与 Abel House 旅馆之间铺设了管线。1825 年12 月,Fredonia 镇的新闻发言人说,在 12 月 31 日晚人们能够亲眼看到由储气罐供给天然气的 66 个漂亮的点燃的煤气灯和 150 个照明灯,且有充足的天然气供应给其他的储气罐。Fredonia 镇的天然气供给"在世界上是前所未有的"。实际上,这口 8.23 m 的浅井就是一口页岩气井,天然气是从泥盆系 Dunkirk 页岩中产出的。

19 世纪 70 年代,页岩气开发沿西部扩展到伊利湖南岸和俄亥俄州东北部。1863 年,在伊利诺伊盆地肯塔基西部泥盆系和密西西比系黑色页岩中发现了页岩气。20 世纪 20 年代,页岩气钻井已发展到西弗吉尼亚州西部、肯塔基州、印第安纳州。1926 年,阿巴拉契亚盆地肯塔基州东部和西弗吉尼亚州的泥盆系页岩气已经商业生产,形成了当时世界上最大的天然气田。

1973 年阿以战争期间的石油禁运和 1976—1977 年的第一次石油危机促使美国能源部(DOE)加快了天然气勘探研究的步伐。1976 年,美国能源部及能源研究和开发署联合了美国地质调查局(USGS)、州级地质调查所、大学以及工业团体,发起并实施了针对页岩气研究与开发的东部页岩气工程(EGSP),主要考察了阿巴拉契亚盆地、密歇根盆地和伊利诺伊盆地,其目的是加强对页岩气的地质、地球化学、开发工程等方面的研究,增加页岩气的产量且获得一批科研成果,资助工作一直持续到 1992 年。从 1980 年开始,美国天然气研究所(GRI)组织力量对泥盆系和密西西比系页岩天然气的潜力、取心技术、套管井设计以及提高采收率等关键问题进行了深入探讨,逐步构建了以岩心实验为基础、以测井定量解释为手段、以地震预测为方向、以储集层改造为重点、以经济评价为主导的勘探开发体系,随后的页岩气勘探和研究迅速地向其他地区扩展,页岩气研究全面展开。

1989—1999 年,美国页岩气生产总体保持较高速度的增长,年产量翻了近两番,达到 $1.06 \times 10^{10}$ m³。20 世纪 80 年代投入运营的密歇根盆地泥盆系 Antrim 组页岩至 20 世纪 90 年代已成为最具活力的页岩气产区。2001 年,美国能源信息署所列其境内的 12 个大气田中,8 个属于非常规气田,福特沃斯盆地的 Newark East(Barnett 组页岩)和密歇根盆地的 Antrim 组页岩均在气田榜上。据统计,自 20 世纪早期到 2000 年,美国只在密歇根盆地(Antrim 页岩)、阿巴拉契亚盆地(Ohio 页岩)、伊利诺伊盆地(New Albany 页岩)、福特沃斯盆地(Barnett 页岩)和圣胡安盆地(Lewis 页岩)生产页岩气,页岩气井约 28 000 口,页岩气产量仅为 $112\times10^{10}$ m³,从事页岩气生产的公司只有几家;但到 2007 年,美国已经在密歇根盆地(Antrim 页岩)、阿巴拉契亚盆地(Ohio 页岩、Marcellus 页岩)、伊利诺伊盆地(New Albany 页岩)、福特沃斯盆地(Barnett 页岩)、圣胡安盆地(Lewis 页岩)、阿科马盆地(Woodford 页岩、Fayetteville 页岩)等 20 余个盆地发现并成功地开发了页岩气藏,页岩气生产井增加到 41 726 口,页岩气年产量接近 $500\times10^8$ m³,从事页岩气生产的公司达 60~70 家;预计到 2015 年,美国页岩气产量将达 $2\,803\times10^8$ m³(Navigant Consulting Inc.,2008)(图 5-2)。

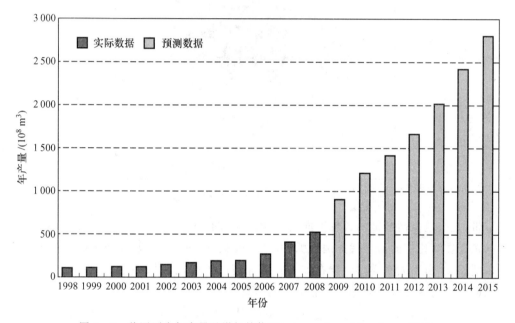

图 5-2　美国页岩气产量及增长趋势(Navigant Consulting Inc.,2008)

# 5.2　美国典型含气页岩系统

## 5.2.1　北美含气页岩区域地质背景

### 1. 北美地台地质背景

北美洲是以北美地台为中心的单式大陆,褶皱带围绕地台四周分布,地史演化总体上表现为大陆同心式的向外增生。北美大陆在地质上包括苏格兰北部和北爱尔兰(佛罗里达半岛除外),其大地构造单元如图 5-3 所示。密西西比河流域和五大湖地区所在的中部平原为北美地台,向北的加拿大中、东部以及巴芬岛和格陵兰为北美地台的结晶基底——加拿大地盾大片出露区。地台东侧、东南侧及北侧分别为阿巴拉契亚褶皱带、沃希托褶皱带、北极古生代褶皱带,西侧为科迪勒拉中生代褶

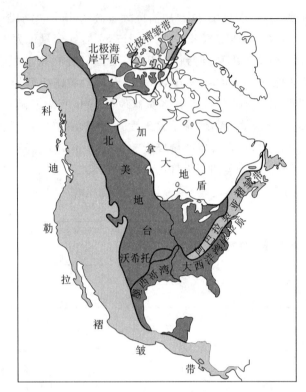

图 5-3　北美大陆的主要构造单元

皱带,这些地槽褶皱带的长轴方向与大陆边缘的走向一致。阿拉斯加南缘的阿留申弧是正在演化中的新生代火山岛弧,太平洋板块由此向北消减,导致大陆向南增生。与此相反,由于太平洋洋中脊在加利福尼亚湾的扩展,加利福尼亚半岛正沿圣安德烈斯断层向西北滑动而趋于使北美大陆裂离。

　　总体来看,北美大陆的构造演化是由大陆向外增生。位于大陆中心的加拿大地盾的结晶基底是在 18～16 亿年前的哈得逊运动后形成的,中晚元古代的地槽型沉积沿地盾的东西两侧发育,代表当时的北美大陆边缘。10 亿年的格林维尔运动标志着克拉通化的最终完成。寒武—下奥陶统是地台最早的未变质沉积盖层,它明显地从四周向大陆中心缓慢超覆。中奥陶世的塔康运动是阿巴拉契亚褶皱带的第一次主要构造变形。泥盆纪的阿卡迪亚运动标志着北美大陆与欧洲大陆的碰撞,使古大西洋北段闭合。加里东和早海西山系从阿巴拉契亚北经格陵兰东缘绕到加拿大的埃尔斯米尔山脉,并在东西侧形成了巨厚的红色磨拉石及洪积平原沉积,在欧洲即为著名的老红砂岩。石炭纪末非洲大陆与北美大陆碰撞,古大西洋全部闭合,大陆东南部的阿勒格尼运动产生沃希托褶皱带,并使阿巴拉契亚褶皱带最终形成(King,1977)。

　　北美大陆西部在泥盆纪后期转化成活动大陆边缘,石炭纪时在爱达荷州至内华达州一带出现了火山弧和构造高地,海域逐渐演变成以得克萨斯州为中心的内陆海,这种情况一直延续到早白垩世。

中、新生代北美大陆东西部的构造表现有明显的差异。晚三叠世时泛大陆裂解，大西洋在其中生成，北美大陆东缘由张裂而演化为被动大陆边缘，墨西哥湾和佛罗里达半岛巨厚中、新生界沉积即是这一过程的产物。与此成对比，北美大陆西缘中生代至古近纪期间则是活跃的大洋俯冲和弧陆碰撞时期，统称为科迪勒拉造山运动，伴有大规模的岩基侵位和向东的叠瓦逆冲作用。这一时期也是移置地体就位的高峰，多数人认为北美大陆西缘平均宽度 500 km 范围内大多是由各种移置地体拼贴而成的。古近纪末北美大陆西部转化为拉张应力场。科罗拉多高原、哥伦比亚溢流玄武岩以及盆岭构造都是这时生成的。

北美地台有 101 个盆地，是世界著名的油气产区，油气田数量大约为 35 000 个，其中大油气田约占世界的 1/5～1/4。从寒武系至新近系均有油气发现，产层及其分布与北美大陆的地质背景密切相关。已发现的页岩气盆地主要分布在被大陆边缘演化为前陆盆地的区域以及古生界克拉通地台区，其常规油气资源非常丰富，例如东部的阿巴拉契亚造山带在加里东运动时期形成，呈北北东方向，造山带西侧为阿巴拉契亚前陆盆地，下古生代地层发育，是美国最早开发的油气地区；西部的落基造山带是北美洲 Cordillera 褶皱带的一部分，由造山带、前缘冲断带和东部前陆盆地组成，前陆盆地和冲断带内蕴藏着大量的油气资源。Marathon - Quachita 逆冲断皱带位于美国南部，其北侧中央稳定地台为火山岩和变质岩结晶基底，沉积盖层主要为古生界，部分地区发育有中生界。在一些由宽缓的隆起分隔的构造不太复杂的盆地中，油气资源非常丰富，主要产自古生代较老岩层。地台西部和南部边缘，由于多期构造运动的影响，构造变形强烈，形成的盆地较地台内部沉陷更深，构造更复杂，但往往能够高产油气，例如 Permian 盆地和 Anadarko 盆地。东南部是墨西哥湾沿岸坳陷带和大西洋坳陷带。墨西哥湾平原和墨西哥湾的中生代和新生代沉积岩层披覆于 Marathon - Quachita 冲断层带的南侧，形成楔状加厚的地层。在这套地层中古近系和新近系最发育，中、新生代岩层已产出了大量的油气，是美国油气产量最富的地区之一（李新景等，2009）。

### 2. 含气页岩区域沉积环境

北美含气页岩富集带具有多种成熟程度和天然气成因以及多种岩相，沉积环境复杂，例如得克萨斯州西部的 Bossier 含气页岩储层就具有页岩、砂岩和粉砂岩的混合岩性，东部含油气盆地，例如阿巴拉契亚盆地、墨西哥湾地区的福特沃斯盆地、加拿大西部的沉积盆地，则以黑色页岩为主。富含有机质的黑色页岩可以沉积于多种多样环境和位置中，通常它与自生黄铁矿的出现宏观上代表水流微弱或停滞的缺氧还原环境。对于遍及北美各盆地的古生界富有机质海相黑色页岩，其沉积环境的推断与解释仍然众说纷纭。

加拿大西部沉积盆地泥盆系—密西西比系 Bakken 和 Exshaw 段黑色页岩来源于深水（>200 m）半远洋泥，为海进体系域密集段，沉积速率较低，但是水深，可容纳空间的变化导致 Williston 克拉通盆地、Prophet 海槽、北美克拉通西部边缘地区的相对海平面升降幅度、储层厚度以及体系域空间叠置关系的差异,经历后期不同强度的热演化史后,烃源岩的生烃潜力和页岩储层分布呈现出不同的特征。

Algeo 提出,阿巴拉契亚盆地中部的泥盆系—密西西比系页岩是前陆盆地局限深水沉积产物。在泥盆系 Ohio 页岩沉积期(时间跨度约 15 Ma),构造运动导致相对海平面下降,局限程度增强,晚泥盆纪—早石炭纪之交最大,使阿巴拉契亚海处于耗氧状态,而且稳定的分层水体能够确保生物的有机质得以保存,有机碳含量较高,形成纽约几百米厚的黑色页岩,而肯塔基州东北部减薄为 50~90 m。

福特沃斯盆地的 Barnett 组富有机质黑色页岩主要是由含钙硅质的页岩(硅质主要为黏土级—粉砂级结晶质石英,属生物成因)和含黏土的灰质泥岩构成的,并夹薄层生物骨架残骸,而陆源碎屑物较少,常沉积于深水(120~215 m)前陆盆地,具有低于风暴浪基面和低氧带的缺氧-厌氧特征,与开放海沟通有限。沉积物主要为半远洋软泥(来自浅水陆棚)和生物骨架残骸,沉积营力基本上通过浊流、泥石流、密度流等悬浮机制完成,属于静水深斜坡-盆地相。这种环境的生物产率高,有机质保存好,TOC 平均值达 4.5%,各岩相段显示高伽马值(>100 API,部分高达 400 API 以上),低声波时差及高电阻特征也进一步印证了优质烃源岩的生烃潜力。同样,对于加拿大西部沉积盆地水深 200 m 以内的缓坡下侏罗统 Gordondale 组 C 段富有机质泥岩,其陆源碎屑供应有限,放射性高(75~250 API)、铀含量高,硅质生物体(如放射虫)的埋藏造成储层硅质的含量高,且与有机碳含量的高低密切相关。

阿科马盆地 Woodford 页岩也具有类似的特征。上述实例说明,北美大多数黑色页岩沉积之初海平面位置较高,上升的洋流夹带着来自深海动植物残骸的充足养分,使生物产率高,形成了较强的还原环境,而赤道附近海域发育的放射虫为细粒沉积岩的形成创造了良好的力学性质,有利于裂缝网络的发育。

对于美国中陆地区的诸多盆地,沉积之后的 Quachita 造山运动引发了区域性地质热事件,使源岩多数达到生气门限,产生了大量的天然气,形成了页岩气富集区带。例如阿科马盆地的 Woodford 页岩形成于被动大陆边缘静海沉积体系中,具有良好的生物产率和有机质保存能力,后期前陆盆地形成与构造演化控制了烃源岩的成熟阶段。

总之,北美地台东、西、北三面环绕的 Acadian、Antler、Ellesmere 活动造山带使地台内部坳陷和隆起发生了幕式调整,相对海平面的升降和陆源沉积物的供应量发生了波动,泥/页岩厚度、分布、生烃潜力受到相对海平面变化的制约。根据岩石矿物组成特征、测井响应、地球化学参数以及全球海平面升降曲线推断,北美地台高质量倾油海相烃源岩(腐泥型和混合型)多发育在海进体系域时期/高水位体系域初期,此时陆源有机质最少,倾油性组分比例高,而且强烈地受古地理、古气候的影响,可发育成硅质生物体,有条件形成脆性页岩储层。目的层上/下发育的致密碳酸盐岩一方面阻止了油气的垂向运移,使之在黑色页岩层系中得以保存,另一方面也有助于大型水力压裂的裂缝控制(李新景等,2009)。

### 5.2.2　美国含气页岩分布特征

美国已发现的页岩气产地主要分布在以阿巴拉契亚盆地为代表的东部早古生代前陆盆地带、以福特沃斯盆地为代表的南部晚古生代前陆盆地带、以圣胡安盆地为代表的西部中生代前陆盆地带以及以密歇根盆地和伊利诺伊盆地为代表的古生代—中生代克拉通盆地带(图 5-4)。前陆盆地主要位于被动大陆边缘且后期演化为褶皱带的区域,克拉通盆地位于地台之上,沉积了寒武系、奥陶系、志留系、泥盆系、密西西比系(下石炭统)、宾夕法尼亚系(上石炭统)和白垩系等地层的大量富含有机质的黑色页岩,发育了大量的页岩气资源。前陆盆地页岩气的地质资源量和可采资源量分别占已发现量的 65.6%～75.7% 和 49.6%～58.1%,克拉通盆地的地质资源量和可采资源量分别占 24.3%～34.4% 和 41.9%～50.4%(聂海宽等,2010)。

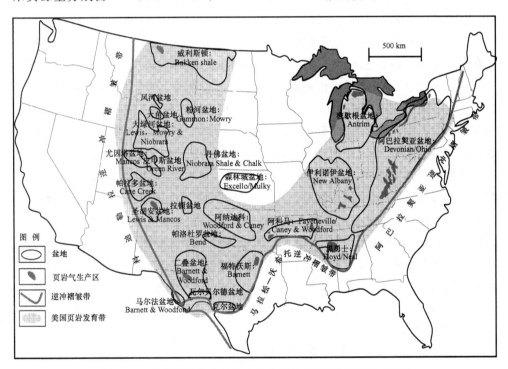

图 5-4　美国页岩气盆地分布的地质规律图(聂海宽等,2010)

#### 1. 前陆盆地

前陆盆地是介于克拉通与造山带前缘的沉积盆地,又称山前坳陷或前渊。前陆盆地是油气的富集区,近十年所发现的 52% 的相关油气储量都是在聚敛边缘。美国在前陆盆地不仅找到了大量的常规油气,还找到了大量的非常规油气-页岩气资源。这些前陆盆地按时代可分为早古生代、晚古生代和中生代,分别发育在三个逆冲褶皱带的前缘。

早古生代前陆盆地主要位于阿巴拉契亚褶皱带前缘,伴随造山带的隆起而形成,以阿巴拉契亚盆地为代表。阿巴拉契亚褶皱带是加里东期北美板块和非洲板块碰撞形成的,北东—南西向展布,东倾的大逆掩断裂带为边界,造山带西侧为前陆盆地。阿巴拉契亚盆地是早古生代发育起来的前陆盆地,主要有三次大的构造事件,即 Taconic、Acadian 和 Alleghanian 构造运动。地层沉积在向东倾斜的三期前陆盆地内,共有三套主要的沉积旋回,每一旋回的底部为碳质页岩,中部为碎屑岩,顶部为碳酸盐岩。沉积的奥陶系的 Utica 页岩层、志留系的 Rochester 和 Sodus/Williamson 页岩层以及泥盆系的 Marcellus/Millboro、Geneseo、Rhinestreet、Dunkirk 和 Ohio 页岩层,这些页岩均具有有机碳含量高、成熟度高、埋藏浅等特点,而且都发现了页岩气藏或页岩气显示。

晚古生代前陆盆地主要是马拉松—沃希托造山运动形成的,该造山运动是由泛古大陆变形引起的北美板块和南美板块的碰撞形成的,并沿着与坳拉槽有关的薄弱处发生下坳沉降形成弧后前陆盆地,主要包括福特沃斯、黑勇士、阿科马、二叠等盆地,马拉松—沃希托逆冲褶皱带构成了这类盆地的边界。在这些盆地的泥盆系和密西西比系黑色页岩中发现了页岩气藏或页岩气显示,资源量很大,具有代表性的是福特沃斯盆地。福特沃斯盆地的 Newark East 气田的储量居美国天然气田储量第三,产量居全美天然气田第二,是美国最大的页岩气田,占全美页岩气总产量的一半以上。

中生代前陆盆地主要位于美国中西部,是科迪勒拉逆冲褶皱带(由法拉隆板块和北美板块碰撞形成)的一部分。该地区在前寒武纪、寒武纪、奥陶纪为被动大陆边缘沉积,奥陶纪末至泥盆纪抬升剥蚀,密西西比纪为浅海沉积,宾夕法尼亚纪和二叠纪形成原始的落基山,中侏罗世重新沉积,并在白垩纪海侵时期形成海道,南北海水相通,从而沉积了一套区域性的黑色页岩。白垩纪末发生的拉腊米造山运动形成了目前山脉和盆地相间的盆山格局,这一类的盆地主要有圣胡安、帕拉多、丹佛、尤因塔、大绿河等。其中在圣胡安、丹佛和尤因塔等盆地的白垩系黑色页岩层发现了页岩气藏。最具代表性、储量和产量最大的是圣胡安盆地,该盆地横跨科罗拉多州和新墨西哥州,是一个典型的不对称盆地,其南部较缓,北部较陡。根据地质时代和商业开发时间推算,该盆地的 Lewis 页岩气藏是美国最年轻的页岩气藏。

### 2．克拉通盆地

克拉通是指大陆地壳上长期稳定的构造单元,即大陆地壳中长期不受造山运动影响、只受造陆运动作用而发生过变形的相对稳定的部分。克拉通盆地中一般都含有丰富的油气资源。美国产页岩气的克拉通盆地主要包括密歇根盆地和伊利诺伊盆地,均属内陆克拉通盆地,盆地基底为前寒武系,演化开始于早中寒武世超大陆裂解时期,由衰亡的裂谷坳拉槽或地堑开始,随后演化为克拉通海湾。裂谷演化阶段后期,盆地进入热沉降阶段,在裂谷沉积地层之上沉积了砂岩和碳酸盐岩地层。中奥陶世到中密西西比世,主要为岩石圈伸展的构造均衡沉降阶段,且伸展范围受早期裂谷范围的限制,沉积相对缓慢,富含有机质的黑色页岩就是这一时期沉积的。在古生代的大部分时间里,这类盆地和阿科马、黑勇士等克拉通边缘盆地是相通的,宾夕法尼亚纪晚期到白垩纪晚期的构造运动造成了盆地现今的构造形态。在克拉通这类盆地的泥盆系发现了大量的页岩气资源,例如密歇根盆地的 Antrim 页岩气藏以及伊利诺伊盆地的 New Albany 页岩气藏。

### 5.2.3　美国典型含气页岩概况

美国页岩气生产经历了 190 多年的历史,目前已经在 48 个州发现了 50 多套(个)产气页岩或盆地,早期进行商业性采气的页岩系统主要有五个,分别是 Antrim 页岩、Ohio 页岩、New Albany 页岩、Barnett 页岩和 Lewis 页岩(图 5-5)。近年来,随着页岩气开发的深入,又发现了包括 Marcellus、Utica、Fayetteville、Haynesville、Woodford 等在内的多套优质含气页岩层系。2010 年,美国页岩气产量达到 1 379×$10^8$ $m^3$,约占美国天然气总产量的 23%。

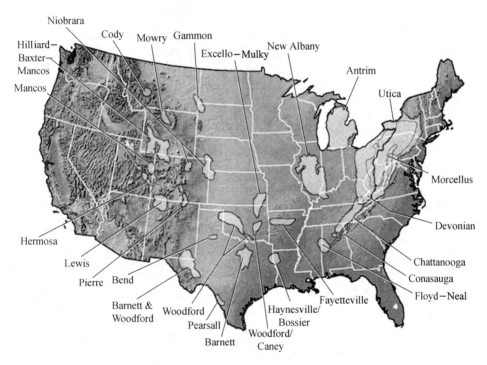

图 5-5　美国主要产气页岩的分布图

#### 1. Antrim 页岩

Antrim 页岩属于中泥盆纪到晚泥盆纪古北美大陆富含有机质的页岩沉积系统的一部分,广泛分布于密歇根盆地。密歇根盆地位于美国东部的密歇根湖与休斯敦湖之间,是北美地台中的一个椭圆形的内克拉通盆地,盆地面积约 31.6×$10^4$ $km^2$。密歇根盆地的沉积始于寒武纪早期,至第四纪,各时代地层在盆地周缘均有出露,呈环带状展布,盆地中心被侏罗系、第四系覆盖(图 5-6)。密歇根盆地沉积的最大厚度大于 5 182 m,其中 274 m 为 Antrim 页岩及共生的泥盆系—密西西比系岩层。在现代构造盆地中心,Antrim 页岩底部的埋深在海平面下约 732 m。

Antrim 页岩的地层相对单一,钻井时通常在 Antrim 页岩下部的 Lachine 和

图 5-6　密歇根盆地的地质简图

Norwood 段完井,其累积厚度约 49 m(图 5-7)。Lachine 和 Norwood 段岩层的总有机碳含量为 0.5%～24%。这套黑色页岩富含石英(20%～41%微晶石英和风成粉砂),有大量的白云岩和石灰岩结核以及碳酸盐、硫化物和硫酸盐胶结物。Antrim 页岩下部的 Paxton 段为泥状灰岩和灰色页岩互层,总有机碳含量为 0.3%～8%,硅酸盐为 7%～30%。根据化石藻 Foerstia 的对比结果,在 Antrim 页岩上部、阿巴拉契亚盆地的 Ohio 页岩的 Huron 段(图 5-7)以及伊利诺伊盆地新 Albany 页岩的 Clegg Creek 段建立了等时代层序。下 Antrim 页岩中的大型构造相对简单,如图 5-7 所示。Antrim 页岩含油气系统的圈闭属隐蔽圈闭。

　　表 5-1 总结了美国 Antrim 页岩以及其他四套含气页岩系统主要的地质、地球化学和工程参数。这些参数的变化范围大,具有非常规储层的典型特征。对于低孔隙度、超低渗透率的储集岩,美国能源部和天然气技术研究所研制了勘探和生产所需的实验室和野外特殊测量技术以及实用的地层评价技术。图 5-8 所示为以下五个关键参数值的变化范围:① 镜质体反射率(Ro),是干酪根的热成熟度指标;② 天然气中的吸附气部分;③ 储层厚度;④ 总有机碳含量(TOC);⑤ 每英亩英尺储层的天然气地质储量(GIP)。上述五个参数经标准化后,其最大值为 5,最小值为 0。由图 5-8 可知,其他富含有机质的裂缝性页岩的参数尽管与 Antrim 页岩有很大的差别,但皆可以产商业性天然气。除生产初期页岩气不需要大量脱水以外,其他阶段时其共生水与典型煤成甲烷的共生水的产出比较类似。

图 5-7　下 Antrim 页岩等厚线及底部构造图

**表 5-1　美国五套典型页岩气系统的地质、地球化学和工程参数(Curtis,2002)①**

| 参数 | Antrim 页岩 | Ohio 页岩 | New Albany 页岩 | Barnett 页岩 | Lewis 页岩 |
|---|---|---|---|---|---|
| 深度/m | 183~730 | 610~1 524 | 183~1 494 | 1 981~2 591 | 914~1 829 |
| 总厚度/m | 49 | 91~305 | 31~122 | 61~91 | 152~579 |
| 有效厚度/m | 21~37 | 9~31 | 15~30 | 15~60 | 61~91 |
| 井底温度/℃ | 23.9 | 37.8 | 26.7~40.6 | 93.3 | 54.4~76.7 |
| 总有机碳含量/% | 0.3~24 | 0~4.7 | 1~25 | 4.5 | 0.45~2.5 |
| 镜质体反射率/% | 0.4~0.6 | 0.4~1.3 | 0.4~1.0 | 1.0~1.3 | 1.6~1.88 |
| 总孔隙度/% | 9 | 4.7 | 10~14 | 4~5 | 3~53.5 |
| 充气孔隙度/% | 4 | 2 | 5 | 2.5 | 1~3.5 |
| 充水孔隙度/% | 4 | 2.5~3.0 | 4~8 | 1.9 | 1~2 |
| 储能系数/($10^{-3}\mu m^2 \cdot m$) | 0.30~1 524 | 0.05~15.24 | — | 0.003~0.61 | 1.83~121.92 |
| 含气量/(m³/t) | 1.13~2.83 | 1.69~2.83 | 1.13~2.26 | 8.50~9.91 | 0.42~1.27 |
| 吸附气含量/% | 70 | 50 | 40~60 | 20 | 60~85 |
| 储层压力/psi | 400 | 500~2 000 | 300~600 | 3 000~4 000 | 1 000~1 500 |
| 压力梯度/(psi/m) | 1.15 | 0.49~1.31 | 1.41 | 1.41~1.44 | 0.66~0.82 |
| 钻井成本/1 000 美元 | 180~250 | 200~300 | 125~150 | 450~600 | 250~300 |
| 完井费用/1 000 美元 | 25~50 | 25~50 | 25 | 100~150 | 100~300 |
| 水产量/(m³/d) | 0.79~79.49 | 0 | 0.79~79.49 | 0 | 0 |
| 气产量/($10^3$ m³/d) | 1.13~14.16 | 0.85~14.16 | 0.28~1.42 | 100~1 000 | 2.83~28.31 |
| 井距/km² | 0.16~0.24 | 0.16~0.64 | 0.32 | 0.32~0.64 | 0.32~1.28 |
| 采收率/% | 20~60 | 10~20 | 10~20 | 8~15 | 5~15 |
| 天然气地质储量/($10^9$ m³/km²) | 0.07~0.16 | 0.05~0.11 | 0.08~0.11 | 0.33~0.44 | 0.09~0.55 |

①　1 psi=6.894 76×10³ Pa,下同。

续表

| 参数 | Antrim 页岩 | Ohio 页岩 | New Albany 页岩 | Barnett 页岩 | Lewis 页岩 |
|---|---|---|---|---|---|
| 储量/($10^6$ m³/井) | 5.66～33.98 | 4.25～16.99 | 4.25～16.99 | 14.16～42.48 | 16.99～56.63 |
| 生产区 | 密歇根州 Otsego 县 | 肯塔基州 Pike 县 | 印第安纳州 Harrison 县 | 得克萨斯州 Wise 县 | 新墨西哥州 San Juan 和 Rio Arriba |

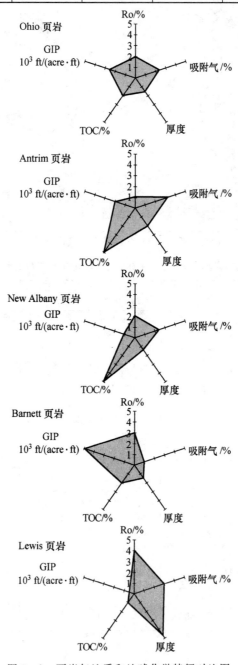

图 5-8　页岩气地质和地球化学特征对比图

Antrim 页岩气具有双重成因,即干酪根经热成熟作用而形成的热成因和甲烷菌代谢活动形成的生物成因。Martini 等对地层水化学、采出气和地质历史进行了综合研究,认为北部生产区的采出气应以微生物气为主,充分发育的裂缝网络不仅使 Antrim 页岩内的天然气和原生水发生运移,而且使上覆更新统冰碛物含水层中的含菌雨水侵入。甲烷和共生地层水的氘(重氢)同位素组成($\delta D$)为天然气的细菌甲烷成因提供了强有力的证据。Martini 等认为,裂缝发育和冰川作用之间存在着动态关系,即多次冰席载荷形成的水力压头加速了天然裂缝的膨胀,并使其有雨水补给,从而有利于甲烷成因气的生成。根据甲烷/乙烷+丙烷比值以及采出乙烷的碳同位素($\delta^{13}C_2$)组成判断,Antrim 页岩中也有少量($<20\%$)的热成因气。热成因气组分在向盆方向,即向干酪根热成熟度增加的方向不断地增加。

Antrim 页岩气不是产自单个的气田。像其他连续型天然气聚集一样,Antrim 页岩在较广阔的地区内为天然气所饱和。只要对现有的天然裂缝采取增产措施就有可能产出商业性天然气。在北部的页岩气生产区,发现了两组主要的天然裂缝,一组为北西向,另一组为北东向,其倾角近于直角或为直角。这些裂缝通常未被胶结或者仅有很薄的方解石包覆层,其垂直延伸距离通常为几米,地面露头上的水平延伸范围达几十米。人们曾试图在生产区以外的 Antrim 页岩中生产天然气,尽管也钻获了富含天然气的有机质页岩,但其天然裂缝不发育,因而渗透率很低。

Antrim 页岩气生产在短期内已趋于稳定。第一口 Antrim 页岩气井钻于 20 世纪 40 年代,1986 年仅有 32 口页岩气井,1987 年增加到 91 口,1988 年超过了 300 口。20 世纪 90 年代以来,有上千口页岩气井完钻,从而成为北美地台的主要页岩气来源。Antrim 页岩气的远景资源量为 $2.15 \times 10^{12}$ m³,其中技术可采资源量为 $5663 \times 10^8$ m³,迄今为止,Antrim 页岩开发区块已达到 722 个,开发公司有 33 个(包括 Atlas、Whiting、Spectra 和 Spectra 等),页岩气生产井约 9 000 多口,单井日产量平均为 $3.9 \times 10^4$ m³,累积页岩气产量为 $736 \times 10^8$ m³,2006 年年产量已达到 $40 \times 10^8$ m³。2007 年,Antrim 页岩气产量达 $38.52 \times 10^8$ m³,成为美国第 13 大天然气来源。

### 2. Barnett 页岩

Barnett 页岩是一套在美国得克萨斯州福特沃斯盆地发育的密西西比系黑色页岩,展布面积约 13 000 km²,覆盖 23 个县,是福特沃斯盆地的主力烃源岩层系,核心区主要分布在 Denton、Johnson、Tarrant、Wise 四个县(图 5 - 9)(RRC,2011)。Barnett 页岩拥有的页岩气地质储量为 $(1.53 \sim 5.72) \times 10^{12}$ m³(Jarvie 等,2001),技术可采储量为 $(962.78 \sim 2831.70) \times 10^8$ m³。福特沃斯盆地是一个成熟的含油气区,该地区的油气勘探和开采从 20 世纪初就已经开始,在 1998 年以前油气主要产自奥陶系—二叠系的常规油气藏。

福特沃斯盆地是一个边缘陡峭、向北加深的凹陷,基本构造如图 5 - 10 所示,它的枢纽方向大致平行于限制盆地向北—北东发育的门斯特隆起,而后向南弯曲平行于沃希托逆冲褶皱带前缘,限制盆地向西—北西发育的构造在早中宾夕法尼亚世

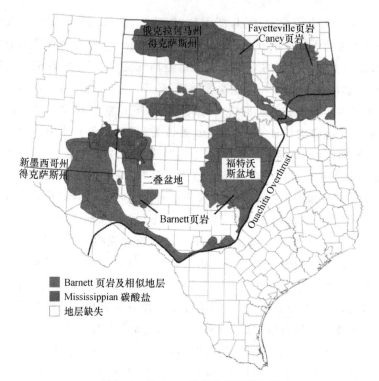

图 5-9　Barnett 页岩的平面展布图

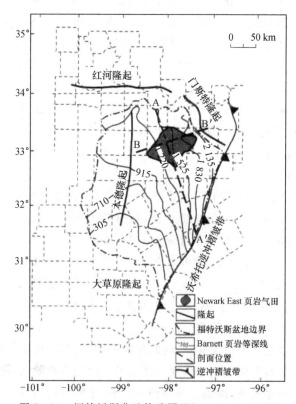

图 5-10　福特沃斯盆地构造图（Montgomery，2005）

作为东部沃希托逆冲褶皱带的对应产物就已经形成。福特沃斯盆地是晚古生代沃希托造山运动形成的几个弧后前陆盆地之一,沃希托造山运动是由泛古大陆变形引起的板块碰撞(北美板块和南美板块)形成逆冲断层的主要事件。盆地东部边界为沃希托逆冲褶皱带,北部边界是基底边界断层控制的红河隆起和门斯特隆起,西部边界为本德隆起和东部陆棚等一系列坡度较缓的正向构造,南部边界为大草原隆起。

福特沃斯盆地发育的地层主要有寒武系、奥陶系、密西西比系、宾夕法尼亚系、二叠系和白垩系。下古生界上部为一区域性角度不整合,盆地内缺失志留系和泥盆系。上密西西比统和下宾夕法尼亚统表现为连续沉积,但在某些地区可能为平行不整合,例如在门斯特隆起附近。古生界根据构造演化历史可大致分为三段: ① 寒武系—上奥陶统,为被动大陆边缘的地台沉积,包括 Riley - Wilberns 组、Ellenburger 组、Viola 组和 Simpson 组;② 中上密西西比统,为沿俄克拉何马坳拉槽构造运动产生沉降过程的早期沉积,包括 Chappel 组、Barnett 页岩组和 Marble Falls 组下段;③ 宾夕法尼亚系,代表了与沃希托逆冲褶皱带前缘推进有关的主要沉降过程和盆地充填(主要是陆源碎屑充填),包括 Marble Falls 组上段和 Atoka 组等。

Barnett 页岩分为上下两层,分别为上 Barnett 页岩和下 Barnett 页岩,上下两层被称为"Forestburg 灰岩"的碳酸盐岩层所分隔,其中下 Barnett 层厚度较大,上 Barnett 层厚度较小,页岩厚度和岩性在盆地范围内是变化的,东北部最厚。在盆地北部,Barnett 页岩的平均厚度为 91 m,在门斯特隆起附近盆地最深处页岩的厚度超过 305 m,夹层灰岩层的厚度累计约为 122 m(图 5 - 11)。

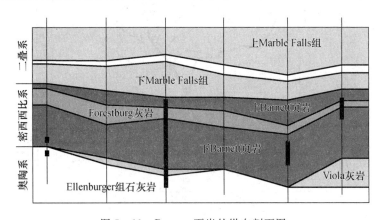

图 5 - 11 Barnett 页岩的纵向剖面图

Barnett 页岩的油气分布、饱和度以及生产能力等都非常复杂,并且强烈地依赖有机质丰度、热成熟度和埋藏史等条件。随岩性的不同,有机质丰度也发生变化,在富含黏土的层段有机质丰度最高,而且成熟的地下标本和不成熟的露头标本有很大的差别。对不同深度钻井岩屑的分析表明,其有机碳的质量分数在 1%～5% 之间,平均为 2.5%～3.5%,岩心分析数据值通常比钻井岩屑分析的要高,为 4%～5%。

有机质以易于生油的Ⅱ型干酪根为主。在镜质反射率Ro小于1.1%时,以生油为主,生气为辅。干气区主要分布在盆地东北部和冲断带前缘,这些地区埋藏较深,成熟度较高,Ro超过1.1%～1.4%,处在生气窗内,例如Wise县生产的伴生湿气的Ro为1.1%,干气的Ro在1.4%以上;油区主要分布在盆地北部和西部成熟度较低的区域,Ro为0.6%～0.7%;在气区和油区之间是过渡带,既产油又产湿气,Ro在0.6%～1.1%之间。而在Newark East页岩气田及其邻区所生产的天然气可能是后期高成熟度(Ro≥1.1%)原油和沥青的二次裂解形成的(图5-12)。Barnett页岩的孔隙度为5%～6%,渗透率低于$0.01 \times 10^{-3} \mu m^2$,平均喉道半径小于0.005 μm,平均含水饱和度为25%。

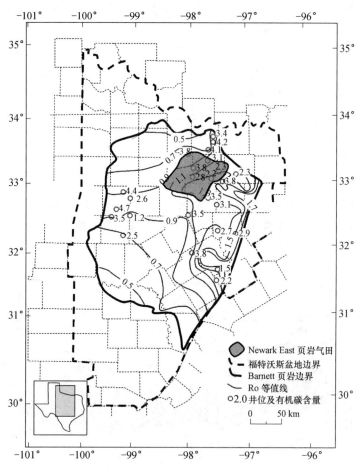

图5-12　Barnett页岩有机碳含量及成熟度等值线

　　1981年,Mitchell能源开发公司开始从Barnett页岩中开采商业性天然气,其主要产区是Newark East气田。目前Mitchell能源开发公司(现已被兼并为Devon能源公司)和其他公司在其他地区也发现了商业性页岩气产层。在Newark East气田,Barnett页岩的埋藏深度为1 981～2 591 m,厚度为92～152 m,页岩的有效厚度为15～61 m,且Newark East气田具有轻微的超压,在1 982～2 592 m深度含气饱和度达 75%。

　　Barnett 页岩的地球化学和储层参数与其他产气页岩的明显不同(图 5-13),例如 Barnett 页岩气为热成因。按照图 5-14 所示的模式,烃类的生成从晚古生代开始一直延续到中生代,随着岩层的隆起和冷却于白垩纪时结束(Jarvie 等,2001)。此外,Barnett 页岩中的有机质还生成了液态烃。Jarvie 等(2001)在福特沃斯盆地西部奥陶系—宾夕法尼亚系的其他 13 个地层单元中也见到了以 Barnett 页岩为源岩的石油。这些石油经裂解构成了该区的部分天然气资源。

　　Jarvie 等(2001)还假定,尽管 Barnett 页岩的含油气潜力是世界级的,但是有两个因素抑制了石油和天然气的生产能力:① 含油气系统的其他要素(运移途径、储集岩和圈闭)的时空配置不适宜烃类的阶段性排出;② 盖层的周期性泄漏。尽管如此,Barnett 页岩气产量仍在增加,其 900 多口井的年产量超过 $4.14 \times 10^6$ $m^3$。鉴于市场和基础设施条件的限制以及靠近达拉斯-福特沃斯大都会区,Barnett 产层正在不断但有限度地向外扩展。

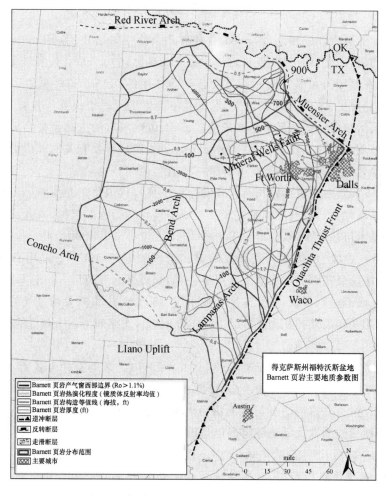

图 5-13　Barnett 页岩关键地质参数平面图

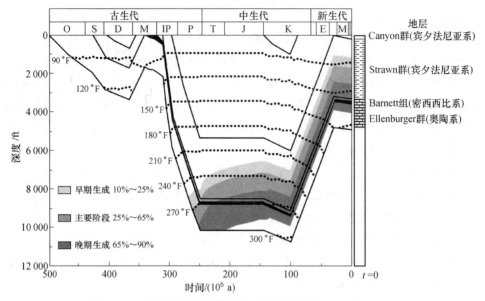

图 5-14 福特沃斯盆地埋藏史和地层剖面(Jarvie 等,2001)

与其他的页岩产层相比,Barnett 页岩有几个独特的地方:① Barnett 页岩气产自比较深的层,因此具有比其他页岩气藏更高的压力;② Barnett 页岩气完全是热成因的,并且在盆地的大部分地区是与液态石油伴生的;③ Barnett 页岩经历了复杂的、多期的热历史;④ 对于生产而言,属于基本要素的天然裂缝并不发育,甚至在有些情况下天然裂缝还会减低水平井的性能。Barnett 页岩的上述特征给那些从事相关研究的地质学家们提出了挑战。与 Barrett 页岩产层开发有关的知识的发展将为世界上其他地区页岩气藏的勘探和开采提供有价值的经验。

Barnett 页岩在美国页岩气商业开发过程中具有代表性的意义,Barnett 页岩的开发是美国现代页岩气开发技术进步及产量提高这一历程的缩影,其开发历程可划分为五个基本阶段(David,2007)。

(1)第一阶段:现代页岩气开发的最初阶段(1981—1985)。采用直井方式生产,通过泡沫压裂在页岩中产生人造裂缝,从而获得页岩气产量。对于 Barnett 页岩主要选择其底部进行压裂,压裂深度一般小于 1 524 m,压裂液为含氮气的辅助泡沫压裂液,使用的压裂液体积为 167 800～1 135 600 L,支撑剂为 20/40 目的石英砂,用量为 136 000～226 800 kg。

(2)第二阶段:大型水力压裂阶段(1985—1997)。采用直井方式对 Barnett 页岩底部层系进行压裂,压裂液为交联冻胶液,压裂液体积增加到 1 514 100～2 271 200 L,作为支撑剂的石英砂的用量增加到了 453 600～680 300 kg。氮气、降失水剂、表面活性剂以及黏土稳定剂也是压裂液的重要配方。

(3)第三阶段:清水压裂阶段(1997—现今)。采用直井方式分别对 Barnett 页岩的底部和上部层系进行压裂,使用的压裂液量分别为 3 406 800 L 和 1 892 700 L,以20/40 目石英砂作为支撑剂,其用量为 90 700 kg,压裂液的注入速度为 50～70 桶/min。

在这一阶段中,黏土稳定剂和表面活性剂的使用量逐渐减少,甚至不再使用。采用上述压裂方法比采用冻胶压裂减少了 50%～60% 的资金投入。

(4) 第四阶段:重复压裂阶段(1999—现今)。对于最初使用冻胶压裂的生产井,在经历了比较大的产量衰减后,可使用水力压裂进行重新改造,这不但能够重新达到初始的生产速率,而且还可以提高 60% 的产量。另外,对最初使用冻胶压裂的生产井重新进行清水压裂,其用液量和用砂量与新钻井时基本持平。

(5) 第五阶段:同步压裂阶段(2006—现今)。2002 年,Devon 能源公司收购 Mitchell 能源公司后,开始在 Barnnet 页岩气开采中大规模地使用水平井。对于 Barnett 页岩底部层系,水平井分支一般位于 305～1 067 m 之间,压裂过程共使用了 7 570 180～22 712 400 L 的清水和 181 400～453 600 kg 的石英砂,压裂速度为 0.132 5～0.265 m³/s。2006 年,作业者在水平井段相隔 152～305 m 的两口大致平行的配对井之间进行了同时压裂,依靠应力传递及裂缝延伸效应产生了最大的压裂效果。

Barnett 页岩的开发是美国天然气工业史上伟大的革命,美国的页岩气工业也从 Barnett 页岩开始向其他页岩或盆地拓展,今天在世界范围内已掀起了页岩气开发的热潮。Barnett 页岩气的开发不但为人类提供了丰富的天然气资源,也为发展地区及周边经济和就业带来了积极的影响。2007 年,美国 Perryman Group 财经公司发表了一份名为《Barnett 页岩天然气资源开发对福特沃斯及其周边 14 个县城地区的影响》的报告,该报告中指出,Barnett 页岩气的开发每年为当地及其周边提供了 55 385 个永久的职位,年均创造产值为 5.2 亿美元(图 5 - 15),预计到 2015 年, Barnett 页岩能够每年为当地及周边提供 108 000 个工作岗位,年均创造产值为 14.4 亿美元(Perryman Group,2007)。

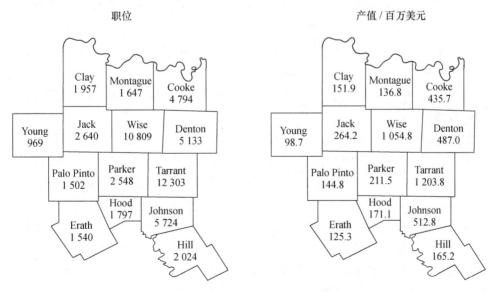

图 5 - 15　Barnett 页岩开发对当地及周边就业和经济的影响(Perryman Group,2007)

1982 年,Barnett 页岩中第一口页岩气井完钻。1993 年,Barnett 页岩地层的页岩气井数量只有 150 口,年产量只有 $3.11 \times 10^8$ m³。到 2010 年,Barnett 页岩气井数量达到 14 886 口,比 1982 年增加了 98 倍,年产量达 517.63 $\times 10^8$ m³,年产量增加了 165 倍。截至 2011 年 8 月 11 日,Barnett 页岩共有页岩气井 15 269 口,有 228 家公司从事 Barnett 页岩气开发,产量较高的前五家的依次是 Devon Energy、Chesapeake Operating、Xto Energy、Eog Resources、Quicksilver Resources(RRC,2011)。

### 3. Lewis 页岩

Lewis 页岩是分布在圣胡安盆地的一套形成于白垩纪的泥岩(图 5 - 16)。圣胡安盆地包括新墨西哥州西北部、科罗拉多州西南部、亚利桑那州以及犹他州部分地区,面积约为 12 000 km²,是目前世界上煤层气产量最高的盆地。圣胡安盆地煤层气的工业生产始于 19 世纪 50 年代早期,但是直到 20 世纪 80 年代早期,当美国矿产办公室、美国能源部、美国天然气技术研究所和油气开发公司一起致力于利用垂直井对煤层气进行工业开发的研究时,人们才真正认识到煤层气的储量和其重大的经济价值。在 20 世纪 80 年代晚期和 90 年代早期,煤层气的勘探和开发得到了发展。到 2000 年,煤层气的储量为 4 400 $\times 10^8$ m³,占美国干气总储量的 8.8%,年产量为 400 $\times 10^8$ m³,占美国干气年度总产量的 9.2%。2000 年,产自圣胡安盆地晚白垩世的 Fruitland 煤层的煤层气产量达 320 $\times 10^8$ m³,约占美国煤层气产量的 80%。截至 2000 年,圣胡安盆地已累计生产煤层气 2 000 $\times 10^8$ m³,尽管横跨盆地的煤层气产量有变化,但在盆地的超压地区仍有最高产量的井,有些井的初期产量都超过 62 $\times 10^4$ m³/d。

圣胡安盆地是一个非对称的构造凹陷,近似圆形,轴线为北西向,盆地类型为陆缘坳陷,页岩分布面积约 2 849 km²。地层在盆地中部平缓,两翼较陡。圣胡安盆地的地层包括寒武系到第三系。其中晚白垩世是盆地发育的重要阶段,上白垩统地层自下而上依次为:Huerfanitc 膨润土层、Lewis 页岩、Pictured Cliffs 砂岩、Fruiland 煤系地层组、Kirtland 页岩段以及古新世的 Ojo Alamo 砂岩(图 5 - 17)。

Lewis 页岩是一套富含石英的泥岩,其总有机碳含量在 0.5%～2.5% 之间变化,这套泥岩被认为是晚白垩世下滨面至远滨外的沉积物,其中含有数层膨润土层,是进行地层对比的良好标志层,但是只有 Huerfanitc 膨润土层才可以在整个圣胡安盆地进行对比。Pictured Cliffs 砂岩属于滨海相—浪控三角洲或复合障壁海平原砂沉积,表现出海陆过渡相的特征。Fruiland 煤系地层组为滨海线向陆一侧的陆相沉积,主要由砂岩、泥岩和煤的互层组成。Kirtland 页岩段基本不含煤层和碳质页岩,但有时在局部可见煤层或碳质页岩,并有短暂的海侵,由下泥岩段、法明顿砂岩段和上部页岩段组成。Ojo Alamo 砂岩与下伏的 Kirtland 页岩段或 Fruiland 煤系地层组呈不整合接触。据研究,在盆地南缘的沉积间断期约为 11 Ma,Ojo Alamo 砂岩属于河流相—三角洲相沉积,其中在盆地边缘,河成砂岩往往截断 Kirtland 页岩段或 Fruiland 煤系地层组,并呈角度不整合接触(图 5 - 17)。

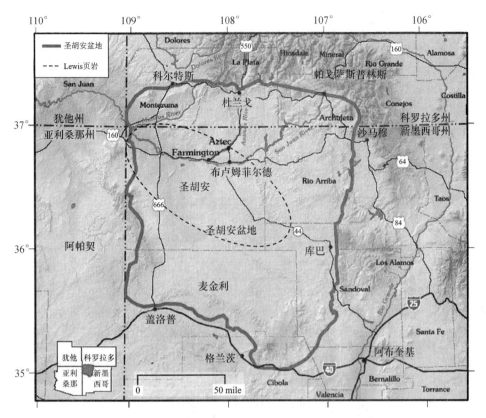

图 5-16　Lewis 页岩平面分布图

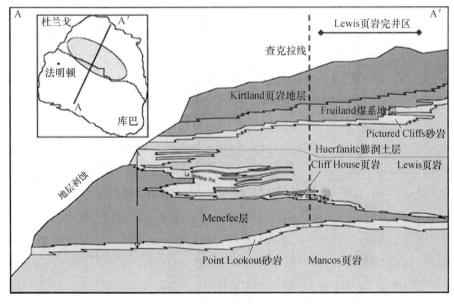

图 5-17　圣胡安盆地的地层剖面图

应该指出,在怀俄明州和科罗拉多州的瓦沙基、大迪韦德和桑德沃什等盆地也正在开发一套白垩系 Lewis 页岩,其天然气产自被海相页岩包围的浊积砂岩,其地质年代与圣胡安盆地的 Lewis 页岩并不相同。

　　根据 Lewis 页岩的典型测井显示(图 5-18),可以划分出四个岩性段和一个在全盆地都十分明显的蒙脱石(斑脱岩)标志层。这四个岩性段从下到上分别为 Cliff House Transition、Otero-Second Bench、Otero-First Bench、Navajo City 以及 Ute (图 5-18)。在地层剖面的底部,渗透率最高。渗透率增加的原因可能是岩石粒径的增加以及与南北/东西向区域性裂缝系统相关的微裂缝发育。

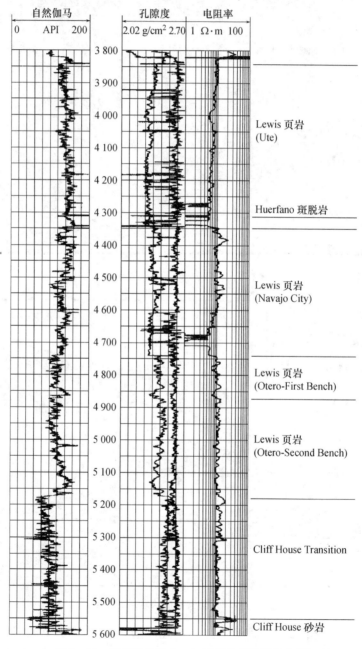

图 5-18　圣胡安盆地 Lewis 页岩的标准测井曲线

Lewis 页岩气的生产始于 20 世纪 90 年代晚期,无论是地层年代(白垩纪),还是页岩气的商业开发时间,在美国五大页岩气系统中都是最年轻的。20 世纪 90 年代晚期,Lewis 页岩气层的勘探开发工作突然兴起,作业者把 Lewis 页岩作为新井的辅助完井层或者老井的重新完井井段,这些完井措施造成的新增储量的附加成本约为每千立方英尺 0.30 美元。

Lewis 页岩具有中等埋深,通常介于 914～1 829 m 之间,储层厚度为 152～579 m,有效厚度在 61～91 m 之间,展布面积约 2 849 km²,页岩气地质储量约为 $2.74 \times 10^{12}$ m³。近年来,Lewis 页岩气的产量逐年增加,尽管与 Ohio 和 Antrim 页岩相比其产量仍然较低,但是其产量的增加速度很快。

### 4. New Ablany 页岩

New Albany 页岩是一套分布于伊利诺伊盆地的泥盆系页岩(图 5 - 19)。伊利诺伊盆地是一个区域性下陷盆地,包括伊利诺伊州、印第安纳州西南部、肯塔基西等地区,面积约为 $15.5 \times 10^4$ km²。伊利诺伊盆地开始是一个裂谷复合体,后来衰退演化成被几个后宾夕法尼亚纪的构造变动所封闭的快速沉降的克拉通支地槽。在一段时期,伊利诺伊盆地是广布的宾夕法尼亚纪宽阔陆地三角洲系统的一部分。伊利诺伊盆地被几个大的岛弧包围着,使得它与邻近的盆地分隔开来。

伊利诺伊盆地是北美主要克拉通盆地之一,是在裂谷复合体上逐渐发展为克拉通海湾的多期盆地。随后的主要构造运动导致了构造闭合和盆地成形。裂谷复合体的起源及其随后的构造演化都与板块运动密切相关。由里尔富特裂谷和邻接的拉夫克里克地堑组成的裂谷复合体可能是早、中寒武世超大陆分离时形成的一个衰退裂谷,沿北美南部边缘形成的衰退裂谷还包括俄克拉何马南和特拉华坳拉槽,它们也是富含石油的克拉通盆地。

New Albany 页岩的厚度在 30～122 m 之间变化,埋深为 182～1 494 m,页岩富集面积约为 $11.3 \times 10^4$ km²(图 5 - 19)。与美国其他黑色页岩类似,New Albany 页岩中的天然气为裂缝和基质孔隙中的游离气以及干酪根和黏土颗粒表面的吸附气。研究表明,商业性天然气的产出与断裂和褶皱引起的破裂作用以及碳酸盐建造上的页岩披覆作用相关。

伊利诺伊盆地的 New Albany 页岩最早发现于 1858 年,页岩气的开采距今已有 100 多年的历史,New Albany 页岩的天然气主要产自肯塔基州西北部和毗邻的印第安纳州南部的大约 60 个气田,产层埋深为 76～610 m,主要产层是富含有机质的 Grassy Creek、Clegg Creek 及 Blocher 层段。从有机质丰度来看,New Albany 页岩的有机碳含量绝大多数大于 1%,但纵向上非均质性较强。在肯塔基州、印第安纳州和伊利诺伊州东南部地区的 Blocher 层段底部和 Grassy Creek 上段有机碳含量较高,约 8%～15%,而 Sweetland Creek 和 Selmier 段的有机碳含量仅为 2%～6%,在盆地西北部的 Saverton 和 Hannibal 段有机碳含量一般小于 1%。从热成熟度来看,大量统计数据显示 New Albany 页岩的 Ro 约为 0.44%～1.50%,高值区主要位

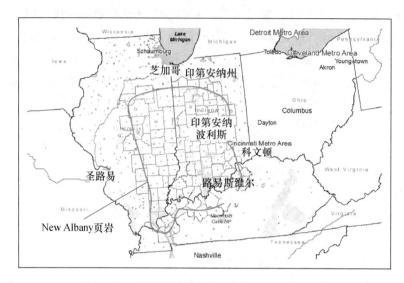

图 5-19　伊利诺伊盆地 New Albany 页岩分布图

于盆地的西南部,低值区位于盆地的中部。New Albany 页岩的热成熟度较低,页岩气成因为生物成因和热成因的混合。其中生物成因气以甲烷为主,甲烷含量大于86%,同时含有大量的二氧化碳,含量约为 5%～10%;热成因气的甲烷含量低,约为54%～58%,乙烷、丙烷含量较高,约为 35%～40%。由于断层作用,水(包括大气降水)大量侵入地层,因此 New Albany 页岩气生产伴有大量的地层水产出。

　　New Albany 页岩与 Ohio 页岩和 Antrim 页岩部分相似,但是,其已采出天然气产量和当前的天然气产量都大大低于 Antrim 页岩或 Ohio 页岩。New Albany 页岩的天然气勘探和开发曾受到密歇根盆地 Antrim 页岩产层开发工作的鼓舞,但实际效果并不理想。New Albany 页岩气(被认为是生物成因气)生产伴有大量的地层水产出。水的存在似乎说明地层有一定的渗透率。但是,对 New Albany 页岩气产出和生产率控制等因素的研究还不像 Antrim 和 Ohio 页岩那样清楚,这正是伊利诺伊盆地作业者们目前所面对的难题。

　　一个得到美国天然气技术研究所(GTI)资助的联合研究组完成了对 New Albany 页岩气生产要素(天然裂缝、产水量、完井工艺和经济性)的调整工作,其中包括 Walter 等的控制天然气产出的可能的水化学因素的研究工作。尽管 New Albany 页岩气的生产潜力还没有得到证实,但最近随着井口价的增加其勘探和钻井工作已经加快了。

　　New Albany 页岩的地质资源量约为$(2.44\sim4.53)\times10^{12}$ m³,技术可采资源量约为$(538\sim5\,437)\times10^8$ m³。

### 5. Ohio 页岩

　　Ohio 页岩是阿巴拉契亚盆地中发育最广泛的页岩。该页岩发育在阿巴拉契压盆地的西部,分布在肯塔基州东北部和俄亥俄州。1994 年以前,美国页岩气大部分都产自于 Ohio 页岩中。Ohio 页岩由三个岩性段组成:① 下部 Huron 段为放射性黑色页岩;② 中部 Three Lick 层为灰色与黑色互层的薄单元;③ 上部 Cleveland 段为放射性黑色页岩。

图 5 - 20 是西弗吉尼亚中部和西部产气区泥盆系页岩层的地层剖面。由于阿巴拉契亚盆地沉积环境的变化,实际的地层要比图中表示的复杂得多。中、上泥盆世地层的分布面积约为 331 520 km²,它们沿盆地边缘出露地表,其地下地层厚度超过 1 524 m,富含有机质的黑色页岩的有效厚度大于 152 m。

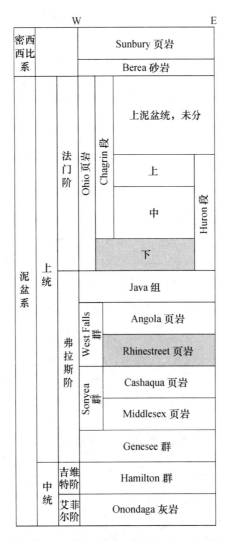

图 5 - 20　阿巴拉契亚盆地西部的中泥盆统—下密西西比系剖面

阿巴拉契亚盆地巨厚的古生代沉积岩楔形体反映了富含有机质的岩石(主要是碳质页岩)、其他碎屑岩(砂岩,粉砂岩和贫有机质的粉砂质页岩)以及碳酸盐岩的旋回沉积作用。这些岩石沉积在向东倾斜的不对称前陆盆地内,该前陆盆地是劳伦古大陆由被动边缘向会聚边缘环境转变过程中形成的。阿巴拉契亚盆地至少有三个大型古生代沉积旋回,每个沉积旋回的底部都为碳质页岩,向上变成碎屑岩,顶部为碳酸盐岩。泥盆系黑色页岩层分布在第二沉积旋回中。该页岩层可再分成由碳质页岩和较粗粒碎屑岩互层组成的五个次级旋回,它们是在阿卡德造山运动的动力作用下以及 Catskill 三角洲的向西进积中沉积下来的(图 5-21)。

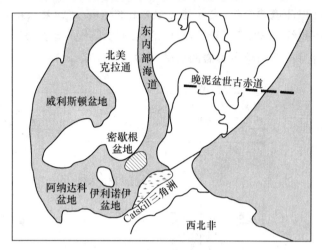

图 5-21  晚泥盆世古地理重建图

Rome 断槽(图 5-22)是晚元古代被动大陆边缘裂谷作用产生的一个复杂的地

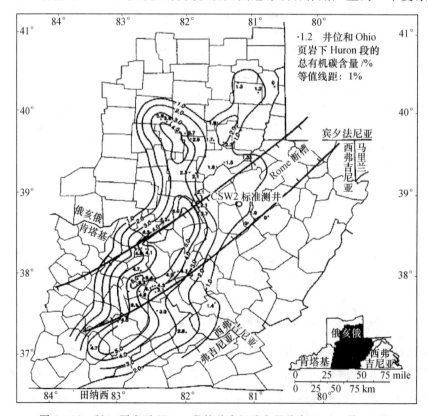

图 5-22  Ohio 页岩下 Huron 段的总有机碳含量分布(Curtis 等,1997)

CSW2 为美国天然气技术研究所 2 号综合研究井

堑系统。此后,在塔康、阿卡德和阿勒格尼造山运动中,该地堑边界断裂发生活化,在晚泥盆世浅内陆海的洋底形成了许多地貌凹陷。Curtis 和 Faure 认为,与这些地貌凹陷相关的以断裂作为边界的坳陷对 Ohio 页岩下 Huron 段和 West Falls 群的 Rhinestreet 页岩段中藻类有机质的保存具有明显的控制作用。在这些坳陷中,水循环条件可能较差,从而限制了氧的补给。有机质的保存条件也因为盆地上方水体中 Tasmanites 等藻类的周期性繁殖而变好。藻类的繁殖会消耗分子氧,使有机质大量富集,从而保存了藻类物质,甚至是坳陷边界以外沉积物中的藻类物质。

图 5-22 所示为 Ohio 页岩下 Huron 段(主要烃源岩)干酪根(总有机碳指标)的分布。根据镜质体反射率的研究结果,对于烃类生成来说,下 Huron 段所有的有机质基本上都是热成熟的。这些有机质以Ⅱ型干酪根为主,利于生成液态和气态烃。在图 5-22 中,总有机碳等值线所圈定的产气区主要在西弗吉尼亚、肯塔基东和俄亥俄南。在西弗吉尼亚的 Calhoun 县,下 Huron 段的下部剖面产气,其放射性测井曲线读数最大。总的说来,下 Huron 段的总有机碳含量约为 1%,在下部的产气剖面,总有机碳含量可达 2%。

Ohio 页岩中目前发现了四个具有工业开采价值的页岩富集区带,分别是西北部的 Ohio 页岩带、肯塔基和西弗吉尼亚西南部的 Big Sandy 页岩带、西弗吉尼亚和宾夕法尼亚泥盆系粉砂岩和页岩带以及东南部的 Marcellus 页岩带。这四个富集区带中的黑色页岩呈舌状分布在阿卡迪亚碎屑岩楔状体内。Ohio 页岩的埋藏深度为 610~1 524 m,总厚度为 91~310 m,有机质含量一般在 0.5%~23% 之间,镜质体反射率介于 0.4%~1.3% 之间,含气量在 1.698~2.83 t/m$^3$(Curtis,2002),有机碳含量大于 0.6 的页岩在东部达到 275 m 以上,最大综合厚度出现在宾夕法尼亚州的中部及其附近,厚度为 425 m。Ohio 页岩有机质以开阔海相成因及 Tasmanites 来源为主,干酪根类型以Ⅱ型和Ⅰ型为主,然而并不排除Ⅲ型干酪根的来源方向。古海藻 Tasmanites 是黑色页岩的重要的来源,它极度繁盛而且会多期出现,从而排除了水柱透光带中的其他类型的生物群。一般有机碳含量大于 2% 的部分出现在产气下段。富含有机质的黑色页岩的净厚度超过 152 m。由图 5-22 可见,黑色页岩所占比例、总有机碳含量以及产气率均向西增加。1880 年,在靠近西弗吉尼亚边界附近 Kentucky 县的 Ohio 页岩中发现了 Big Sandy 气田,自 1921 年开始生产页岩气以来,Big Sandy 一直是阿巴拉契亚盆地产量最高的页岩气田,直到 1994 年密歇根盆地钻探工作的迅速发展使 Antrim 页岩产量一跃成为全美国之首。Big Sandy 气田出产的天然气绝大多数来自上泥盆系页岩,现今储层还包括中泥盆统 Marcellus 页岩、上泥盆统 Rhinestreet 页岩、Cleveland 页岩以及密西西比系 Sunbury 含气页岩,其埋藏深度为 510~1 800 m,测井孔隙度为 1.5%~11%,平均为 4.4%。1996 年,该区估算的原始地质储量为 5 660×10$^8$ m$^3$,可采储量为 962×10$^8$ m$^3$,剩余可采储量为 255×10$^8$ m$^3$,估计单井极限可采储量(14~2 260)×10$^4$ m$^3$,平均为 250×10$^4$ m$^3$。

1953 年,Hunter 和 Young 对 3 400 口 Ohio 页岩气井进行了统计,只有 6% 的发育天然裂缝网络的气井才具有较高的自然产能,其平均无阻日产量为 $2.98 \times 10^4$ m³,其余 94% 的气井的平均日产量为 1 726 m³,经爆破或压裂改造后其日产量达到 8 063 m³,产量是原来的四倍多。截至 1999 年末,在阿巴拉契亚盆地钻了 21 000 口页岩气井,年产量将近 $34 \times 10^8$ m³。Hunter 和 Youn 经研究认为,天然裂缝在阿巴拉契亚盆地的形成过程中起到了重要的作用,即便如此,含气页岩的基质孔隙度和渗透率总体上仍非常低,采用人工压裂的方式来提高产能还是必需的。目前,在盆地泥盆系发现的含气页岩包括 Ohio、Marcellus、Renwick、Geneseo、Burkett、Harrell、Middlesex、Rhinestreet、Pipe Creek、Dunkirk、Hume、Huron 以及 Gleveland 等。2005 年以来,在 Ohio 页岩下部又发现了含气性更好的 Marcellus 页岩,它正逐步取代 Ohio 页岩成为阿巴拉契亚盆地新的主力页岩气产层。

### 6. 其他新兴页岩

1) Marcellus 页岩

Marcellus 页岩气田是目前世界上最大的非常规天然气田,位于阿巴拉契亚盆地东部,横跨纽约州、宾夕法尼亚州、西弗吉尼亚州及俄亥俄州东部(图 5-23),展布面积为 $24.61 \times 10^4$ km²。Marcellus 页岩是富含有机质的黑色沉积岩,其埋深在 1 200~2 600 m 之间,最大厚度为 274.32 m,平均厚度为 15~61 m。

图 5-23　Marcellus 页岩展布范围图

Marcellus 页岩为中泥盆世内陆浅海沉积，其沉积相为河流三角洲相，由东向西地层逐渐变薄，东部沉积较厚地区的岩石类型为砂岩、粉砂岩和黑色页岩，西部地层较薄地区主要为细粒的富有机质黑色页岩夹灰色页岩。美国地质调查局（USGS）2002 年的评估显示，Marcellus 页岩气田的可开采量为 $538×10^8$ m³，2006 年的评估报告显示其可开采量达到 $8\,778×10^8$ m³。法维翰咨询公司（Navigant Consulting Inc.，NCI）2008 年的报告称，Marcellus 页岩气的地质储量多达 $42.47×10^{12}$ m³，占整个阿巴拉契亚盆地的 85% 以上，其可开采量约为 $7.42×10^{12}$ m³（Navigant Consulting Inc.，2008）。最新评估报告显示，Marcellus 页岩气的可开采量为 $13.85×10^{12}$ m³，可供全美国 20 多年的天然气消费（Engelder，2009）。

Marcellus 页岩气田的第一口钻井于 1880 年完成，位于纽约州 Ontario 县的 Naples。宾夕法尼亚州的第一口 Marcellus 页岩气井位于华盛顿县的早志留世 Rochester 页岩区，由 Range Resources 公司于 2003 年完成，直至 2005 年才正式开采页岩气。截至 2009 年 3 月，宾夕法尼亚州已完成的 Marcellus 页岩气井达 501 口。宾夕法尼亚州环境保护保部油气管理局网站的数据显示，2009 年该州共完成 Marcellus 页岩气井 768 口，2010 年 1 月又新增 71 口。有报告预测，2010 年该州的 Marcellus 页岩气井将达 $1\,000$ 口，日产量约为 $15.57×10^6$ m³，2020 年的井数为 $2\,800$ 口，日产量可达 $113.27×10^6$ m³。根据西弗吉尼亚州的 Marcellus 页岩气井数目的统计和估计，美国能源部预测 Marcellus 页岩气可开采量为 $(2.83\sim4.25)×10^{12}$ m³。

目前，Marcellus 页岩气的开发正在如火如荼地进行中。卡伯特（Cabot）石油天然气公司经营着 20 万英亩的 Marcellus 页岩，2010 年第一季度就安装了 12 口钻探井，计划于 2011 年再钻探 81 口井。美国第三大天然气生产商切萨皮克（Chesapeake）能源公司是 Marcellus 页岩最大的租约拥有者，租约面积为 150 万英亩。2011 年第一季度，其净天然气产量比上一季度增长了 40%。兰格（Range）资源公司经营着 130 万英亩的页岩气田，其中 90 万英亩位于宾夕法尼亚州最高产的页岩气区。雷克斯（Rexx）能源公司 2011 年第一季度在 Marcellus 的土地租约面积增加了 21%，达到 6 万英亩。艾思科（Exco）资源公司 2011 年已被准许在页岩区钻探 60 口井。2011 年 5 月 10 日，艾思科与英国天然气集团（BG 集团）成立了一家合资公司，拥有 Marcellus 的 18.6 万英亩的土地租约。据报道，至少还有 15 宗与 Marcellus 页岩有关的交易正在讨论中，最近的交易包括企业合并、土地收购、租约权获取以及购买整个企业。埃克森、壳牌、道达尔都在 Marcellus 圈定了自己的页岩气开发区块，雪佛龙和康菲也有可能涉足 Marcellus 页岩气的开发。

2）Utica 页岩

Utica 页岩是在 Marcellus 页岩下发现的另一套潜力巨大的含气页岩。Marcellus 页岩被发现的短短几年之后，该地区就发展成为世界上较大的天然气田之一，然而，Marcellus 页岩的发现及开采只是该地区天然气开发进程中的第一步，第二步是 Utica 页岩的开发。

Utica 页岩发育在 Marcellus 页岩的下方,分布比 Marcellus 页岩更加广泛,其覆盖美国的肯塔基州、马里兰州、纽约州、俄亥俄州、宾夕法尼亚州、田纳西州,西弗吉尼亚州、弗吉尼亚州以及加拿大的安大略湖,伊利湖,已被证实是具有工业价值的页岩储层(图5-24)。

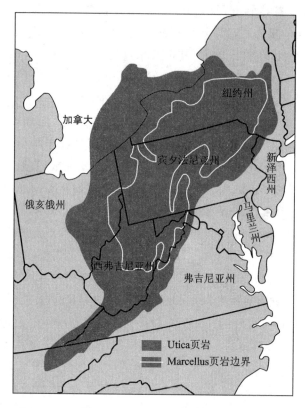

图 5 - 24   Utica 页岩分布图

Utica 页岩主要由富含有机质的钙质黑色页岩组成,它形成于奥陶纪晚期,位于 Marcellus 页岩之下,覆盖在 Trenton 灰岩之上,其厚度是可变的,通常为 30～50 m,从东到西逐渐变薄。在俄亥俄州中部,Utica 页岩位于 Marcellus 页岩下方 914 m,而在宾夕法尼亚州中部则位于 Marcellus 页岩下方 2 134 m(图 5 - 25)。目前其有机碳含量信息报道得较少。

对 Utica 页岩的开发来说,有两个重要的挑战,即储层埋深和信息的缺乏。一些页岩气开发公司往往把开发的重点放在埋藏较浅的 Marcellus 页岩上,但 Utica 页岩在未来有可能会成为重要的资源。Marcellus 页岩的开发为 Utica 页岩的开发提供了基础设施、钻井平台、道路、管线、勘查数据以及和土地所有者的关系,这些都将有助于 Utica 页岩的开发。在一些地方,Utica 页岩已经成为页岩气勘探的首要目标,例如在俄亥俄州东部和加拿大的安大略省已经完成了土地的租赁和页岩气井的钻探,并且部分气井已经开始商业生产。

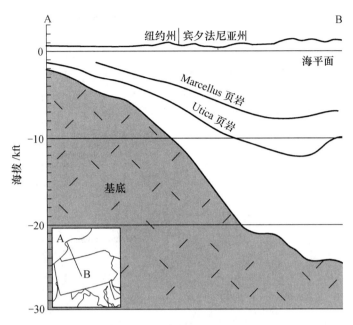

图 5-25  Utica 页岩纵向剖面图

2011 年 8 月,Chesapeake 宣布将把业务延伸至美国的俄亥俄州,并在该州的哥伦比亚纳县租赁了土地。他们有信心在俄亥俄州东部的 Utica 页岩气开采项目上获得上百亿美元的利润。目前 Chesapeake 已拥有 5 口 Utica 页岩气井,预计在 2012 年年底增加到 20 口。除了 Chesapeake,还有多家油气公司涌入俄亥俄州东北部及其附近的村庄,购买了矿产租赁权,来钻探这个被业内认为可能是美国最后一个大的、非常规的、尚未进行商业开采的油田。

3) Haynesville 页岩

Haynesville 页岩分布在路易斯安那州西北部、阿肯色州西南部、得克萨斯州东部以及 Caddo、Bossier 和 DeSoto 流域,在红河流域、赛滨河流域以及 Harrison 县和 Panola 县也有少量的分布(图 5-26),展布面积约为 23 310 km²。Haynesville 页岩地层属于上侏罗统地层,由 Cotton Valley 组覆盖,其下是 Smackover 地层,埋深通常为 3 200~4 115 m,比其他大多数页岩要深,页岩厚度为 61~91 m,在部分地区会更厚一些。Haynesville 页岩的总有机质含量为 0.5%~4.0%,总孔隙度大约在 8%~9% 之间,单井预计储量为 1.27×10⁸ m³,初步估计单井的日产量为 16.99×10⁴ m³。

Haynesville 页岩的开发始于 2007 年年末,到 2011 年 6 月,共有页岩气井 2 149 口。Haynesville 页岩被认为是目前美国最有潜力的多产页岩气气藏,地质储量约为 20.30×10¹² m³,技术可采储量约为 7.11×10¹² m³(Navigant Consulting Inc.,2008)。预计未来十年,美国天然气产量的增长将大部分来自页岩,其中 30% 的增长将来自于 Haynesville 页岩。

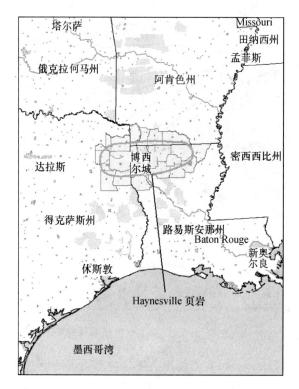

图 5 - 26　Haynesville 页岩分布范围图

4) Woodford 页岩

Woodford 页岩是一套位于阿科马盆地的泥盆系页岩,页岩气富集区主要集中在俄克拉何马东南部的 Hughes、Pittsburg 和 Coal 等县(见图 5 - 27),展布面积约 28 489 km² 。 Woodford 页岩开发始于 2003 年,水平井的使用是在 2004 年年末,之

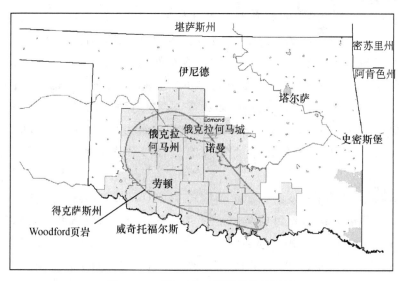

图 5 - 27　Woodford 页岩分布范围图

后产量快速增长。Woodford 的岩层厚度为 37~67 m。已探明地区的 Woodford 岩层的深度为 1 829~3 353 m,其总有机质含量为 1%~14%,总孔隙度为 3%~9%。天然的断层结构和高二氧化硅含量是 Woodford 页岩地层形成气藏的主要原因,其地质储量约为 6 512×10^8 m³,技术可采储量约为 3 228×10^8 m³(Navigant Consulting Inc.,2008)。

　　5)Fayetteville 页岩

　　Fayetteville 页岩分布在阿肯色州北部的阿科马盆地以及俄克拉何马州的东部(图 5 - 28),首次钻探始于 2003 年,目前日产量大约为 3 114.87×10^4 m³。Fayetteville 页岩的深度为 914~2 134 m,有效页岩厚度为 6~61 m,有机质含量较高,为 4.0%~9.8%,总孔隙度为 2%~8%,预计单井储量为 7 079.25×10^4 m³,整个页岩的地质储量约为 1.47×10^{12} m³,其中技术可采储量约为 1.18×10^{12} m³(Navigant Consulting Inc.,2008)。

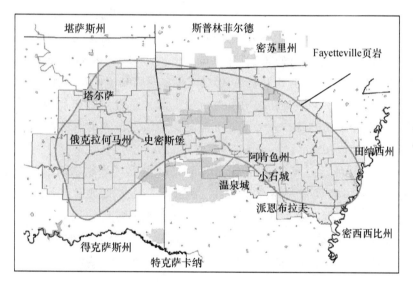

图 5 - 28　Fayetteville 页岩分布范围图

# 5.3　美国页岩气开发的相关问题

## 5.3.1　美国页岩气之父

　　2010 年 6 月,在阿姆斯特丹召开的"解放您的潜力——全球非常规天然气 2010 年会议"上,一位 90 岁的老人——页岩气钻井和压裂技术的先驱——美国米歇尔能源开发公司(Mitchell Energy & Development Corp.)的乔治·米歇尔(George Mitchell)先生(图 5 - 29)被美国天然气技术研究所(GTI)授予终身成就奖。

　　米歇尔毕业于得克萨斯 A&M 大学,之后创立了米歇尔能源开发公司,在此期

图 5-29　美国页岩气之父乔治·米歇尔

间,他一直坚信能够从页岩中开采出天然气。而在这之前,谁都没有想过有这种可能。作为公司的负责人,当米歇尔看到自己的油井在短暂的生产后便停产很不满意,于是计划在 Barnett 页岩中开采天然气,然而工程师告诉他这一切都是徒劳的,但是米歇尔并没有放弃自己的想法,并尝试了多种水力压裂方法。在此期间,很多生产井的产出往往不能抵消开发成本,但是米歇尔坚信技术的进步能够使产量实现突破,并一直坚持尝试,终于首次用水力压裂工艺从页岩储层中开采出了天然气。目前,许多行业专家相信,Barnett 页岩可能是美国陆上最大的天然气田,页岩气资源储量可达 $7\,363\times10^8\ \mathrm{m}^3$。

2002 年,德文能源公司(Devon Energy Corp.)收购了米歇尔能源开发公司,并将水平钻井作为提高页岩气井产能的另一种技术措施。自那时起,在短短的几年内,水平井钻井技术就已成为许多勘探开发公司寻找非常规油气资源的有力工具。水力压裂技术和水平钻井技术已经改变了石油和天然气行业的面貌。这种具有革命性的技术现正被应用到其他页岩开发中,包括 Marcellus、Woodford、Fayetteville 及 Haynesville 页岩等。

在颁奖典礼上,美国天然气技术研究所称"米歇尔为那些毕生致力于非常规油气开发的人提供了一种伟大的灵感"。米歇尔在发表获奖感言时说,"我非常荣幸能够接受天然气技术研究所颁发的终身成就奖,我认为美国应该研究所有形式的天然气,以缓解对煤炭和石油的依赖"。

美国页岩气工业的发展要感谢米歇尔的坚持,是米歇尔的坚持带来了美国乃至全世界页岩气工业的革命。在 2008 年以前,面对迅速增长的天然气需求,业界普遍认为美国大量进口液化天然气不可避免。但是,在米歇尔能源开发公司实现页岩气开采技术瓶颈的突破后,页岩气这种此前被认为没有经济价值的非常规天然气实现了前所未有的高产。页岩气的大规模开发使美国改变了引进 5 000 万吨液化天然气(LNG)的计划,并且有可能实现天然气资源的自给自足,甚至出口 LNG,从而改变全世界天然气的供给格局。2010 年,美国在页岩气产量不断攀升的情况下使天然

气年产量达到了 $6\,240\times10^8\,m^3$,远远超过了天然气年产量为 $5\,820\times10^8\,m^3$ 的俄罗斯,成为世界上最大的天然气生产国。

在 2000—2010 年的十年中,美国页岩气的产量增加了 14 倍,技术可采资源达到 $23.48\times10^{12}\,m^3$。2009 年,美国页岩气产量约为 $880.66\times10^8\,m^3$,占美国天然气总产量的 14%,2010 年,美国页岩气产量达到 $1\,379\times10^8\,m^3$,约占美国天然气总产量的 23%,预计到 2035 年,美国页岩气产量将再增加 20%,占天然气总产量的 45% (EIA,2011)。页岩气的开发不但使美国大幅度地减少了对煤、石油等常规能源的依赖,而且作为一种清洁能源,在很大程度上减少了温室气体排放,促进了能源与环境的可持续发展。

## 5.3.2　页岩气带来的革命

页岩气开发所带来的革命可以从一些小城镇的改变略见一斑。

在美国,不论是迪索托(位于得克萨斯州)还是萨斯奎哈那(位于美国东海岸),在历史上都是贫瘠落后之地。然而,目前这些地方都因为丰富的页岩气资源而发生了彻底的改变。

比尔·威廉姆森是一个电话工厂的退休工人。他居住在迪索托北部一个名为"石墙"的小城市。这个小城地下 $(1\sim1.3)\times10^4\,ft$ 的地方有着丰富的页岩气资源,这里正好是 Haynesville 页岩的发育区。目前,加拿大天然气巨头恩卡纳(Encana)正在威廉姆森家附近展开钻探工作,威廉姆森也因此得到了开发者支付的不菲的土地租金。

在美国路易斯安那州的曼斯菲尔德,当地人口仅为 5 500 人,一直以来,这里都很萧条,而在 2008 年,一切都改变了,石油天然气公司接踵而来,为当地居民带来了工作机会和巨额财富。

能够吸引油鹰能源公司这样的企业前仆后继地来到路易斯安那州的正是当地页岩气的开发前景。居民史密斯的土地恰恰位于 Haynesville 页岩的上面。这里发现的黑色页岩层厚达 46~91 m,深度在地下几百米,其面积达 3 400 mile$^2$,横跨路易斯安那和得克萨斯两州。这些岩石中贮藏着大量的天然气,据估计,储量为 $(112\sim245)\times10^{12}\,ft^3$,其上限储量能够满足美国 12 年的能源需求。

目前通过水平钻井和水力压裂的方法,人们可从页岩中开采出大量的天然气,这在油价飙升时可让气价维持在低位。美国能源信息署曾在一年中将国内可开采页岩气资源的预估量增加了两倍多,达 $23.48\times10^{12}\,m^3$,是全美国年均使用量的 34 倍以上。若再考虑来自传统天然气的供应渠道,按目前的年均使用量,美国现有的天然气储备足够其维持一个世纪。

美国是页岩气开发最早和最成功的国家。1981 年,第一口页岩气井压裂成功,实现了技术突破。进入 21 世纪后,随着水平井大规模压裂技术的成功应用,美国页岩气开发得到了快速发展。2000 年,美国页岩气产量为 $122\times10^8\,m^3$,2005 年达到

$196 \times 10^8 \ \mathrm{m^3}$，年均增长 $9.9\%$。2009 年，美国以 $6\,240 \times 10^8 \ \mathrm{m^3}$ 的天然气产量首次超过俄罗斯成为世界第一大天然气生产国。2010 年，美国页岩气产量为 $1\,378 \times 10^8 \ \mathrm{m^3}$，约为 2005 年的七倍，年均增长 $47.7\%$。

美国页岩气的成功开发大大提高了其能源的自给率，降低了能源的对外依存度。在页岩气大规模开采前，美国曾计划大量地进口液化天然气。但页岩气的快速发展使美国进口的液化天然气数量逐年减少。2006 年，美国进口的液化天然气为 $1\,174.4 \times 10^4 \ \mathrm{t}$；2010 年，美国进口的液化天然气为 $882.9 \times 10^4 \ \mathrm{t}$，比 2006 年约下降了四分之一。据美国能源信息署预测，2015 年美国页岩气产量将达到$(2\,600 \sim 2\,800) \times 10^8 \ \mathrm{m^3}$，届时将占天然气总产量的三分之一。

2011 年 4 月 26 日，美国能源信息署发布了《2011 年能源展望》报告的完整版，根据这一报告，页岩气资源的开发和生产将极大地改变美国能源生产和消费结构，到 2035 年，美国对进口能源的依赖程度将不断下降。根据美国能源信息署的统计数据，目前美国拥有的页岩气的技术可采储量为 $23.48 \times 10^{12} \ \mathrm{m^3}$。2000—2006 年，美国页岩气年产量平均以 $17\%$ 的速度增长，2009—2035 年，其页岩气年产量将有更大的增长。

### 5.3.3 页岩气开发的环境问题

水力压裂时，大量的水、支撑剂和化学添加剂被强大的压力注入地下，破坏了页岩层的结构，从而释放出丰富的页岩气资源。目前，水力压裂技术被认为是唯一能开启页岩储层中天然气的"钥匙"，但该技术也是一把双刃剑，它在带给人们丰富的天然气资源的同时，也带给人们对环境保护的忧虑。

首先是对饮用水的威胁。2010 年 4 月，大约 150 户迪索托居民被迫疏散到邻近的卡多县，因为埃科(Exco)能源公司的钻井机无意中造成浅层天然气的泄漏。当时，埃科公司承认甲烷已经渗入当地的饮用水中，并且表示会监测是否有气体从钻井中逸出。

美国南部的小镇迪默克近来也不平静。十几位居民与卡波特石油与天然气公司对簿公堂。卡波特公司被指控在天然气开发过程中甲烷渗入了居民的水井。在刚刚拍摄完成的纪录片《天然气之国》中，几位当地的居民接受了采访，他们在镜头前点燃了家里水龙头中渗出的甲烷气体。

其次是化学物质的泄漏。2009 年，在切萨皮克能源公司的钻井平台附近，人们发现了 16 头牛的尸体。事后调查显示，这些牛是食用了钻井机所使用的化学制品后死亡的，而这些化学制品是在一次暴风雨中泄漏出来的。

再次，环保人士还担心水力压裂会消耗大量的水资源。据德国地球科学研究中心的霍斯菲尔德教授介绍，每口页岩气井需耗费 $400 \times 10^4 \ \mathrm{gal}$ 的水才能使页岩断裂。在美国东北区域的情况也让人感到有些棘手。在宾夕法尼亚州，关于饮用水安全和其他潜在环境问题的诉讼让钻探工作遇到了不小的麻烦，甚至间接导致了能源产品成本的增加。同时,政府也暂时中止在国有林区内发放新的钻井许可证。

虽然美国东北部的天然气开采已经变得越来越常见,但是天然气开采技术对环境的影响仍具有不确定性。尼古拉斯环境学院全球变化研究中心在天然气井附近的饮用水中发现了浓度可能有危险的甲烷,他们将这种污染归结于天然气开采技术。Osborn 及其同事分析了来自美国宾夕法尼亚州 Marcellus 页岩和纽约州 Utica 页岩上的私人水井中的 68 个饮用水样本,他们发现在活跃的天然气开采地区的浅井水中发现的甲烷量平均是非活跃地区井水中的 17 倍。该研究还发现,被污染的水中的甲烷的化学特征与地下深层天然气源的化学特征相符,这些天然气是通过定向钻井和液压致裂开采的。他们还提出,渗漏的井套管和基质裂隙是甲烷从天然气井迁移到饮用水井的两个可能的渠道。Osborn 等(2011)根据研究提示,需要对受影响地区的私人水井以及页岩气开采产业进行长期、有协调的地下水取样与监测。

由于页岩气开采不可避免地带来了诸多的环境问题,美国环境保护署开始了一项关于天然气开发对地下水影响的调查研究,同时,一些环保组织也在不遗余力地游说并开展各种活动,希望能有更严厉和细致的联邦法规出台,以规范天然气开采行业。

但与此同时,也有一些环保主义者肯定了天然气开发的正面影响。因为与石油和煤炭相比,天然气更为低碳。而且,在可再生能源大规模应用之前,天然气能够取代煤炭成为美国电力供应的主要来源,为美国从传统能源向可再生能源转变开辟一条低碳之路。

在人们环保的忧虑之下,美国的相关部门和页岩气开采公司已开始采取补救措施。

近日,宾夕法尼亚州的环保厅厅长约翰·韩格尔宣布了一项耗资 1 200 万美元的计划:用管道将城市用水从蒙特罗斯运送到迪默克。韩格尔说:“这项计划旨在消除人们的用水恐慌”。据了解,为这一计划埋单的正是在当地开发页岩气的卡波特公司。此外,卡波特公司还为很多居民提供了价值不菲的纯净水系统。虽然卡波特公司一直声称没有证据证明是该公司的行为造成了当地的污染,但业内表示,要彻底杜绝页岩气开发带来的潜在危害,仅靠送水计划是不行的。

据了解,美国页岩气开发行业正试图减少气井钻探以及水力压裂带来的环境破坏。例如在每次压裂完成之后,对水进行获取和重新利用。美国许多页岩气钻井就建在传统天然气生产场所附近,因而压裂后的水能够被捕获、处理,并用于下次水力压裂作业中。据悉,目前美国页岩气钻探中,70% 的水来自水力压裂的回收水。

水力压裂中所使用的杀菌剂也是担忧之一。在水中加入化学用品是为了使水具有凝胶特性,有利于水力压裂,而水中的细菌可能阻止化学反应,因此才需要向水中加入杀菌剂。但人们担心类似的化学品会渗透到地下水位以下。目前,许多页岩气开发公司已经考虑采用高强度超声波、过滤器或其他环保化学用品来杀死水中的细菌。

2011 年 4 月 11 日,美国《时代周刊》刊登了一篇名为《This Rock Could Power the World》的封面文章,认为美国应对当前如火如荼的天然气开采活动有所制约:立法和监管机构应尽快拿出办法,在人们对清洁能源的良好预期与现实困难之间找到最佳的平衡点;公众对天然气的良好的环保预期应得到体现,否则该行业的发展也不会持久;美国联邦政府应授予环境保护署对高压水砂破裂开采法进行适用性分析的权力,并研究大面积开采对水源的综合影响;纽约州和宾夕法尼亚州的国会议员已提交了对此行业进行立法的意见,要求该行业披露开采中所使用化学药剂的成分;大量的监管重任今后可能还要落在各州政府的肩上,同时,最有能力的开采企业应利用各种新科技来加快重复利用废水的速度。

如果能够做到这些,页岩气的确是人类利用能源的一种理想方式。而在此之前天然气工业的发展还将让美国和世界付出一定的代价,除非人们能够约束自己对石油的渴望,或找到廉价、可靠和清洁的替代品。

# 参考文献

克利福德·克劳斯,汤姆·策勒.2011.王可,译.页岩气开发改变了这里[N].中国化工报,2011-03-24.

李新景,吕宗刚,董大忠,等.2009.北美页岩气资源形成的地质条件[J].天然气工业,29(5):27-32.

聂海宽,张金川.2010.页岩气藏分布地质规律与特征[J].中南大学学报:自然科学版,41(2):700-708.

夏玉强.2010.Marcellus 页岩气开采的水资源挑战与环境影响[J].科技导报,28(18):103-110.

Adams M. 2010. Mitchell honored for contribution to shale gas revolution[N]. OGFJ, 2010-08-01. [2011-10-19]. http://www. ogfj. com/index/article-display/5950865680/articles/oil-gas-financial-journal/unconventional/other-unconventional/mitchell-honored_for. html.

Curtis J B. 2002. Fractured shale-gas systems[J]. AAPG Bulletin, 86(11): 1921-1938.

David F. 2007. Martineau[J]. AAPG Bulletin, 91(4): 399-403.

EIA. 2011. Annual energy outlook 2011 with projections to 2035 [EB/OL]. [2011-08-16]. http://www. eia. gov/forecasts/aeo/pdf/0383(2011). pdf.

Engelder T. 2009. Marcellus 2008: Report card on the breakout year for gas production in the Appalachian Basin [J]. Fort Worth Basin Oil & Gas Magazine, 20: 18-22.

Jarvie D M, Claxton B L, Henk F, et al. 2001. Oil and shale gas from the Barnett Shale, Fort. Worth Basin[C]//AAPG Annual Meeting Program. Texas: AAPG.

Kathy S. 2001. Lewis not overlooked anymore[J/OL]. [2011-19-10]. http://www. aapg. org/explorer/2001/03mar/gas_shaleslewis. cfm.

King B. 1977. The evolution of North America[M]. Princeton: Princeton University Press.

Martineau D F. 2007. History of the Newark East field and the Barnett Shale as a gas reservoir[J]. AAPG Bulletin, 91(4): 399-403.

Montgomery S L, Jarvie D M, Bowker K A. 2005. Mississippian Barnett Shale, Fort Worth Basin, north-central Texas: Gas-shale play with multi-trillion cubic foot potential [J]. AAPG Bulletin,89(2):155-175.

Navigant Consulting Inc. 2008. North American natural gas supply assessment[EB/OL]. [2011-11-20]. http://www. afdc. energy. gov/afdc/pdfs/ng_supply_assessment_2. pdf.

Osborna S G,Vengoshb A,Warnerb N R. 2011. Methane contamination of drinking water accompanying gas-well drilling and hydraulic fracturing[J]. PNAS,18(20):8172-8176.

Peebles M W H. 1980. Evolution of the gas industry[M]. New York：New York University Press.

Perryman Group. 2007. The impact of developing natural gas resources associated with the Barnett Shale on business activity in Fort Worth and the surrounding 14-county area[EB/OL]. [2011-08-30]. http://www. barnettshaleexpo. com/docs/Barnett_Shale_Impact_Study. pdf.

Pollastro R M,Jarvie D M,Hill R J,et al. 2007. Geologic framework of the Mississippian Barnett Shale,Barnett-Paleozoic total petroleum system,Bend arch-Fort Worth Basin,Texas[J]. AAPG Bulletin,91(4):405-436.

RRC. 2011. Newark,East (Barnett Shale) Field discovery date-10-15-1981[EB/OL]. [2011-09-10]. http://www. rrc. state. tx. us/data/fielddata/barnettshale. pdf.

US Department of Energy. 2009. Modern shale gas development in the United States：A Primer [EB/OL]. [2011-10-19]. http://www. netl. doe. gov/technologies/oil-gas/publications/epreports/shale_gas_primer_2009. pdf.

Walsh B. 2011. Could shale gas power the world? [N/OL]. 2011-04-11. [2011-09-20]. http://www. time. com/time/magazine/article/0,9171,2062456,00. html.

# 第6章

# 中国页岩气地质及勘探开发

中国页岩气资源潜力巨大,据学者估算,中国页岩气的技术可采量约为 $26 \times 10^{12}$ $m^3$,与美国的 $28 \times 10^{12}$ $m^3$ 的技术可采量大致相当,因此,从理论上来讲,当中国的页岩气勘探开发达到美国现有程度时,也能获得与美国目前相近的产量。据美国能源信息署(EIA)最新预测,中国页岩气的技术可采储量为 $36 \times 10^{12}$ $m^3$,远远高于美国的页岩气技术可采储量。但中国页岩气成藏地质条件复杂,除了有与美国相似的南方扬子地区下古生界、塔里木盆地下古生界海相页岩外,在河西走廊、鄂尔多斯盆地、松辽盆地还广泛发育了具有中国地质特色的海陆过渡相及陆相富有机质页岩。据国土资源部最新公布的全国页岩气资源潜力调查评价结果,我国页岩气地质资源量达 $134.42 \times 10^{12}$ $m^3$,可采资源量约为 $25.08 \times 10^{12}$ $m^3$,主要分布在南方古生界海相富有机质页岩地层和北方陆相、海陆过渡相的富有机质泥岩地层当中。其中,四川盆地及其周缘地区、中下扬子地区、鄂尔多斯盆地、沁水盆地、准噶尔盆地、渤海湾盆地、松辽盆地等将是我国页岩气勘探开发的重点地区。目前,中国页岩气开发方兴未艾。

# 6.1 中国页岩气发育地质背景

## 6.1.1 区域沉积演变

古中元古代时期,华北、塔里木及扬子陆块形成,为中国后期三大板块的活动奠定了基础。新元古代以来,原中国陆块裂解并开始形成古中国陆块,由此在中国形成了有烃源岩意义的有机质沉积。伴随着大陆裂谷的发育、洋盆的扩张、板块的俯冲以及碰撞造山带的活动,中国在古生代时期形成了以海相、海陆过渡相为主体的大面积含有机质的泥页岩沉积。

在早寒武纪早期,海侵作用进一步加强,塔里木及扬子古陆被淹没,华北古陆也仅有局部出露,广泛形成了滨浅海相砂泥质及碳酸盐岩沉积,中国南方地区广泛发育了低等植物及刚兴起的动物群,寒武纪早期的海侵,淹没了这块平坦地区的大部分。在海侵期,低等植物继续在滨岸地区发育,在滨浅海区,海生动物及水生低等植物也在大量繁殖,为该期的碳质泥岩、页岩及石煤的发育提供了充足的有机质组分。奥陶纪沉积处于沉积变革时期,相对海平面升降变化大,震荡频繁,形成了碳酸盐岩与泥质岩频繁交替的沉积特点。至晚奥陶世时期,伴随着大规模海退作用的发生,华北等古陆逐渐抬起,碎屑质沉积比例加大,在上晚古生代,中国整体开始了新一轮的海进-海退旋回。加里东运动以后,在扬子地台东南缘形成前陆盆地,即江南浅海和中上扬子浅海-滨海前陆盆地,另外还存在南秦岭次深海,沉积了下志留统龙马溪组笔石页岩,这是南方一套很好的烃源岩。泥盆纪时期,海水大面积退出,塔里木、华北,甚至扬子古陆广泛出露并连成一片,泥页岩发育受到严重抑制。石炭纪开始时,新一轮的海侵作用发生,主要在塔里木、华北、扬子等古陆围缘形成滨浅海相、半深海相泥质碎屑沉积。在晚石炭世,滨浅海面积扩大,形成中国北方以碎屑岩为主、南方以碳酸盐岩为主的沉积格局。二叠纪的主要特点是海水由北向南逐渐退出,陆相泥页岩开始大规模发育。其中,早二叠世海相沉积以碳酸盐岩为主,晚二叠世海相沉积以碎屑质为主。晚二叠世形成了中国北方为陆、南方为海的宏观格局。

进入中生代,南海北陆格局进一步演化,且海水逐渐退出。三叠纪时期,南海北陆格局分明,泥质岩沉积受到明显限制。海相页岩主要沿羌塘、四川盆地一线分布,而陆相页岩主要局限于准噶尔及华北(鄂尔多斯)等盆地区。侏罗纪时期,陆相盆地作为主体,形成了以北方为主体、主要分布于下侏罗统的湖相泥岩,包括西北地区的准噶尔、塔里木北缘、吐哈、三塘湖等盆地和华北的鄂尔多斯、二连等盆地。白垩纪时期,主要在西北、华北和东北地区盆地内形成了大面积发育的泥质碎屑岩,其中东北地区盆地中形成了富有烃源岩价值的陆相泥页岩。

进入新生界,古近系湖盆泥页岩主要集中在苏北、渤海湾以及东北地区东部的小型盆地中。

中国与美国在页岩气富集条件上具有许多相似之处,美国页岩气的大规模开发为中国的页岩气勘探研究提供了借鉴模式。在美国,围绕加拿大地盾南缘形成了广泛的古生界海相沉积,后期的改造和演化形成了现今呈弧形展布的一系列盆地;在中国,塔里木、华北和扬子地台及其周缘广泛发育了不同地质时代的多套黑色页岩。以美国东部与中国南方为例,两者在页岩发育时代、地层沉积格局、有机质的热演化程度、后期构造演化、破坏程度与保存条件、页岩含气性以及页岩气聚集模式等方面均有可比之处。由两者的对比可知,中国页岩气的地质条件更为优越(张金川等,2009)。

尽管中国与美国的页岩气在地质条件上存在许多相似之处,但差异之处也非常明显,从而形成了中国页岩气勘探研究中的明显特色。

(1)中国大地构造格局与美国大地构造背景存在着本质差异。在北美,古生代以来的盆地沉积和演化统一受加拿大地盾所控制,包括美国本土和加拿大西部地区在内的盆地,从而形成了自古生代以来就围绕加拿大地盾呈环形分布的盆地群。自美国东部向西部再向中部的沉降格局演化形成了目前美国页岩气宏观分布的地质格局,即环绕加拿大地盾南部呈 U 字型分布的页岩气发育区带;而在中国,塔里木、华北及扬子等板块相对较小,活动性较强,相互之间的牵制作用使地质过程更加复杂,从而分别在三大板块的内部及其围缘形成了各具特点、迥然不同的页岩层系。加之中生代以来太平洋板块和印度洋板块的联合挤压作用,原本非常复杂的泥页岩地层就更加复杂,从而产生完全不同于美国的页岩气地质条件。

(2)陆相页岩及页岩气地质特点明显。从古生界结束开始,在中国的北方地区开始形成一系列的陆相盆地及陆相泥页岩,华北及西北地区的二叠系、鄂尔多斯盆地的三叠系、中国北方(准噶尔、吐哈、鄂尔多斯、二连等盆地)的侏罗系、松辽盆地的白垩系以及渤海湾盆地的古近系等,均发育并形成了面积广泛、厚度较大的陆相黑色泥页岩及暗色泥页岩。由于页岩单层厚度较小、有机质类型多样、热演化程度较低,故页岩气的成藏条件、发育模式及含气量变化明显不同于美国的以Ⅰ型干酪根为主体的古生界海相页岩。

(3)海相页岩有机质成熟度明显偏高。虽然中国南方的页岩气地质条件与美国东部的页岩气地质条件具有许多相似之处,但中国南方地区经历了多期次更加复杂的构造运动,后期改造和抬升剥蚀作用强烈。地史时期内的深埋作用导致古生界海相源岩热演化程度明显偏高,例如下寒武统烃源岩的镜质体反射率 Ro 在大部分地区都大于 3.0%,局部地区可高达 7.0%;下志留统集中在 2.0%~3.0% 之间,个别地区高达 6.0%;二叠系多集中在 1.0%~2.0% 之间,局部地区可达 3.3%。

## 6.1.2　页岩发育和分布

中国地质构造复杂,在漫长的沉积过程中在陆上广泛发育了海相、海陆过渡相和陆相三种富有机质页岩(图 6-1,表 6-1)。南方扬子地区海相页岩多为硅质页岩、黑色页岩、钙质页岩和砂质页岩,风化后呈薄片状,页理发育。海陆过渡相页岩多为砂质页岩和碳质页岩。陆相页岩页理发育,渤海湾盆地和柴达木盆地新生界陆相页岩的钙质含量高,为钙质页岩,鄂尔多斯盆地中生界陆相页岩的石英含量较高。

### 1. 海相页岩

海相页岩在中国有着广泛发育和分布,在南方扬子地区,从震旦纪到中三叠世连续发育了多次大规模的海相沉积,最大地层累计厚度超过 10 km,分布面积超过 $330×10^4$ $km^2$ (刘光鼎,2001),先后形成了以下寒武统、上奥陶统—下志留统、下二叠统、上二叠统等为代表的八套黑色海相页岩(文玲等,2001;马力等,2004),它们多与碳酸盐岩或其他碎屑岩共生,具有延伸时代长、发育层系多、地域分布广、构造改造强烈以及后期保存多样化等特点(表 6-2)。海相黑色页岩主要形成于碎屑物质供应充足、沉积速率较快、地质条件较为封闭、有机质供给丰富的滨浅海、半深海以及深海环境(康玉柱,2007)。

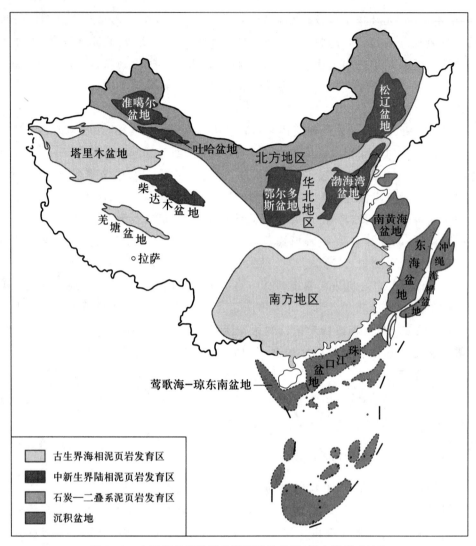

图 6-1    中国富有机质页岩类型及分布图(邹才能等,2009)

表 6-1    中国富有机质页岩特征对比(张金川等,2009)

| 沉积环境 | 海相 | 陆相和海陆过渡相 |
|---|---|---|
| 地质时代 | 下古生界—上古生界 | 中生界—新生界 |
| 主要岩性 | 黑色页岩 | 暗色泥岩及页岩 |
| 伴生地层 | 海相砂质岩、碳酸盐岩 | 陆相砂质岩 |
| 泥页岩产状 | 书页状、板片状,风化特征明显:球状、鱼鳞状 | 块状、纹层状,风化特征不甚明显:球状、不规则状 |
| 泥页岩产出 | 厚层状,相对独立发育 | 薄层状,与砂质岩互层频繁 |
| 有机质类型 | Ⅰ、Ⅱ型为主 | Ⅲ型为主 |
| 有机质热演化程度 | 成熟—过成熟 | 低熟—高成熟 |

续表

| 沉积环境 | 海相 | 陆相和海陆过渡相 |
|---|---|---|
| 天然气成因 | 热裂解、生物再作用（Ro>1.2%） | 生物、热解（Ro>0.4%） |
| 地层压力 | 低压—常压 | 常压—高压 |
| 发育规模 | 区域分布，局部被叠合于现今的盆地范围内 | 局部发育，受现今盆地范围影响较大（中生界差异较大） |
| 主体分布区域 | 南方、东北、西北、青藏 | 华北、西北 |
| 伴生产物 | 残余沥青 | 原油、油页岩 |
| 主要类型 | 浅埋型、深埋型 | 深埋型为主 |
| 游离气储集介质 | 裂缝为主 | 裂缝、孔隙及层间砂岩夹层 |
| 含气饱和度及开发成本 | 浅埋型低 | 深埋型高 |

表 6-2 中国主要盆地前中生代地质演化与烃源岩发育（刘丽芳等，2005）

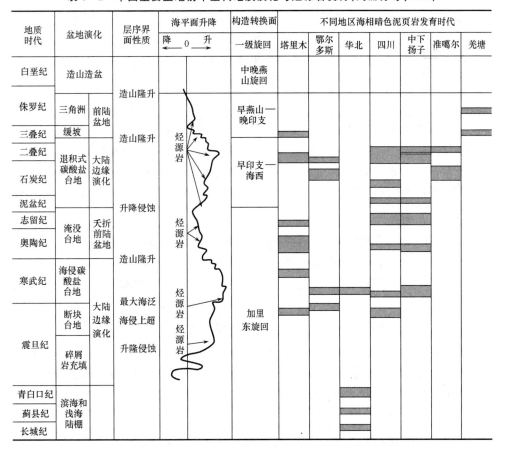

寒武系地层在我国分布普遍，在华北、塔里木、扬子地台中心区域形成了以碳酸盐岩沉积为主的海相地层，在台地边缘的陆棚地带，尤其是在其早期阶段的海侵时期，则更多地发育为暗色页岩。在寒武纪的华北地台，开阔海环境下形成的黑色页

岩以碳酸盐岩夹层状出现。在西部的鄂尔多斯地区,则属于局限海环境沉积,同样形成了与深灰色碳酸盐岩呈互层状的黑色页岩。在上扬子地区,下寒武统黑色页岩与碳酸盐岩互层,最大厚度在 160 m 以上,颜色由下向上逐渐变浅。而在下扬子地区,下寒武统黑色页岩的最大厚度在 140 m 以上,平均厚度不小于 80 m。在塔里木地区,黑色页岩主要发育于寒武系下部,在中央隆起、塔北隆起、孔雀河斜坡以及麦盖提斜坡等地区普遍发育。其中,满西地区的中下寒武统残余地层厚度达到 1 600 m,台盆区的上寒武统残余地层的最大厚度达到 4 000 余米。

奥陶系主要分布在稳定的地台区。在华北地台,奥陶系地层沉积以碳酸盐岩为主,普遍发育有大量的夹层状页岩。在塔里木盆地,奥陶系的分布几乎遍及全区,上部主要为碳酸盐岩,下部则主要为页岩,最大残余厚度达到 5 000 m。在平面上,暗色页岩主要分布在东部的槽盆区和台地西部的深水区。在扬子海盆,奥陶系也是典型的台地相沉积,上奥陶统以稳定的碳酸盐岩为主,下奥陶统则相变剧烈,夹杂其中的页岩分布也较为复杂。在平面上,页岩主要发育在中上扬子区。

志留系在扬子地区和塔里木北部地区均为陆表海条件下的沉积产物,在上扬子地区,下部的黑色页岩广泛发育,砂质含量向上部逐渐增加。在塔里木地区,志留系最大厚度为 1 500 m,满加尔凹陷西部和塔北隆起东北部等地区是暗色页岩分布的主要地区。泥盆系海相页岩主要分布在中上扬子地区,在滇、黔、桂、湘、粤、藏等地区有大面积分布的黑色页岩,在剖面上构成了黑色页岩、泥灰岩、白云质灰岩及硅质岩互层。石炭纪时期主要发育了海陆过渡相黑色页岩,在华北和塔里木地台,主要形成了浅海相碳酸盐岩和海陆交互相碎屑岩含煤建造,海陆过渡相的黑色页岩在其中大量发育。在准噶尔地区,也形成了较大规模的浅海相及海陆交互相沉积环境,发育了较人规模的黑色页岩建造。在扬子地台区,海相黑色页岩夹杂出现在碳酸盐岩和海陆交互相碎屑岩含煤沉积建造之中。

二叠系在华北和准噶尔地区表现为陆相沉积,华南地区表现为海相沉积。在上扬子区,特别是四川盆地区,黑色海相页岩广泛发育,最大厚度在 150 m 以上,平均厚度大于 50 m。上扬子西南地区和下扬子区主要为海陆过渡相沉积,煤系地层发育。

### 2. 陆相页岩

中国陆相页岩发育有两种沉积环境:一是湖相沉积,二是湖沼相沉积。除川西坳陷以外,具有页岩气资源潜力的陆相暗色泥页岩主要发育在中国北方地区,例如鄂尔多斯盆地三叠系延长组,准噶尔盆地和吐哈盆地下侏罗统八道湾组和三工河组及中侏罗统下部的西山窑组,松辽盆地白垩系嫩江组和青山口组,海拉尔盆地伊敏组、大磨拐河组和南屯组,二连盆地中下侏罗统阿拉坦合力组及下白垩统巴彦花群等,整体上它们表现出较大范围内的连续性,具有发育层位多、单层厚度大等特点。湖沼相煤系富含有机质的泥页岩主要在两类盆地中发育:一类是大型坳陷,例如鄂尔多斯和准噶尔盆地侏罗系,以及四川盆地上三叠统;另一类是断陷,例如东北地区的含煤盆地。湖沼相煤系富含有机质泥页岩的有机质丰度高,但热演化程度普遍不高。

总的来说,陆相页岩的热演化程度普遍不高,多数还处于生油窗内,在中新生代发现了众多规模不等的油气聚集带,例如大庆油田、胜利油田、辽河油田、鄂尔多斯等中生界油气聚集区,其油气就源于该套陆相页岩。

### 3．海陆过渡相页岩

海陆过渡相页岩以煤系富含有机质泥页岩为代表。晚古生代克拉通海陆交互相煤系富含有机质泥页岩在华北、华南和准噶尔地区分布广泛。中新生代陆相煤系地层富含有机质泥页岩主要在两类盆地发育:一类是大型坳陷,例如鄂尔多斯和准噶尔盆地侏罗系,以及四川盆地的上三叠统;另一类是断陷,例如东北地区的含煤盆地。

华北和塔里木地台在石炭纪发育了海陆过渡相黑色页岩,形成了浅海相碳酸盐岩和海陆交互相碎屑岩含煤建造。在准噶尔地区,也形成了较大规模的浅海相及海陆交互相沉积环境,发育了较大规模的黑色页岩建造。在扬子地台区,海相黑色页岩夹杂出现在碳酸盐岩和海陆交互相碎屑岩含煤沉积建造中。二叠纪上扬子西南地区和下扬子区主要为海陆过渡相沉积,有煤系地层发育(胡书毅等,1999)。

## 6.1.3　中国页岩气富集模式

按照产生机理和特点,页岩气可以分为直接型和间接型两种(表6-3)。前者主要指以Ⅲ型或偏Ⅲ型为主的沉积有机质在相对较低的热演化程度($Ro \geqslant 0.4\%$)条件下直接生成天然气,并将天然气就近聚集于页岩储层中。由于页岩气的生成条件要求可以相对较低,故页岩中的天然气可以在埋藏作用的早期发生,生物气特征较为明显,聚气页岩的储集物性相对较好,地层压力和页岩聚气丰度也相对较低。后者主要指Ⅰ型或偏Ⅰ型有机质在相对较高的热演化程度($Ro \geqslant 1.25\%$)条件下所生成的天然气在页岩地层中的聚集。由于热演化程度较高,故页岩的成岩演化作用较强,页岩储集物性较差。由于其中的有机质生气能力较强,地层压力可以出现高压异常,此时页岩中的含气量明显提高,所含天然气的吸(附)游(离)比也较高。在中国,复杂的地质演化以及海陆相两种典型泥页岩的发育共同构建了页岩气聚集模式的多样性和复杂性。

表6-3　中国页岩气富集类型和特点(张金川等,2009)

| 对比项目 | 间接型 | 直接型 |
|---|---|---|
| 地质时代 | 下古生界—上古生界 | 中生界—新生界 |
| 沉积环境 | 海相(黑色页岩)、湖相 | 滨浅湖等陆相(暗色泥页岩) |
| 伴生地层 | 海相碳酸盐岩、碎屑岩 | 陆相碎屑岩 |
| 泥页岩产状 | 书页状、板片状、块状;厚层状,单层厚度大 | 块状、纹层状、不规则状;与砂质岩频繁薄互层 |
| 有机质类型 | Ⅰ、Ⅱ$_1$型 | Ⅱ$_2$、Ⅲ型 |
| 有机质热演化程度 | 成熟—过成熟 | 低熟—高成熟 |
| 天然气成因 | 热裂解、生物再作用($Ro > 1.25\%$) | 生物、热解($Ro > 0.4\%$) |
| 地层压力 | 低压—常压 | 常压—高压 |

续表

| 对比项目 | 间接型 | 直接型 |
|---|---|---|
| 发育规模 | 区域分布,局部被现今盆地叠覆 | 局限发育,受现今盆地范围影响较大 |
| 主体分布区域 | 南方、东北、西北、青藏 | 西北、华北、东北 |
| 伴生产物 | 原油、油页岩、残余沥青 | 根缘气、煤层气 |
| 含气量 | 高 | 低 |
| 吸(附)游(离)比 | 低 | 高 |
| 游离气储集介质 | 页岩裂缝为主 | 裂缝、孔隙及层间砂岩夹层 |

依据页岩发育地质基础、区域构造特点、页岩气富集背景以及地表开发条件,可将中国的页岩气分布有利区域划分为南方、北方、西北和青藏四个大区,其中每个大区又可进一步细分(图 6-2)。由于各区页岩气地质条件和特点差异明显,因此又可划分为不同的页岩气富集模式,即南方型、北方型和西北型(张金川等,2009)。

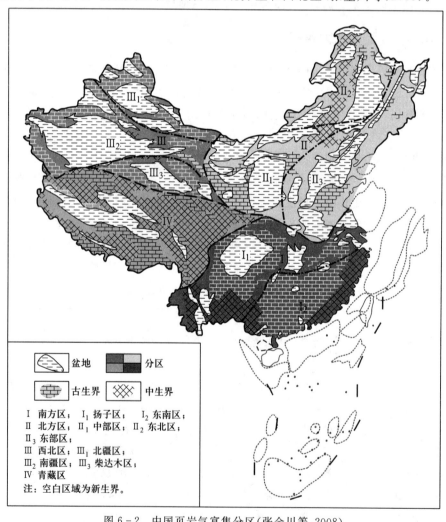

图 6-2  中国页岩气富集分区(张金川等,2008)

### 1. 南方型

该类型主要分布在扬子地台及其周缘,南方地区是一个中心抬升并向四周倾没的古隆起区(江南隆起),除隆起中心发育有一系列北东东—南西西走向的元古界,周缘地区发育有一条相对完整、连续的中生界环边以外,大部分地区均发育有古生界地层。进一步,该区又可划分为古生界发育齐全的扬子地块($I_1$)以及上古生界与花岗岩不规则分布的东南地块($I_2$)两大部分。东南地块上古生界厚度较薄,有机质条件较差,且发育有大规模的花岗岩,上古生界主要发育在地块的西北部,黑色页岩分布范围、有机质丰度和热演化程度均相对较小。

扬子地块包含了四川盆地、长江流域及其周缘地区(平面上形成"厂"字形格局),发育了自震旦纪以来的多套海相古生代地层,黑色页岩具有分布面积广、地层厚度大、构造变动强、埋深变化大等特点,与美国东部地区页岩气的地质条件非常相似。该地区复杂的地质背景形成了特色明显的页岩气富集类型(南方型模式),即作为潜在页岩气勘探目标层的八套页岩普遍具有总有机碳含量高、热演化程度高以及构造复杂程度高等典型的南方区域特征。例如下志留统龙马溪组黑色页岩地层的厚度为 80~120 m,总有机碳含量为 0.5%~3%,镜质体反射率 Ro 介于 1.3%~4.5%,均达到过成熟阶段。在该区内,重庆市所辖区域及其周缘横跨在四川盆地东部(盆地西部古生界埋深较大,上覆中生界是另一套潜在的目标层系)的隔挡式褶皱与盆外抬隆区之上,具备了页岩气形成的多种地质条件,是页岩气发育及勘探研究的有利区域。该区域发育了多套黑色(碳质)页岩,其具有分布广、厚度大、变形强、埋藏浅、有机质含量高、热演化程度相对适中等特点,其中典型的隔挡式背斜褶皱带及断裂带易于产生裂缝并形成"甜点",目前在区域内已发现页岩气存在的间接和直接证据(如锰矿中的瓦斯爆炸)。另外,该区域页岩气地质分区特点明显,适于进一步建立不同地质条件下的页岩气聚集模式,例如渝西为盆地内隔挡带,渝东为区域强烈隆升带,下古生界在渝南广泛出露,而上古生界则覆盖渝北地区。

### 2. 北方型

该类型可作为页岩气潜在勘探目标的层位较多,但由于后期盆地的不规则叠加,页岩发育时代具有明显的向南东方向变新迁移的特点,在平面上出现了由古生界、中生界到新生界的逐渐变化。在以鄂尔多斯盆地及其周缘为中心的中部地区,以古生界(奥陶、石炭、二叠系)为主的黑色页岩分布范围较广,鄂尔多斯盆地西缘以及沁水盆地经二连盆地至松辽盆地南缘均有分布。在渤海湾、南华北、苏北盆地及其周缘也有不同程度的揭示。中生界及其中的暗色泥页岩主要发育在鄂尔多斯盆地中东部及其东部边缘地区,向东经渤海湾盆地西侧延伸至东北地区的中西部。就中生界的地层时代及页岩分布来说,亦存在着由西向东逐渐转移的趋势,即由西向东渐变为白垩系。新生界及其中的暗色泥页岩则主要分布在北方地区的东部,即苏北、渤海湾至依兰-伊通盆地沿线,在地层时代上亦表现为明显向东滚动延展的特点。

　　在北方地区,泥页岩系沉积环境从老到新逐渐由海相、海陆过渡相转变为陆相,潜在的源岩由老到新逐渐从黑色海相页岩转变为暗色湖相泥岩,形成了潜在含气页岩层系多(古—中—新生界)以及地层时代向东逐渐变新的特点。页岩母质类型逐渐从以黑色海相页岩为主的建造转变为以黑褐色陆相页岩为主的建造。主要发育在东部地区的新生界湖相暗色泥页岩厚度大,总有机碳含量高,有机质演化程度适中,是页岩气勘探值得考虑的重要领域。在渤海湾盆地(如辽河坳陷),始新统(沙河街组)页岩具有明显的聚气优势,具有有机质类型多、丰度高、热演化程度适中、生气能力强等特点,多处不同程度的天然气显示说明了盆地内页岩气的潜力。沙河街组泥页岩属于典型的陆相成因,可作为陆相页岩气地质理论的进一步补充。该区域泥页岩沉积在剖面上的相变以及页岩气富集条件在平面上的迁移构成了典型的北方型页岩气富集的特点,形成了页岩层系多、成因变化复杂、滚动沉积特征明显、相带分隔明显、薄互层变化频率高、页岩气富集条件多变的区域特征。

　　**3. 西北型**

　　古生界和中生界分布范围较广,并大致以天山为中心形成南、北"跷跷板"式沉积的特点。即早古生代时以天山以南的塔里木地块为沉积中心,形成较大面积分布的海相页岩;晚古生代时则以天山以北的准噶尔地块为中心形成页岩沉积。晚二叠纪末—中生代以来,全区进入陆相沉积环境,"跷跷板"运动基本结束,总体上表现出有机碳含量逐渐增加的趋势。

　　在西北部地区,页岩气的分布更多地受现今盆地特点的约束,总有机碳含量的平均值普遍较高,成熟度变化范围较大,区域上分布的中生界(侏罗系、三叠系等)和盆地边缘埋深较浅的古生界泥页岩是页岩气发育的有利区。吐哈盆地的吐鲁番坳陷水西沟群地层的暗色泥页岩和碳质泥页岩累积厚度平均超过 600 m,总有机碳含量一般介于 $1.3\% \sim 20\%$,镜质体反射率 Ro 介于 $0.4\% \sim 1.5\%$,有利于页岩气的形成和富集。在西北地区,古生界和中生界是页岩气产出的主要层位,其沉积类型齐全,有机质丰度高,有机质热演化程度相对较低,形成了西北型页岩气资源的主要特点。

　　此外,青藏地区和南方地区同属于特提斯域,两者的页岩沉积过程和特点亦有许多相似之处。但由于区域构造作用特点不同,青藏地区海水退出时间较晚,因此古生界和中生界的海相黑色页岩仍然是页岩气发育的主体。青藏地区页岩厚度大,有机质丰度高,热演化程度高,有利于页岩气的富集,但地面条件较差,可视为页岩气勘探开发的有利远景区。该区页岩的发育特点尚不甚清楚,对页岩气的资源类型和特点也不便进一步讨论。

# 6.2　中国页岩气资源

## 6.2.1　中国页岩气资源潜力

　　根据页岩气成藏机理研究以及美国页岩气勘探成果认为,中国具有页岩气发育的广阔空间。如果说根缘气主要发育在陆相及海陆过渡相地层中,那么页岩气就主要发育在海相及海陆过渡相地层中。中国陆区的页岩气分布在区域上可依次划分为南方(包括四川盆地等)、华北(包括鄂尔多斯、渤海湾及南华北等盆地)以及西北(包括塔里木、准噶尔等盆地)三大区域,富集层位主体存在于中、古生界地层中,东部地区的新生界也是一个不可忽视的领域。由于中国地质构造运动复杂,中、古生界沉积盆地的发育与新生界盆地的展布存在较大的差异,尤其是在南方和华北地区,新老盆地位置及范围明显不同,增加了页岩气勘探及认识的难度。页岩及高碳泥岩在中国的发育,使其成为寻找油气的新领域,给油气勘探增加了巨大空间(图 6-3)。

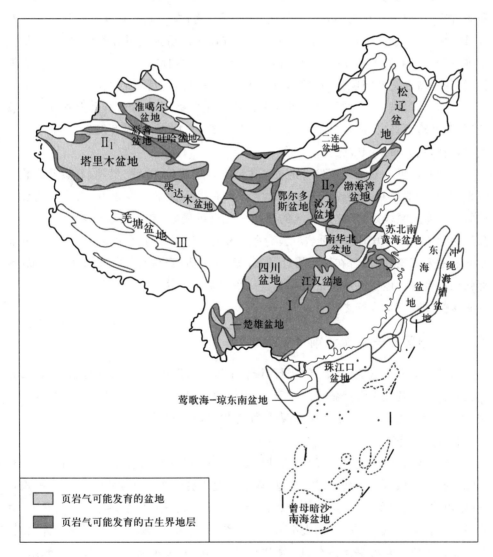

图 6-3　中国陆区页岩气分布区域预测示意图(张金川等,2009)

　　中国南方包括了三江造山带及其以东、龙门山推覆带—秦岭大别山造山带以南、闽粤岩浆岩带西北的广大地区,总面积为 $220 \times 10^4$ km²,其中的中、古生界海相

地层分布面积达 $90 \times 10^4 \ km^2$。南方是中国进行油气勘探研究较早的地区之一,但截至目前其勘探程度仍然很低,钻井浅且数量少,其中半数井的井深仅为千米左右,平均每口钻井控制 $1\ 000\ km^2$ 的面积,且分布不均匀,除在四川盆地等个别地区发现了不同规模的油气显示及油气田以外,大部分区域内仍为油气钻探空白区。中国南方地区分布的黑色页岩厚度巨大(四川盆地的页岩的最大厚度超过 $1\ 400\ m$),埋藏深度小(黑色页岩广泛出露),有机质丰度高(马力等,2004),生气能力强。与美国东部地区页岩气盆地的地质条件进行对比后认为,我国南方地区是页岩气发育的良好区域,是我国开展页岩气研究及勘探开发生产的首选区域。虽然该地区的页岩气成藏条件良好,但也存在两个方面的问题,需要重点考虑:一是有机质演化程度普遍较高,Ro>2% 的地区占相当大的比例;二是南方地区的后期抬升作用强烈,对已形成的油气藏的影响和破坏作用明显。由页岩气的赋存特性(抗构造破坏能力较强)所致,尽管区域性抬升剥蚀强烈,但南方地区仍然是我国开展页岩气勘探和研究的最有利的地区。目前已在四川盆地的龙马溪组等主要地层中找到了页岩气发育的直接证据,其暗色页岩(泥岩)段气测异常,气显活跃,井喷-井涌时有发生,这表明页岩气的存在,且分布面积较大。

华北和塔里木地台区所发育的页岩主要出现于震旦、寒武、奥陶、石炭及二叠系等地层中,局部埋藏深度较浅并出露地表。从有机质含量丰度来看,塔里木地台区的震旦—寒武系较好,华北地台区的石炭—二叠系最好,其中页岩地层的有机碳含量可高达 4%。与美国东部页岩气发育条件相比,中国(尤其是南方)页岩气具有非常有利的发育条件,两者在地层岩性、构造背景、地质演化、天然气生成条件、区域破坏强烈程度甚至地质年代特征上均具有一系列相似之处。可以预测,中国在不久的将来也会"绽放"页岩气之"花"。

### 6.2.2　中国页岩气资源前景

与美国页岩气盆地(及地区)进行对比,根据页岩沉积演化、区域构造特点、页岩气聚集背景以及地表自然条件的差异,可将中国页岩气分布区进一步划分为四个区域,即南方区、北方区、西北区和青藏区(张金川等,2008)。

#### 1. 南方地区

从震旦纪到中三叠世,中国南方地区发育了广泛的海相沉积(张金川等,2003;2008),分布面积达 300 余万平方公里,累计最大地层厚度超过 10 km,形成了上震旦统(陡山沱组)、下寒武统、上奥陶统(五峰组)—下志留统(龙马溪组)、中泥盆统(罗富组)、下石炭统、下二叠统(栖霞组)、上二叠统(龙潭和大隆组)、下三叠统(青龙组)共八套以黑色页岩为主体特点的烃源岩层系。其中下寒武统、上奥陶统(五峰组)—下志留统(龙马溪组)、下二叠统、上二叠统四套烃源岩是主力烃源岩,经研究认为,南方地区与美国东部页岩气产出地区(阿巴拉契亚等盆地)具有诸多的地质可比性(包括页岩地质时代、构造变动强度等),下寒武统、上奥陶统—下志留统以及二叠系等地层分布广泛,厚度大,有机质丰富,成熟度较高(表6-4),是南方地区页岩气发育最有利的层位,四川盆地、鄂东渝西及下扬子地区是平面上分布的有利区。

表 6-4　南方地区暗色泥页岩地化指标

| 盆地指标 | 层系 | | Ro/% | TOC/% | 厚度/m | 氯仿沥青"A"/% |
|---|---|---|---|---|---|---|
| 四川盆地 | 中生界 | 下侏罗统 | 1~1.87 | 0.4~1.2 | 40~180 | |
| | | 上三叠统 | 1.2~2.0 | 1.6~14.2 | 300~1 000 | 0.044 8 |
| | 古生界 | 上二叠统 | 1.0~3.4 | 0.5~12.55 | 10~125 | 0.111 3 |
| | | 下二叠统 | 1.3~3 | 0.24~1.76 | 5~20 | 0.030 2 |
| | | 下志留统 | 2.0~4.5 | 0.4~1.6 | 100~700 | 0.012 2 |
| | | 下寒武统 | 2.0~5.0 | 0.5~4 | 0~425 | 0.044 9 |
| 江汉盆地 | 新生界 | 下第三系 | 1.5 | 1.06 | 1 500 | 0.332 7 |
| | 古生界 | 下奥陶—下志留 | 1.3~3 | 0.74 | 40~50 | 0.040 3 |
| 南方地区 | 古生界 | 二叠统 | 1.3~4 | 0.4~6 | 20~1 000 | 0.008 4~0.124 |
| | | 石炭系 | 2~3 | 0.5~2.0 | 50~600 | 0.001 8 |
| | | 下志留统 | 1.3~4 | 0.5~3 | 50~500 | 0.001 2 |
| | | 上奥陶统 | 1~4 | 0.8~6.0 | 0~16 | 0.003 |
| | | 下寒武统 | 1.25~5 | 0.5~6.25 | 50~400 | 0.001 2~0.004 7 |

　　1)上震旦统

　　晚震旦世,扬子台地边缘为浅海-次深海大陆架浅海陆棚相区,沉积了一套黑色碳质页岩、硅质页岩、硅质-碳质页岩和硅质岩,呈狭长带状展布,是目前确认的可作为烃源岩的地层之一。

　　震旦系烃源岩主要在陡山沱组发育,岩性以泥质岩为主,一般厚度为10~100 m。陡山沱组泥质烃源岩有机碳含量总体上大于1.0%,在江南隆起的西北缘一带最高,达2.0%以上,向西北逐渐降低,呈北东—南西条带状,至湖北咸丰—恩施附近,含量小于0.8%。此外,在湖北和四川之间还分布有有机质含量达1.0%的次中心。在上扬子浅海陆棚相区的东南部和中扬子浅海陆棚的南部,相当于黔东—湘西和鄂东南—湘中地区,为次深海和深海相区,该相区是上震旦统陡山沱组富烃源岩沉积带,在金沙岩孔、遵义松林、桐梓—綦江、秀山—涪陵、万县一带的厚度为30~90 m,有机碳含量为0.8%~1.6%;在铜仁、镇远、都匀、三都、独山一带的厚度为10~30 m,局部可高达80 m,有机碳含量为0.8%~2.0%;在兴山大峡口—鹤峰白果—永顺王村一带的厚度为26.1~114.6 m,有机碳含量为0.41%~2.06%,平均为0.95%。

　　2)下寒武统

　　我国南方地区下寒武暗色泥页岩广泛发育于扬子、南秦岭和滇黔北部地区的次

深海—深海沉积相区,发育的层位相当稳定,以下寒武统筇竹寺组为主,与之相当的
还有川黔鄂地区的牛蹄塘组或水井沱组、苏浙皖地区的荷塘组、冷泉王组等。岩性
主要为暗色页岩、黑色碳质页岩、碳硅质页岩、黑色粉砂质页岩。平面上主要分布在
扬子克拉通(包括川东南、川东北、鄂西渝东、中扬子、下扬子和楚雄盆地)上,厚度为
20~700 m,大部分地区厚度大于 100 m,主体上在渝东—湘鄂西和苏皖南部地区的
分布较厚。其中川南地区烃源岩厚度为 100~300 m;川东—鄂西、黔北烃源岩厚度
为 100~450 m;滇北—黔北地区烃源岩厚度为 50~150 m。

下寒武暗色泥页岩有机碳含量一般大于 1.0%,最高可达 12.64%,平均为
2.77%。母质类型以 I 型干酪根为主,少量为 II 型干酪根。四川盆地下寒武统筇竹
寺组井下样品测试的有机碳含量平均为 0.36%~5.03%,露头样品分析的有机碳含
量平均为 1.92%~2.35%(表 6-5)。母质类型以腐泥型干酪根为主,少量为腐殖
型。干酪根 $\delta^{13}$C 为 −29.82‰~−32.92‰(PDB),平均为 −30.88‰,成烃潜力大。
川南地区有机碳含量低,一般小于 0.5%,达不到烃源岩标准;黔东北—湘鄂西地区
的暗色岩有机碳含量为 1.0%~2.0%;皖南和苏南地区的有机碳含量为 2.0%~
4.0%;下扬子苏北地区烃源岩的有机碳含量为 1.0%~3.0%;秦岭南缘地区的有机
碳含量为 1.0%~2.0%(马力等,2004)。

表 6-5  四川盆地下寒武统筇竹寺组各类页岩的有机碳含量表

| 井号/剖面 | 深度/m | 岩性 | 有机碳含量/% | | 备注 |
| --- | --- | --- | --- | --- | --- |
| | | | 区间值 | 平均值[①] | |
| 威 3 | 2 640~2 869 | 黑色砂质页岩 | 0.21~2.12 | 0.79/13 | 岩屑 |
| 威 13 | 2 547~2 855 | 灰色砂质页岩 | 0.14~1.08 | 0.44/12 | 岩屑 |
| 威 15 | 2 855~3 205 | 深灰色砂质页岩 | 0.10~2.32 | 0.36/19 | 岩屑 |
| 威 106 | 2 677~2 781 | 黑色页岩 | 1.01~2.95 | 1.98/6 | 岩心 |
| 威基井 | | 黑色页岩 | | 1.68/3 | 岩心 |
| 威 11 | 3 075~3 076 | 黑色和碳质页岩 | 3.45~7.99 | 5.02/3 | 岩心 |
| 威 28 | 2 974.71~2 977.34 | 碳质页岩 | 2.66/1 | 2.66/1 | 岩心 |
| 峨眉山麦地坪蜂蜜崖 | | 黑色泥岩 | 1.92 | 1.92 | 露头 |
| 乐山范店乡 | | 黑色页岩 | 1.05~2.17 | 2.35/2 | 露头 |
| 南江县杨坝乡 | | 黑色页岩 | 0.22~4.33 | 2.12/10 | 露头 |

① 平均值=有机碳含量/样品数。

上扬子与下扬子地区页岩演化程度较高,一般 Ro>3%,甚至可达 5%以上,全
区未见 Ro<1.3%,而 1.3%<Ro<2.0%的情况只有几处;中扬子地区页岩的演化
程度略低,Ro 为 2.0%~3.0%,部分地区还小于 2.0%。目前在扬子区已发现的古
油藏,如贵州瓮安古油藏、麻江古油藏、铜仁古油藏、浙江泰山古油藏、湘西南山坪古
油藏、绍兴坡塘古油藏等,油源均来自于下寒武统烃源岩。滇黔地区的 Ro 为

1.0%~7.0%,大部分地区集中在3.0%~5.0%之间。上扬子与下扬子地区的 Ro 一般大于3%,宣汉—达县地区的 Ro 一般大于4%。中扬子地区相对稍低,Ro 值多为3.07%~3.29%,部分为1.54%,仅个别为0.88%,其主体已进入高过成熟阶段。下扬子苏皖地区的 Ro 值为2.0%~6.0%,主要集中在3.0%~4.0%之间,大部分进入过成熟—变质阶段。

下寒武统烃源岩的分布范围、厚度及有机碳含量在区域上基本稳定,差异不大。上扬子地区的四川盆地南部的烃源岩厚度为200~400 m,有机碳含量为0.5%~5.0%;至黔北、五陵、湘鄂西地区,烃源岩厚度为50~500 m,有机碳含量为0.5%~3.0%;江南隆起北缘生油区的烃源岩厚度为200~400 m,有机碳含量为0.5%~2%;至下扬子地区西北部生油区,烃源岩厚度为50~120 m,有机碳含量为0.5%~5%;皖南和苏南生油区的烃源岩相对不发育,厚度在50 m 左右,有机碳含量为0.5%~4%。下寒武统烃源岩生烃强度较高,部分地区为(100~200)×$10^8$ m³/km²。四川盆地下寒武统筇竹寺组黑色页岩厚度为74~400 m,有机碳含量为0.5%~4.1%,Ro 为1.83%~3.26%。乐山—龙女寺地区下寒武统筇竹寺组发育最好,为一套浅水陆棚环境下沉积的黑色、深灰色页岩,厚度一般为100~400 m,资阳—威远地区较厚,达250~350 m,由古隆起顶部向南部坳陷区厚度大幅度增加。

整个南方地区下寒武统暗色泥页岩的储层厚度、TOC 及 Ro 分布如图6-4所示。威远地区的威5、威9、威18、威22和威28等井下寒武统泥页岩均见气侵井涌和井喷,其中威5井下寒武统筇竹寺组2 795~2 798 m 处页岩井段发现气侵与井

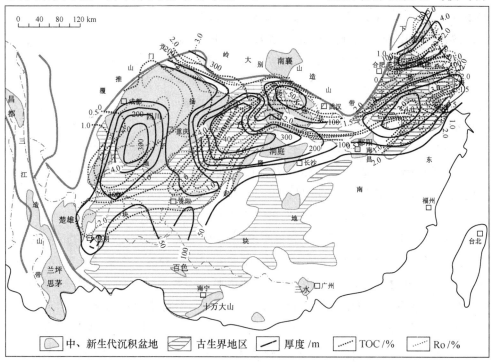

图6-4 南方地区下寒武统暗色泥页岩厚度、TOC 和 Ro 叠合图

喷,中途测试日产气量为 $2.46 \times 10^4$ m³,酸化后日产气量为 $1.35 \times 10^4$ m³。另外,20世纪 70 年代中期在贵州大方地区钻探了方深 1 井,在其下寒武统牛蹄塘组也发现了良好的气显示。该井下寒武统牛蹄塘组钻遇井深 1 686~1 785 m,其上部为一套深灰色碳质粉砂岩、细砂岩与碳质页岩互层,中—下部为黑色碳质页岩,有机碳含量为 2.97%~8.02%,氯仿沥青"A"含量为 0.087%~0.11%,成熟度为高—过成熟。钻井时,在 1 723.4~1 726.7 m 井段见气测异常,泥浆见雨状气泡,含气 38%,点燃后呈蓝色火焰,下伏震旦系全井段气测异常,电测解释六个含气层及三个可能含气层。

3) 上奥陶统—下志留统

晚奥陶世—早志留世期间,暗色泥页岩主要发育在江南—雪峰低隆起(有时为水下隆起)到滇黔隆起以北的克拉通边缘滞流盆地相,为较深水—深水缺氧条件下的非补偿性沉积环境,包括上奥陶统五峰组和下志留统龙马溪组碳硅质泥岩、碳质泥页岩、黑色泥页岩。上奥陶统五峰组—下志留统龙马溪组黑色页岩是我国分布范围最大的黑色页岩之一,其厚度稳定,有机碳含量高,有机质成熟度相对适中,页岩气聚集条件的各项指标相对较好。

上奥陶统五峰组烃源岩分布几乎遍及整个扬子地区,岩性为灰黑—黑色硅质页岩、含砂质页岩、碳硅质页岩及含碳泥质页岩。厚度一般数米至 30 m,在下扬子地区厚度可达 400 m 以上。有机碳含量在中、上扬子地区一般为 1.0%~2.0%,最高可达 6.47%,平均为 1.68%;在下扬子地区一般多小于 1.0%。母质类型以腐泥型干酪根为主,干酪根的 $\delta^{13}C$ 为 $-27.93‰ \sim -32.54‰$(PDB),平均为 $-29.52‰$。泥页岩热演化程度较高,上扬子与下扬子地区的 Ro 一般为 2.0%~3.0%;下扬子苏州一带的 Ro>4.0%;中扬子地区热演化程度稍低,一般 Ro<2.0%。

下志留统龙马溪组(或高家边组)页岩主要为深海、次深海、大陆架缺氧环境下沉积的硅质岩、黑色页岩、碳质页岩、深灰色泥岩,厚度一般为 30~100 m,主要分布在川东南、川东北、鄂西—渝东、中下扬子、塔里木北部等地区。在南方地区,下志留统底部暗色泥页岩形成了以下几个中心区:① 下扬子区,暗色岩厚度为 50~200 m,可进一步划分为厚度在 100~200 m 的南、北两个次级中心;② 中扬子地区暗色岩厚度为 50~200 m,可进一步分为 100~500 m 的咸宁次级中心和 50~200 m 的湘鄂西次级中心;③ 上扬子地区,暗色岩厚度为 100~200 m,阳深 1 井的最大厚度达到 846.6 m,其中诺水河高值区不是沉积厚度高值区,烃源岩的厚度仅有 30 m 左右。

龙马溪组底部多为黑色碳泥质页岩,厚度分布变化较大。上扬子地区泥页岩厚度较大,最厚可达 500 m 以上,中、下扬子地区厚度一般小于 200 m。龙马溪组页岩的有机碳含量高,分布稳定,是一套高效烃源岩。中上扬子生烃凹陷在泸州—梁平一带的有机碳含量为 0.5%~2.34%,至湘鄂西区有机碳含量为 0.53%~3%,平均为 1.74%;下扬子地区的有机碳含量多大于 1%。母质类型以腐泥型干酪根为主,并有少量的腐殖型干酪根,泥质烃源岩干酪根的 $\delta^{13}C$ 相对下伏层位的烃源岩有所偏正，为 $-28.17‰\sim-29.05‰$，平均值为 $-28.85‰$。泥页岩演化程度与上奥陶统基本一致，上扬子与下扬子地区的 Ro 值一般为 $2.0\%\sim3.0\%$，下扬子苏皖地区的 Ro 值大于 $4.0\%$，中扬子地区的演化程度稍低，一般 Ro 小于 $2.0\%$。四川盆地南部下志留统龙马溪组黑色页岩的厚度为 $100\sim700$ m，有机碳含量为 $0.4\%\sim1.6\%$，Ro 值为 $1.83\%\sim3.26\%$。

据四川盆地威远地区 36 口钻井统计，志留系龙马溪组 13 口井中 10 口有气显示。川东南地区阳高寺构造带的阳深 2、宫深 1、付深 1、阳 63、阳 9、太 15 和隆 32 等井在下志留统龙马溪组多处发现气显示，其中阳 63 井下志留统龙马溪组 $3\,505\sim3\,518.5$ m 处的黑色页岩段酸化后可日产气 $3\,500$ m$^3$，隆 32 井下志留统龙马溪组 $3\,164.2\sim3\,175.2$ m 处的黑色碳质页岩段的日产气量为 $1\,948$ m$^3$。

4）二叠系

二叠系具有海陆过渡相性质，但在华北和准噶尔盆地以陆相沉积为主，而华南地区以海相沉积为主。在上扬子区，特别是四川盆地区，黑色海相页岩广泛发育，最大厚度在 150 m 以上，平均厚度大于 50 m。上扬子西南地区和下扬子区主要为海陆过渡相沉积，煤系地层发育。

晚二叠世早期，在华夏古陆、康滇古陆和扬子浅海台地之间形成了近南北向的川中—黔西—滇东和近北东向的江苏东—赣—闽西两条海陆交互的沉积相带，暗色泥页岩和煤层发育良好。晚二叠世晚期海侵扩大，在川北—鄂北—苏南一带形成了高丰度有机碳发育的暗色泥岩。平面上分布范围广，除楚雄盆地和桂中坳陷外，遍及南方其余所有地区。剖面上，上二叠统暗色泥页岩主要分布在龙潭组和大隆组，分布面积达 $87\times10^4$ km$^2$，其中以十万大山盆地和南盘江坳陷最厚，厚度分别为 $200\sim1\,000$ 和 $100\sim412$ m。下扬子地区暗色泥岩的厚度为 $50\sim200$ m，中扬子地区分布范围较小，厚度为 $20\sim40$ m，上扬子石柱—利川地区厚度为 $20\sim50$ m，川南—黔西北—滇东地区暗色泥岩的厚度为 $50\sim200$ m，四川盆地暗色泥岩的厚度为 $20\sim50$ m，南盘江地区暗色岩的厚度为 $50\sim200$ m。

上二叠统有机质类型以腐泥腐殖型—腐殖型为主，有机碳含量为 $0.4\%\sim22.0\%$，各区块的平均有机碳含量为 $1.05\%\sim3.4\%$。下扬子烃源岩的有机碳含量为 $1\%\sim3\%$，中扬子区的有机碳含量为 $1\%\sim3\%$，上扬子石柱—利川区烃源岩的有机碳含量为 $4\%\sim6\%$，川南—黔西北—滇东地区暗色泥岩的有机碳含量为 $0.5\%\sim1\%$，最高可达 $1.5\%$ 以上，四川盆地暗色泥岩的有机碳含量为 $1\%\sim6\%$，甚至大于 $10\%$，南盘江地区暗色岩局部有机碳含量可达 $0.5\%$ 以上，十万大山地区该套暗色泥质岩有机碳含量为 $0.5\%\sim1.0\%$（马力等，2004）。

下扬子大部分地区的 Ro 小于 $1.3\%$，但在沿江地区较高，可达 $2.0\%$ 以上；中扬子大部分地区为 $1.3\%\sim2.0\%$；上扬子四川盆地一般在 $2.0\%\sim3.0\%$，南盘江地区的 Ro 值最高，多为 $3.0\%$ 以上。

**2．北方地区**

这里所说的北方地区是主要是指华北—东北地区。华北—东北地区的页岩气更可能发生在主力产油气层位的底部或下部,例如鄂尔多斯盆地的中—古生界、松辽盆地的中生界、渤海湾盆地埋藏较浅的古近系等,泥页岩累计厚度为 50～2 000 m,平均有机碳含量为 1.0%～2.0%,局部平均值可达 4.0%以上,对应的有机质成熟度变化较大(表 6-6)。

表 6-6　华北—东北地区暗色泥页岩地化指标

| 盆地 | 层系 | | Ro/% | TOC/% | 厚度/m | 氯仿沥青"A"/% |
|---|---|---|---|---|---|---|
| 鄂尔多斯盆地 | 中生界 | 侏罗系 | 0.48～0.74 | 0.98～5.16 | 60～120 | |
| | | 三叠系 | 0.66～1.07 | 0.51～5.81 | 20～500 | 0.04～0.67 |
| | 古生界 | 二叠系 | >1.8 | 1.3～2.07 | 37～125 | |
| | | 石炭系 | 0.6～4.0 | 1.3～2.07 | 50～350 | 0.037 8～0.096 4 |
| | | 奥陶系 | >2.0 | 0.5～2.26 | 40～190 | |
| 南华北 | 新生界 | 古近系 | 0.25～0.5 | 0.34～1.48 | 403～493 | 0.04～1.6 |
| | 中生界 | 下白垩统 | 0.5～3.382 | 0.09～1.56 | 200～1 000 | 0.003～0.098 7 |
| | | 侏罗系 | 1.0～2.0 | 0.15～3.38 | 50～250 | 0.001 6～0.366 6 |
| | | 中上三叠统 | 1.1～2.4 | 0.625 | 500～800 | 0.036～0.145 |
| | 古生界 | | 3.11～3.29 | 2 | 40～250 | 0.010 0～0.105 0 |
| 松辽盆地 | 中生界 | 白垩系 | 0.68～3.3 | 0.36～2.4 | 900～1 500 | 0.15～0.53 |
| 辽河坳陷 | 新生界 | 古近系 | 0.4～2.2 | 0.38～2.83 | 1 000～1 600 | 0.015 9～0.216 7 |
| 冀中坳陷 | 新生界 | 古近系 | 1～1.7 | 1～1.7 | 400～1 200 | 0.003 4～0.422 4 |
| 黄骅坳陷 | 新生界 | 古近系 | 0.5～1.5 | 0.8～3.0 | 1 500～2 000 | 0.262 |
| 济阳坳陷 | 中生界 | | 0.60～1.80 | 0.6～2.3 | 50～200 | 0.006～0.214 |
| | 新生界 | 古近系 | 0.5～2.0 | 0.5～6.0 | 1 300 | |

1) 鄂尔多斯盆地

鄂尔多斯盆地处在中朝板块的西部,与中国祁连山活动带相连,为一大型克拉通叠合盆地,在大地构造属性上处于中国东部稳定区和西部活动带之间的结合部位,现今呈不对称的矩形向斜盆地形态。鄂尔多斯地区自下而上主要发育有四套有效烃源岩,即下古生界海相碳酸盐岩烃源岩、上古生界海相碳酸盐岩烃源岩、上古生界石炭—二叠系烃源岩及中生界三叠系延长组湖相暗色泥岩烃源岩。

上古生界石炭—二叠系暗色泥岩主要发育于煤系地层中,受构造和沉积体系的影响,盆地内厚度变化较大,总体呈现西部厚、东部次之、中部厚度薄而稳定的特点,在 50～350 m 之间,有机碳含量为 1.3%～2.07%,氯仿沥青"A"的含量为0.037 8%～0.096 4%,总烃含量为 1 361～3 891 ppm[1],平均为 2 626 ppm,盆地大部分地区已进入高成熟阶段,Ro>1.3%,总体上介于 0.6%～4.0% 之间。

---

① ppm 表示 $10^{-6}$,下同。

鄂尔多斯盆地中生界三叠系延长组为优质的湖相暗色泥页岩烃源岩,主要分布于盆地的南部,有效烃源岩面积在 $8×10^4$ km$^2$ 以上,厚度为 $300\sim600$ m,烃源岩体积为 $(3\sim4)×10^4$ km$^3$。从延长组 10 亚段(简称长 10,下同)到长 1 有多套烃源岩,从有机质丰度、有机质类型、有机质成熟度及生油能力等方面考虑,长 9—长 4+5,尤其是长 7、长 9,是中生界石油形成的重要烃源岩。其中长 7 处于湖盆发展的全盛期,为盆地中生界主要的烃源岩建造,长 7 的有机质丰度相对较高,有机碳含量平均为 2.08%,氯仿沥青"A"的含量平均为 0.750 5%,总烃含量平均为 5 754.45 μg/g。靖边南部地区长 7 的有机碳含量平均为 1.08%,生烃潜量($S_1+S_2$)平均为 3.16 mg/g。靖边北部暗色泥岩的有机碳含量平均为 1.45%,烃含量平均为 252.83 μg/g。天环地区三叠系延长组暗色泥岩长 7 的有机质丰度相对较高,天环北、环县、环县以南长 7 的有机碳含量的平均值分别为 4.4%、0.98%、5.06%。干酪根以偏腐泥型为主,大部分地区处于成熟阶段,局部地区向高成熟阶段过渡,吴旗—庆阳—富县一带已进入成熟阶段晚期,Ro>1.0%。延长组泥页岩在钻井过程中气测异常活跃,初步展示了良好的页岩气资源勘探前景。中富 18 井在长 7、长 8 的油页岩发育段 910～960 m 处出现了明显的气测异常,而深感应曲线也出现高阻;庄 167 井在长 7 下部泥页岩段 1 840～1 870 m 处出现了明显的气测异常;庄 171 井在长 7 下部和长 8 上部泥页岩段 1 835～1 865 m 处出现了明显的气测异常。

2) 东北地区

东北地区晚古生代海相地层主要是暗色泥页岩。其中石炭—二叠系泥页岩形成于浅海相及湖(沼)相的弱氧化-还原环境,包括海相和陆相,并以陆相湖泊沉积环境为主。东北地区暗色泥页岩的累计厚度为 2 548.33 m,其中哲斯组暗色泥岩、粉砂质泥岩的厚度为 1 352.7 m,大河深组暗色泥岩的厚度为 113 m,寿山沟组暗色板状泥岩的厚度大于 250 m,鹿圈屯组暗色泥岩的厚度为 832.63 m。内蒙古中部地区暗色泥岩的累计厚度为 270 m,其中早石炭世红水泉组下段暗色泥岩的厚度为 120 m。东北地区有机碳含量周边低,中部高,平均为 1.02%,Ro 平均为 3.16%。有机质类型主要以 Ⅱ、Ⅲ 型为主。平面上,由西向东,海水变深,二连盆地页岩发育条件可能优于松辽盆地。总体上,东北地区古生界暗色泥页岩的有机碳含量高,热演化程度高,生气潜力较低,烃源岩有机质类型主要以 Ⅲ 型为主。

东北地区中生界暗色泥页岩主要发育于侏罗—白垩系,其中松辽盆地发育的白垩系湖相黑色、褐色及灰色泥页岩的厚度在 900～1 500 m 之间,有机碳含量为 0.36%～2.4%,氯仿沥青"A"为 0.15%～0.53%,总烃含量为 62～1 682 ppm,Ro 为 0.68%～3.3%;二连盆地下白垩统暗色泥页岩的有机碳含量为 0.52%～15.19%,平均为 1.35%～2.06%,厚度在 200～600 m 之间,目前处于低熟—成熟阶段。

东北地区新生界暗色泥页岩主要发育于第三系,平面上广泛分布,其中辽河坳陷下第三系湖相泥岩的厚度在 1 000～1 600 m 之间,局部地区的厚度达 2 000 m,有机质丰度较高,有机碳、氯仿沥青"A"、总烃的含量分别为 0.38% ～2.83%、0.015 9%～0.216 7%、24～1 142 ppm,Ro 为 0.4%～2.2%,埋深在 5 000 m 以下的主力烃源岩大部分处于过成熟演化阶段;伊兰伊通盆地的暗色泥页岩的厚度在各区的横向上都有变化,厚度多在 150 m 以上,最厚可达 600 m 以上,有机碳含量为 0.2%～6.47%,主要为湖相有机质,且以 II$_2$、III 型为主,其中 III 型更多,同时还有少量的 I、II$_1$ 型。

### 3. 西北地区

西北地区页岩气分布更多地受现今盆地特点的约束,区域上分布的中生界(侏罗系及三叠系等)和盆地边缘埋深较浅的古生界泥页岩相对有利,其有机碳含量平均值普遍较高,成熟度变化范围较大(表 6 - 7)。

表 6 - 7　西北地区烃源岩地化指标

| 指标<br>盆地 | | 层系 | Ro/% | TOC/% | 厚度/m | 氯仿沥青<br>"A"/% |
|---|---|---|---|---|---|---|
| 准噶尔盆地 | 新生界 | 古近系 | <0.5 | 0.04～4.5 | 30～60 | 0.021 0～0.096 0 |
| | 中生界 | 白垩系 | <0.5 | 0.06～0.08 | 50～250 | 0.023 |
| | | 侏罗系 | 0.48～0.74 | 0.98～5.16 | 200～500 | 0.005～0.52 |
| | | 三叠系 | 0.4～0.8 | 0.53～7.5 | 30～257 | 0.052 |
| | 古生界 | 二叠系 | 1.38～1.9 | 0.085～2.93 | 373.9～457.6 | 0.001 4～0.149 3 |
| | | 石炭系 | 1.87～2.62 | 3.05～4.81 | 95～210 | |
| 塔里木盆地 | 中生界 | 侏罗、三叠系 | 0.5～2.8 | 2.5～23.7 | 230～565 | 0.001 5～0.362 5 |
| | 古生界 | 石炭—二叠系 | 0.50～4 | 0.5～3.4 | 23～293 | |
| | | 奥陶系 | 0.81～1.75 | 0.5～2.78 | 22～342 | 0.047～0.409 |
| | | 中、下寒武统 | 1.44～2.84 | 0.5～5.52 | 153～336 | 0.001 6～0.019 6 |
| 吐哈盆地 | 中生界 | 中、下侏罗统 | 0.5～1.0 | 0.5～2.5 | 300～700 | 0.02～1.53 |
| | 古生界 | 二叠系 | 1.5～2.5 | 1.33～2.93 | 100～400 | 0.003～0.04 |
| 柴达木盆地 | 新生界 | 第四系 | 0.2～0.47 | 0.33～9.06 | 0～800 | 0.02～0.6 |
| | | 第三系 | 0.25～1.2 | 0.29～0.89 | 2 000 | 0.052～0.271 |
| | 中生界 | 侏罗系 | 0.40～2.18 | 0.28～5.89 | 9～916 | 0.003 5～0.439 1 |

#### 1) 塔里木盆地

塔里木盆地位于天山以南,是一个由古生代克拉通盆地与中新生代前陆盆地组成的大型复合、叠合盆地,发育了两套下古生界烃源岩,即寒武系—下奥陶统和中上奥陶统烃源岩。

塔里木盆地位于中下寒武统发育了一套欠补偿相的黑色页岩,其有效厚度为 153～336 m,有机碳含量为 0.5%～5.52%,最高可达 14%,氯仿沥青"A"为

0.001 6%～0.019 6%,总烃含量为 26～102 ppm,Ro 介于 1.44%～2.84%之间,属
于过成熟演化阶段,生烃潜力为 0.12～1.07 mg/g,是一套非常有效的烃源岩。中
上奥陶统暗色泥页岩缺乏陆相高等植物的混入,其有机母质主要来源于低等水生生
物(藻类及浮游生物),有机质类型以 Ⅰ 型(即腐泥型)为主,厚度介于 22～342 m 之
间,有机碳含量为 0.5%～2.78%,成熟度为 0.81%～1.75%,氯仿沥青"A"为
0.047%～0.409%,处于成熟阶段。中生界烃源岩主要为碎屑烃源岩,其厚度一般为
230～565 m,有机碳含量为 2.5%～23.7%,氯仿沥青"A"为 0.001 5%～0.362 5%,平
均为 0.035%,总烃含量为 9～612 ppm,平均为 117 ppm,Ro 为 0.5%～2.8%,大部
分地区处于高—过成熟阶段,有机质类型主要以 Ⅲ 型为主。

2) 准噶尔盆地

准噶尔盆地为一个大型多旋回叠合复合盆地,发育了中上石炭世—第四纪沉
积,最大沉积岩的厚度为 15 000 m。盆地为多阶段演化,具有全层系含油、满盆含
油以及既富油也富气的特点。据研究,准噶尔盆地发育了下石炭统、上二叠统、中
下侏罗统和古近系等多套有效烃源岩。其中二叠系为盆地最重要的烃源岩层系,
也是形成页岩气的主要层系,主要发育在南缘东部博格达山前和东北缘克拉美丽
山前。

准噶尔盆地二叠系烃源岩的有机碳含量为 0.085%～2.93%,变化范围较大,
Ro 介于 1.38%～1.9%之间,厚度介于 374～458 m 之间,是一套很好的烃源岩;侏
罗系湖沼相源岩分布广,厚度大,有效厚度在 200～500 m 之间,有机碳含量高低相
差较大,在 0.98%～5.16%之间变化,氯仿沥青"A"为 0.005%～0.52%,平均为
0.15%,Ro 在 0.48%～0.74%之间,干酪根以 Ⅱ₂、Ⅲ 型为主。目前,克拉美丽山前
滴南 3、滴南 4、火 3、火北 1、大 3、大 8 等井钻遇了二叠系页岩地层,并有良好的油气
显示,气测值为 1 200～80 000 μg/g;博格达山前小 1、2、3、4 等井在二叠系页岩中可
见到良好显示,有页岩地层裂缝发育,对页岩地层试气时个别井获得了少量的页
岩气。

3) 吐哈盆地

吐哈盆地主要发育了两套主力烃源岩,即中侏罗统煤系源岩和二、三叠系湖相
源岩。其中二叠系湖相泥岩是吐哈盆地的主力烃源岩,有效厚度为 100～400 m,有
机碳含量为 1.33%～2.93%,氯仿沥青"A"为 0.003%～0.04%,平均为 0.02%,总
烃含量为 385～546 ppm,Ro 为 1.5%～2.5%,生烃潜力为 2.06 mg/g,有机质类型
以 Ⅲ₂ 型为主,是一套好级别的烃源岩。中下侏罗统湖相泥岩的有效厚度为 300～
700 m,有机碳含量为 0.5%～2.5%,氯仿沥青"A"为 0.02%～1.53%,平均为
0.37%,总烃含量为 72～862 ppm,平均为 253 ppm,Ro 在 0.5%～1.0%之间,干酪
根主要以 Ⅲ₂ 型为主。

4) 柴达木盆地

柴达木盆地位于祁连山以南,主要发育了三套烃源岩,即上三叠统—中下侏罗

统、第三系及第四系暗色泥页岩。

柴达木盆地中生代烃源岩与西北地区其他盆地类似,以侏罗系地层为主。其中,中、下侏罗统暗色泥岩和碳质泥岩主要分布在柴达木盆地北缘,有机碳含量介于0.28%~5.89%之间,Ro 在 0.25%~1.2%之间,厚度为 9~916 m。总体上,其有机质丰度高,有机质类型为中等—差,成熟度高,是一套好的烃源岩。第三系烃源岩主要分布在柴西地区,平均厚度达 2 000 m 左右,有机碳含量为 0.29%~0.89%,Ro 为 0.25%~1.2%,氯仿沥青"A"为 0.052%~0.271%,平均为 0.12%,总烃含量为485~2 136 ppm,平均为 989.6 ppm,有机质类型为中等—差,成熟度较差,处于生油高峰期。第四系烃源岩主要分布在柴东地区,岩性主要为碳质泥岩、灰色及黑色泥岩,有机碳含量为 0.33%~9.06%,Ro 为 0.2%~0.47%,最大厚度可达 800 m,尚处于早期成岩阶段,有机质仍处于未成熟阶段。

### 4. 青藏地区

青藏高原地区位于特提斯构造域的中亚及东南段,是世界上形成时代最新、面积最大的高原地区,也是我国海相三叠系—新近系沉积分布面积最大、最集中的地区,发育中—新生代沉积盆地约 27 个,其中羌塘盆地、伦坡拉盆地、措勤盆地等都是页岩气发育的场所(表 6 - 8)。

表 6 - 8　青藏地区暗色泥页岩地化指标

| 盆地＼指标 | 层系 | | Ro/% | TOC/% | 厚度/m |
|---|---|---|---|---|---|
| 羌塘盆地 | 中生界 | 侏罗系 | 0.35~2.31 | 0.45~6.17 | 1 500~2 500 |
| | | 下三叠统 | 0.62~3.35 | 0.06~6.23 | 500~1 000 |
| | 古生界 | 二叠系 | 1.22~2.45 | 0.03~2.49 | 100~194.39 |
| 伦坡拉盆地 | 新生界 | 新近系 | 0.6~1.1 | 0.4~1.35 | 1 200 |
| 措勤盆地 | 中生界 | 下白垩统 | 0.99~1.95 | 0.08~8.89 | 137~486 |

羌塘盆地位于青藏高原北部,夹于可可西里—金沙江断裂缝合带与班公湖—怒江断裂带之间,南北边界断裂控制了盆地形态和地质构造特征。羌塘盆地自加里东运动以来,经历了盆地产生、兴盛、消减和消亡的全过程。各期构造运动对盆地的控制作用明显不同,海西运动形成了统一的羌塘地块,接受了中生界三叠系—侏罗系广泛的海相沉积地层。因此,羌塘盆地中生界广泛分布着四套烃源岩,即上三叠统肖茶卡组($T_{3x}$)、中侏罗统布曲组($J_{2b}$)、中侏罗统夏里组($J_{2x}$)和上侏罗统索瓦组($J_{3s}$)。古生界、下侏罗统曲色组($J_{1q}$)、中侏罗统雀莫错组($J_{2q}$)、上侏罗统雪山组($J_{3x}$)中的烃源岩呈局部分布。

古生界热觉茶卡组泥页岩的有机碳含量为 0.36%~2.49%,平均为 1.09%,Ro为 1.91%~2.45%,平均为 2.09%,是一套中等—较好的烃源岩。肖茶卡组是一套开阔台地—浅海大陆架相灰岩、砂泥页岩沉积。泥页岩的有机碳含量为 0.06%~

6.23%,平均为 2.76%,Ro 为 0.62%～3.35%,平均为 1.35%,有机质类型主要为 Ⅱ₁ 型。总体上,该套泥页岩为中等—较好的烃源岩。

　　布曲组为一套广海大陆架陆坡沉积,以页岩沉积为主,厚度逾千米,通常在 1 615 m 左右,平面上主要分布在南羌塘坳陷的中南部,平均有机碳含量为 0.57%,主要以 Ⅱ₂ 型有机质类型为主,Ro 平均值为 1.34%,处于高成熟阶段,是一套中等—较好的烃源岩。

　　夏里组厚度一般为 600～1 000 m,是一套以三角洲—滨岸、岛湖、潮坪相砂泥岩为主的沉积,其沉积中心位于北羌塘坳陷中西部及南羌塘坳陷中部,泥页岩厚度大于 100 m,最高可达 713 m,残余有机碳含量大于 0.8%,局部区域可达 15.17%,平均为 6.17%,有机质类型以 Ⅱ₂ 型为主,Ro 平均值为 0.93%,处于成熟阶段,是一套较好的烃源岩。

　　索瓦组为海退背景沉积,泥岩主要发育在盆地东部,有机碳含量在 0.35%～3.21% 之间,平均为 0.67%,有机质类型以 Ⅰ 型为主,Ⅱ₁ 型次之,处于成熟—过成熟阶段,是一套中等—好的烃源岩。

　　此外,伦坡拉盆地的烃源岩主要发育在古今系牛堡组 2、3 段和丁青湖组 1 段,以半深湖—深湖相泥页岩为主,有机碳含量为 0.4%～1.35%,平均为 0.88%,Ro 值为 0.6%～1.1%,厚度可达 1 200 m,有机质类型主要为 Ⅰ 型为主,基本上处于未熟—成熟阶段。可可西里盆地可能具有烃源岩发育的层系为古新世—始新世沱沱河组和中新世五道梁群湖相泥页岩。措勤盆地暗色泥页岩主要发育于下白垩统多尼组,厚度为 137～486 m,有机碳含量最高为 0.88%～8.89%,平均为 1.54%,有机质类型以腐殖型为主,Ro 值为 0.99%～1.95%,处于成熟—高成熟阶段。

### 6.2.3　中国页岩气资源量

　　整体上来看,中国泥页岩发育层位多、厚度大,分布广、面积大,中国海相地层分布的总面积为 455×10⁴ km²,其中陆上的海相沉积区面积达 330×10⁴ km²,海域的新生代海相盆地面积为 85×10⁴ km²,青藏高原中生界沉积区面积为 100×10⁴ km²(贾承造等,2007)。计算中国页岩气资源量时,考虑到技术和经济的可行性,对于埋藏深度大于 4 km 的页岩暂时不计算在内。在对不同盆地和地区主要页岩层系的体积和有机地球化学参数进行统计的基础上,可采用地质类比法(与美国相似盆地和地区进行类比)、体积统计计算法、地球化学分析法等多种方法进行计算。由于沉积环境在地质历史上的多重复杂变化,故海相、海陆过渡相以及陆相形成的有机质在中国均有发育。另外,受板块结构及地质演变的复杂特点的影响,有机质类型、含量、生气能力和特点变化亦差别明显。因此对计算参数的选取可采用数据统计法(图 6-5、图 6-6);对条件相对成熟的地区,含气量的取值可采用实验分析法。

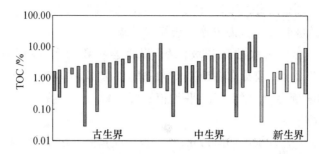

图 6-5　不同时代暗色泥页岩的平均有机质丰度

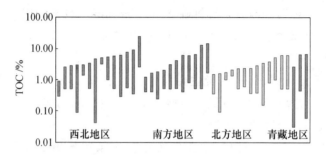

图 6-6　不同地区暗色泥页岩的平均有机质丰度

中国的页岩发育地质条件复杂(表 6-9),对页岩气的勘探和认识程度还不足,资源计算过程中对许多参数还难以准确地把握。结合各主要盆地中页岩的地质特点,可采用统计类比分析法对中国的页岩气资源进行初步的计算和分析。

表 6-9　中美典型聚气页岩的生气条件对比

| 国家 | 盆地 | 页岩名称 | 地层时代 | TOC/% | Ro/% | 页岩毛厚/m | 天然气成因 |
|---|---|---|---|---|---|---|---|
| 美国 | 圣胡安 | Lewis | 上白垩统 | 0.5～2.5 | 1.6～1.9 | 152～579 | 热解、裂解 |
| | 阿巴拉契亚 | Ohio | 石炭系 | 0.5～23 | 0.4～1.3 | 91～610 | 热解 |
| | 密歇根 | Antrim | 泥盆系 | 0.3～24 | 0.4～1.6 | 49 | 生物、热解 |
| | 伊利诺伊 | New Albany | 泥盆系 | 1～25 | 0.4～1.3 | 31～122 | 生物、热解 |
| | 福特沃斯 | Barnett | 泥盆系 | 1～4.5 | 1.0～1.4 | 61～91 | 热解 |
| 中国 | 柴达木 | 七个泉 | 第四系 | 0.3～0.6 | 0.2～0.5 | 0～800 | 生物 |
| | 渤海湾 | 沙三段 | 古近系 | 0.3～33.0 | 0.3～1.0 | 230～1 800 | 生物、热解 |
| | 松辽 | 青一段 | 白垩系 | 2.2 | 0.7～3.3 | >100 | 热解、裂解 |
| | 松辽 | 沙河子组 | 白垩系 | 0.7～1.5 | 1.5～3.9 | 100～350 | 裂解 |
| | 羌塘盆地 | 夏里组 | 中侏罗统 | 0.3～6.2 | 1.4 | 400～600 | 裂解、生物再作用 |
| | 吐哈 | 水西沟群 | 中下侏罗 | 1.3～20 | 0.4～1.1 | 50～600 | 生物、热解 |
| | 准噶尔 | 西山窑组 | 中侏罗 | 0.2～6.4 | 0.6～2.5 | 350～400 | 热解、裂解 |
| | 四川 | 须家河 | 上三叠统 | 1.0～4.5 | 1.0～2.2 | 150～1 000 | 热解、裂解 |

续表

| 国家 | 盆地 | 页岩名称 | 地层时代 | TOC/% | Ro/% | 页岩毛厚/m | 天然气成因 |
|---|---|---|---|---|---|---|---|
| 中国 | 鄂尔多斯 | 延长 | 三叠系 | 0.6~5.8 | 0.7~1.1 | 50~120 | 热解 |
| | 鄂尔多斯 | 山西 | 石炭—二叠系 | 2.0~3.0 | >1.3 | 60~200 | 热解 |
| | 南方 | 龙潭 | 上二叠统 | 0.4~22.0 | 0.8~3.0 | 20~2 000 | 裂解、生物再作用 |
| | 南方 | 龙马溪 | 下志留统 | 0.5~3.0 | 2.0~3.0 | 30~100 | 热解、生物再作用 |
| | 南方 | 筇竹寺 | 下寒武 | 1.0~4.0 | 3.0~6.0 | 20~700 | 热解、生物再作用 |

采用上述方法计算的中国页岩气可采资源量大约为 $26 \times 10^{12}$ m³。由于计算过程中未对所有地区和盆地的所有可能的页岩气层位进行分析,故计算结果难免有以偏概全之嫌。这一计算结果大体上与美国的 $28 \times 10^{12}$ m³ 的可采资源量相当,故从理论上看,当所投入的页岩气勘探及研究工作量与美国大致相当时,我国的页岩气产能也将达到与美国基本相同的水平。计算结果还表明,南方、北方、西北及青藏地区的页岩气可采资源量分别占总量的 46.8%、8.9%、43% 和 1.3%;古生界、中生界和新生界的页岩气资源量分别占总量的 66.7%、26.7% 和 6.6%(图 6-7、图 6-8)(张金川等,2009)。

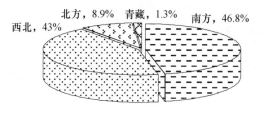

图 6-7　不同地区页岩气资源量百分比

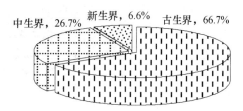

图 6-8　不同时代页岩气资源量百分比

关于中国页岩气的地质资源量,不同学者和机构曾用不同的方法进行过预测,数值各有不同。Ronger(1997)预测,中亚及中国的页岩气地质资源量为 $99.8 \times 10^{12}$ m³,虽然这并非是对中国页岩气资源量进行的单独预测,但是就目前情况来看,中亚的页岩气资源尚少,由此可推断,中国的页岩气的地质资源量是很大的。中国地质大学(北京)张金川等(2009)预测,中国页岩气的技术可采储量为 $26 \times 10^{12}$ m³,这是目前国内普遍认可的,如果按照 20% 的技术可采比率计算,则中国的页岩气地质储量约为 $130 \times 10^{12}$ m³。2009 年,国土资源部油气资源战略研究中心初步估算,我国页岩气地质资源量为 $155 \times 10^{12}$ m³,可采资源量约为 $31 \times 10^{12}$ m³。中石油勘探开发研究院邹才能等(2010)初步预测,中国的页岩气地质资源量为 $(30~100) \times 10^{12}$ m³,技术与经济可采资源量正在研究之中。EIA(2011)对全球页岩气资源进行了评估,预测中国的页岩气技术可采储量为 $36 \times 10^{12}$ m³。

2012 年 3 月,国土资源部首次公布了我国页岩气资源数据。根据全国页岩气资源潜力调查评价和有利区项目评价结果,我国页岩气地质资源量为 $134.42 \times 10^{12}$ m³,可采资源量为 $25.08 \times 10^{12}$ m³。

# *6.3* 中国页岩气研究历程及勘探开发

中国是世界上最早利用天然气的国家。早在西汉时期(公元前 206 年—公元 26 年),四川临邛(今四川省临邛县)一带就凿有天然气井,并采气用于熬盐和照明,当时天然气井被称为"火井"(见扬雄的《蜀王本纪》),这比最早使用天然气的英国(1668 年)早了 1 600 多年,比美国第一口天然气井(1821 年)早了 1 800 多年。到了晋太康元年(公元 280 年),自流井地区已实现规模化凿井采气和汲卤熬盐,至道光年间(公元 1821—1850 年),盐井已经加深至 900 m 左右,自流井地区已钻入下三叠统嘉陵江组石灰岩,此时盐卤与天然气生产已经达到一定的规模(图 6 - 9)。

图 6 - 9　四川卓筒井(顿钻小口井)钻井图

虽然我国是世界上最早开发和利用天然气的国家,但是对于泥页岩的研究起步较晚。国内页岩气的研究最早始于 20 世纪 60 年代,与美国的早期研究类似,我国研究者通常使用"泥页岩油气藏"、"泥岩裂缝油气藏"以及"裂缝性油气藏"等术语对该类气藏进行描述,并在主体上将该类油气藏理解为"聚集于泥页岩裂缝中的游离相油气",认为油气的存在主要受裂缝控制,而较少考虑其中的吸附作用。随着研究程度的深入,自 20 世纪 80 年代中期以来,美国的"页岩气"研究发生了概念和认识上的重大变化,页岩气逐渐被赋予了新的含义。这是现代意义的"页岩气"研究的开始。

## *6.3.1* 中国页岩气研究历程

### 1. 裂缝性油气研究

我国页岩气研究从 20 世纪 60 年代开始,已陆续在不同盆地中发现了工业性泥页岩裂缝油气藏,例如松辽、渤海湾(包括车镇凹陷、沾化凹陷、东濮凹陷等)以及南襄、苏北、江汉、四川、酒西、柴达木、吐哈等盆地。

我国对裂缝性油气的研究较早,并取得了大量的研究成果。高瑞祺(1984)对泥岩异常高压带油气的生成和排出特征及泥岩裂缝油气藏的形成进行了探讨,认为异常高压带的存在对于油气的生成和排除具有明显的影响,并与泥岩裂缝圈闭的形成有一定的联系。张绍海等(1995)认为,页岩气储层物性致密,含气特征(含烃饱和度、储存方式及压力系统)差异较大,产量低但生产周期较长。王德新等(1996)研究了泥页岩裂缝的分布特点以及裂缝的油、气藏地质特点,认为油、气主要受裂缝的控制,单井产量变化大,大部分岩层既是生油层又是储油层,水平钻井是进行泥页岩油气藏开发的最好方法,裂缝储层中的水平井完井多采用裸眼、筛管、衬管、封隔器等完井方式。马新华等(2000)认为,中国东部一些地区(如东濮和沾化凹陷)已在页岩中获得了商业气流,预计在页岩气领域会有更多盆地获得突破。张金功等(2002)认为,泥质岩裂缝油气藏的成藏条件包括烃源岩、裂缝、盖层及圈闭,泥质岩裂缝油气藏大都分布在超压泥质岩微裂缝带中,裂缝不发育的泥岩及膏岩、盐岩可以作为泥质岩裂缝油气藏的盖层,单斜圈闭和背斜圈闭是泥岩裂缝油气田的重要圈闭类型。刘魁元等(2001)认为,沾化凹陷"自生自储"泥岩油气藏的泥岩储集层形成于半深水—深水、低能、强还原环境中。徐福刚等(2003)进一步指出,沾化凹陷油气藏厚层富含有机质的暗色生油岩是油气储层之一,泥质岩油气显示段主要分布在斜坡带上靠近断层的地方并具有高压异常。目前,虽然许多研究者均已注意到了现代概念页岩气的勘探潜力和开发价值,但仍主要侧重于"泥页岩裂缝油气藏"的研究。已有一些研究者将注意力集中于"聚集在裂缝中的游离相"的天然气,这丰富了油气成藏地质研究的内容,为具有吸附气特点的页岩气研究奠定了基础。

**2. 现代概念的页岩气研究**

近年来,许多研究者逐渐注意到页岩气在成藏机理及其分布规律上的特殊性,认为它是一种极富有勘探潜力和前景的天然气聚集基本类型。目前越来越多的研究者已认同 Curtis 和 Martini 等人提出的观点,即吸附作用是页岩气聚集的基本属性之一。国内许多研究者也注意到页岩气的勘探开发价值,在研究过程中已认识到泥页岩中天然气存在的吸附性问题。现代概念的页岩气研究悄然起步。张金川等(2003;2004;2008)对同时具有游离和吸附特点的现代页岩气的特点及成藏机理进行了探讨,认为页岩气是指主体位于暗色泥页岩或高碳泥页岩中,以吸附或游离状态为主要存在方式的天然气聚集,页岩气具有饱含气性、隐蔽成藏、自生自储等特点。曾庆辉等和薛会等指出了我国页岩气可能分布的主要领域和层系。聂海宽等(2009)讨论了页岩气成藏控制因素,并对中国南方页岩气发育有利区进行了预测,认为南方地区下寒武统和下志留统具备页岩气发育的良好条件,是南方页岩气发育最有利的层系。

我国对页岩储层开发技术的研究时间较晚。李新景等(2007)总结了北美地区页岩气勘探开发的经验,认为页岩气是有发展前景的资源,页岩气投入商业开发的前提是综合评价,钻采技术是动用页岩气储量的关键。刘洪林等(2009)介绍了国外页岩气开发的技术,并讨论了国内页岩气开发技术的适用条件,结合国内现有的技术,提出了适合我国页岩气勘探开发的技术设想及未来的发展方向。唐颖等(2010)介绍了页岩气开发时水力压裂的常用技术,并分析了其适用特点,认为现阶段可以从两个方面着手:一是老井的重复压裂,二是新井的清水压裂。江怀友、唐嘉贵等从其他方面讨论了国内页岩气开发的适用技术。

### 6.3.2 中国页岩气勘探开发进展

自 1993 年成为石油净进口国以来,我国的石油净进口量连年递增,2004 和 2008 年分别冲破了 1 亿吨和 2 亿吨。2009 年,中国的原油生产出现了 28 年以来的首次负增长,石油对外依存度冲过 50% 的防线。与此同时,我国在 2006 年成为天然气净进口国,2009 年的天然气供应缺口超过 $40 \times 10^8$ m³(据中国石油和化学工业联合会数据),2010 年年初两次出现"气荒",对我国能源安全造成了进一步冲击。天然气是国家能源安全的重要防线之一,但我国的天然气能源短缺的现象十分严重,已成为近年来中国经济运行中的顽疾和可持续发展的瓶颈。页岩气作为一种新能源,在我的资源储量十分巨大,其有效开发既能减少经济发展给常规能源带来的压力,也对能源的可持续发展具有重要的意义。

在我国大力推进页岩气的勘探开发已基本达成共识,相关政府机构和国家领导人也对页岩气开发给予了高度重视。2009 年 11 月 15 日,美国总统奥巴马首次访问中国,中美共同签署了《中美关于在页岩气领域开展合作的谅解备忘录》。2010 年 5 月 30 日,中美在 2009 年备忘录的基础上,进一步签署了《美国国务院和中国国家能源局关于中美页岩气资源工作行动计划》,商定利用美国在开发非常规天然气方面的经验,并在符合中国有关法律、法规的前提下,就页岩气资源评价、勘探开发技术及相关政策等开展合作,以促进中国页岩气资源的开发。中美共同宣布第五次中美能源政策对话和第十届中美油气工业论坛于 2010 年 9 月在美国召开。此次油气论坛的议程是以页岩气开发为主,还包括到美国的页岩气田进行参观和调研。

国土资源部油气资源战略研究中心是我国具体从事油气资源战略政策研究、规划布局、选区调查、资源评价以及油气资源管理、监督、保护和合理利用的部门,数年来一直致力于推动页岩气勘探开发的各项研究工作,组织了多方力量进行攻关,以解决勘探开发的基础性和战略性问题,并开展了先行性的调查研究和示范推广工作。2005—2010 年,国土资源部油气资源战略研究中心在川渝鄂、苏浙皖及中国北方部分地区共 40 万平方公里的范围内开展了调查和勘查示范研究。在此基础上,2011 年,国土资源部油气资源战略研究中心在全国部署了页岩气资源潜力的调查,开展了勘查基本理论、方法和产业政策的研究,力争在 2011 年年底给出初步评估成果,为页岩气的勘探开发规划、政策制定、矿业权招标出让以及资源勘查提供基本依据。同时,按照国土资源部"调查先行,规划调控,招标出让,多元投入,加快突破"的找矿机制,国土资源部油气资源战略研究中心还积极开展了相关政策和矿业权招标出让的研究,以促进页岩气资源的勘探开发。作为我国最早开始进行页岩气教学与研究的高校,中国地质大学(北京)先后承担了全国油气资源战略选区调查与评价等国家专项、国家自然科学基金项目以及国家科技重大项目等研究任务,完成了一批与页岩气相关的研究课题,取得了一系列具有创新性的研究成果。

早在 2004 年,国土资源部油气资源战略研究中心和中国地质大学(北京)就开始了页岩气资源的研究工作,通过比对湖南、四川等地的成矿条件后认为,渝南和东南地区广泛分布着下寒武、下志留、中二叠三套地层,不少地方具有形成大规模页岩气藏的可能性,其中綦江、万盛、南川、武隆、彭水、酉阳、秀山和巫溪等区县是页岩气成藏最有利的区带,因此被确定为首批实地勘查的目标区。2009 年 10 月,国土资源部油气资源战略研究中心在重庆市綦江县启动了中国首个页岩气资源勘查项目,这标志着继美国和加拿大之后,中国正式开始了页岩气这一新能源的勘探开发。同年12 月,我国第一口页岩气勘探浅井——渝页 1 井在重庆市彭水县连湖镇顺利完钻。国土资源部油气资源战略研究中心、中国地质大学(北京)、中国石油天然气集团公司、中国石油化工集团公司、中国海洋石油总公司等分别利用各自优势展开了页岩气研究,例如中国地质大学(北京)承担了国家自然科学基金的《页岩气聚集机理与成藏条件》项目,国土资源部油气资源战略研究中心主持开展了《中国重点地区页岩气资源潜力及有利区优选》项目,中国石油天然气集团公司与美国新田石油公司于 2007 年签署了《威远地区页岩气联合研究》的合作勘探项目,中石化石油勘探开发研究院完成了四川盆地古生界和鄂尔多斯盆地中生界的页岩气评价等。

2010 年 4 月,由国土资源部油气资源战略研究中心主办的"页岩气资源战略调查和勘探开发学术研讨会"在重庆召开,来自国内油气领域的产、学、研各界的专家、科技人员以及政府部门的代表 180 多人参加了该会议,这是国内首次对页岩气资源、战略以及勘探开发问题进行学术研讨。与会专家指出,页岩气的勘探开发将对我国油气资源格局产生重要的影响。但页岩气勘探开发中有许多未知的情况,一些基本问题仍在探索中,需要研究解决的问题很多,必须扎扎实实地开展工作,找出关键问题,确定攻关目标,加大油气战略调查力度,为提高我国油气资源保障能力作出贡献。2010 年 4 月,国家发展改革委员会与美国贸易发展署在北京联合举办了"中美天然气培训项目——页岩气开发培训班",来自中国石油天然气集团公司、中国石油化工集团公司、中国海洋石油总公司等及国内高校的管理和技术人员 100 余人参加了培训,与会专家分别就美国页岩气开发的历史、经验、策略、评估与运营、完井设计、水力压裂设计与评估、现场优化以及页岩气开采技术的综合应用等做了系统深入的讲解。2010 年 5 月,中国石油化工集团公司华东分公司经过老井复查并设计压裂的页岩气井方深 1 成功地实施了大型压裂改造,这标志着中国石油化工集团公司在页岩气勘探开发方面迈出了实质性的一步。2010 年 5 月,延长石油集团对陆相页岩气井柳评 177 实施压裂试气并点火成功,当月又对新 57 井实施压裂并成功产气,这标志着延长石油集团在非常规油气资源开发上取得了实质性的进展和重大突破,反映了我国陆相页岩储层勘探开发的前景良好。

2010 年 6 月,由中国地质大学(北京)申请举办的第 376 次香山科学会议"中国页岩气资源基础及勘探开发基础问题"在北京香山饭店举行,赵鹏大、戴金星、贾承造、康玉柱院士,金之钧、张金川教授等 60 多名专家、学者参加了会议。与会人员围绕中国页岩气的地质基础、资源潜力及勘探的有利方向、勘探开发的基础问题、勘探开发的发展趋势及应对策略等中心议题进行了深入讨论。与会专家和学者经过研讨认为,我国页岩特征南北差异大,南方型以分布面积大、单层厚度大、有机碳含量高、埋深适中、有机质热演化程度高的古生界海相黑色页岩为主,是我国有望最早获得页岩气勘探开发突破的区域;中国页岩层系有机质富集规律、富有机质页岩生气与吸附机理、页岩气聚集条件与富集机理是页岩气开发中最为关键的几个科学问题,目前传统的实验室测试、储层分析、资源预测和选区、钻井完井等技术还难以满足页岩气勘探开发的需要,亟待结合具体地区页岩的特点进行改进和提高;美国页岩气工业的快速发展得益于其政府税收政策的大力支持、众多公司的持续投入和积极实践、以高校等研究机构为领头雁的研究联合体的技术支撑,三者共同构成美国页岩气工业快速发展的主体因素,我国可借鉴美国的管理、产业和科研三结合模式,积极稳妥地推进页岩气工业的快速发展。会议还对中国页岩气的发展提出了很多建设性的意见。

2010 年 8 月,国家能源页岩气研发(实验)中心在中国石油勘探开发研究院廊坊分院成立,这是我国首个专门从事页岩气开发的科研机构。国家能源页岩气研发(实验)中心成立后,将按照国家能源局授予的任务,开展页岩气的理论研究、技术攻关以及设备研发等工作,加强国际合作交流,走引进、消化、吸收、再创新的路子,为加快我国页岩气的开发作出贡献。2010 年 9 月,中国石油西南油气田公司于 2009 年部署的威 201 井喜获井口测试日产量 $1.08 \times 10^4$ $m^3$ 的工业性天然气气流。威 201 井压裂成功并获气是学习借鉴和消化吸收国外页岩气勘探开发领域的先进技术和成功做法,并进行自主设计和施工的一个典型范例,取得的各项成果和资料将对中国页岩气的勘探开发起到指导作用。2010 年 10 月,中国海洋石油有限公司宣布中国海洋石油国际有限公司购入 Cheaspeak 公司鹰滩页岩油气项目共 33.3% 的权益,交易价格为 10.8 亿美元,此外,中国海洋石油总公司同意在未来替 Cheaspeak 公司支付其所持有权益中 75% 的钻完井费用,总额为 10.8 亿美元,这标志着中国第三大石油公司正式进军页岩气勘探开发领域。

2011 年 4 月,由中国地质大学(北京)和国土资源部油气资源战略研究中心联合主办的页岩气国际学术研讨会在北京召开,来自国内外 40 多家单位和机构的 200

多位专家学者出席了该研讨会。与会专家围绕着"国际页岩气勘探开发现状、中国页岩气地质特征、中国页岩气地质勘探与评价、中国页岩气开发工程与技术"等内容进行了热烈的研讨,总结了近年来国内外页岩气勘探开发和生产的成功经验,展现了行业应对新领域的新思路、新技术、新方法和新工艺,研讨了现阶段我国页岩气研究和勘探开发存在的理论和技术瓶颈,并提出了进一步推动页岩气可持续性发展的方法和措施。为促进我国页岩气资源的勘探和开发,国土资源部油气资源战略研究中心和中国地质大学(北京)共同成立了页岩气研究基地。该基地将通过对国外页岩气开发经验的借鉴,并结合我国页岩气的地质特点,开展包括勘探技术方法在内的页岩气地质理论研究,特别是对我国页岩气地质资源潜力进行调查,并优选有利目标区。该基地将成为我国页岩气专项研究的支持平台、国内外页岩气信息和技术交流的窗口、页岩气勘探开发人才培养的摇篮。

2011 年 5 月,国土资源部宣布,今后我国将逐步放开页岩气矿业权,鼓励多种资本进入,页岩气区块招标将成为国内油气矿业权改革的试验田。2011 年 6 月,国土资源部举行了首次油气探矿权的公开招标,中国石油天然气股份有限公司、中国石油化工股份有限公司、中海石油(中国)有限公司、延长油矿管理局、中联煤层气有限责任公司以及河南省煤层气开发利用有限公司六家企业对总计 $1.1 \times 10^4$ km$^2$ 的四个页岩气区块进行了公开竞标。国土资源部为参与投标的企业设定了四大准入条件:① 招标企业最低应达到提交页岩气预测储量的勘探程度;② 招标企业在每千平方公里范围内最低要做两口参数井或预探井;③ 招标企业年均投入必须是法定最低勘查投入的两倍,即每年每平方公里投入 2 万元人民币;④ 招标企业应进行压裂和试采,力争实现突破并转入商业开采。在管理方式上,国土资源部将实行行政合同管理,密切掌握中标方的勘查动态,加强页岩气区块的督查管理,同时招标方必须及时提交和汇交招标区块的勘查资料。此次出让的页岩气探矿权区块共计四个,主要位于贵州、重庆等省市,分别为渝黔南川页岩气区块、贵州绥阳页岩气区块、贵州凤冈页岩气区块、渝黔湘秀山页岩气区块,勘查面积共约 $1.1 \times 10^4$ km$^2$。

中国工程院院士、油气专家康玉柱评价:"页岩气招标出让在我国油气领域尚属首次。这意味着谁有能力谁来开发,谁有条件谁来上,民营企业也可以参与其中。这种体制在美国有成功的先例,有利于国内产业发展。"页岩气探矿权的招标出让是我国油气资源领域的一个重要里程碑,是油气资源管理制度改革的一次创新尝试,其对于构建科学合理、公开公正、高效低廉的油气资源管理新机制,促进页岩气勘探开发,加快我国页岩气产业化和规模化发展,提高我国油气资源的保障能力具有重要的意义。

目前,我国页岩气十二五规划已经制定完成,正上报国务院审批。"十二五"是夯实页岩气产业发展基础的关键时期,重在为实现页岩气"十三五"跨越式发展提供支撑。国土资源部拟将页岩气作为独立矿种申请并上报国务院,目的是打破国有大型石油企业的垄断,让更多的企业参与开发。

# 参考文献

高瑞祺.1984.泥岩异常高压带油气的生成排出特征与泥岩裂缝油气藏的形成[C]//中国隐蔽油气藏勘探论文集.哈尔滨:黑龙江科学技术出版社.

胡书毅,马玉新,田海芹.1999.扬子地区寒武系油气藏地质条件[J].石油大学学报:自然科学版,23(4):20-25.

贾承造,李本亮,张兴阳,等.2007.中国海相盆地的形成与演化[J].科学通报,52(1):1-8.

姜生玲.2010.中国页岩气资源评价[D].北京:中国地质大学能源学院.

康玉柱.2007.中国古生代大型气田成藏条件及勘探方向[J].天然气工业,27(8):1-5.

李建忠,董大忠,陈更生,等.2009.中国页岩气资源前景与战略地位[J].天然气工业,29(5):11-16.

李新景,胡素云,程克明.2007.北美裂缝性页岩气勘探开发的启示[J].石油勘探与开发,34(4):392-400.

李新景,吕宗刚,董大忠,等.2009.北美页岩气资源形成的地质条件[J].天然气工业,29(5):27-32.

李玉喜,聂海宽,龙鹏宇.2009.我国富含有机质泥页岩发育特点与页岩气战略选区[J].天然气工业,29(12):115-118.

刘光鼎.2001.中国油气资源的二次创业[J].地球物理学进展,16(4):1-3.

刘洪林,王莉,王红岩,等.2009.中国页岩气勘探开发适用技术探讨[J].油气井测试,18(4):68-71.

刘魁元,吴恒志,康仁华,等.沾化、车镇凹陷泥岩油气藏储集特征分析[J].油气地质与采收率,8(6):9-12.

刘丽芳,徐波,张金川,等.2005.中国海相页岩及其成藏意义[C]//中国科协2005学术年会论文集:以科学发展观促进科技创新(上).北京:中国科学技术出版社:457-463.

马力,陈焕疆,甘克文,等.2004.中国南方大地构造和海相油气地质(上、下)[M].北京:地质出版社.

马新华,钱凯,魏国齐,等.2000.关于21世纪初叶中国天然气勘探方向的认识[J].石油勘探与开发,27(3):1-4.

聂海宽,唐玄,边瑞康.2009.页岩气成藏控制因素及我国南方页岩气发育有利区预测[J].石油学报,30(4):484-491.

潘继平,胡建武,安海忠.2011.促进中国非常规天然气资源开发的政策思考[J].天然气工业,31(9):1-6.

唐颖,张金川,张琴,等.2010.页岩气水力压裂技术及其应用分析[J].天然气工业,30(10):33-38.

王德新,彭礼浩,吕从容.1996.泥页岩裂缝油、气藏的钻井、完井技术[J].西部探矿工程,8(6):15-17.

文玲,胡书毅,田海芹.2001.扬子地区寒武系烃源岩研究[J].西北地质,34(2):67-73.

徐福刚,李琦,康仁华,等.2003.沾化凹陷泥岩裂缝油气藏研究[J].矿物岩石,23(1):74-76.

张金川,姜生玲,唐玄,等.2009.我国页岩气富集类型及资源特点[J].天然气工业,29(12):109-114.

张金川,金之钧,袁明生.2004.页岩气成藏机理和分布[J].天然气工业,24(7):15-18.

张金川,徐波,聂海宽,等.2007.中国天然气勘探的两个重要领域[J].天然气工业,27(11):1-6.

张金川,徐波,聂海宽,等.2008.中国页岩气资源勘探潜力[J].天然气工业,28(6):136-140.

张金川,薛会,张德明,等.2003.页岩气及其成藏机理[J].现代地质,17(4):466.

张金功,袁政文.2002.泥质岩裂缝油气藏的成藏条件及资源潜力[J].石油与天然气地质,23(4):

336-338.

张绍海,宋岩,陈明霜,等.1995.美国天然气勘探[M]//胡文海,陈冬晴.美国油气田分布规律和勘探经验.北京:石油工业出版社.

邹才能,董大忠,王社教,等.2010.中国页岩气形成机理、地质特征及资源潜力[J].石油勘探与开发,37(6):641-653.

EIA. 2011. World shale gas resources:An initial assessment of 14 regions outside the united states[EB/OL]. [2011-05-13]. http://www. eia. gov/analysis/studies/worldshalegas/pdf/fullreport. pdf.

Rogner H - H. 1997. An assessment of world hydrocarbon resources[J]. Annual Review of Energy and the Environment,22:217-262.

# 国外页岩气勘探开发对中国的启示

## 7.1 世界非常规天然气产业政策

世界各国在非常规油气资源勘探开发与利用上均给予了相应的支持,包括明确的法律框架、能源定价和财税补贴、所需的投资选择方案、对外国投资者的税收鼓励和免税期政策、环境保护鼓励政策、市场销售等,从而极大地促进了非常规油气资源的产业化发展。中国的页岩气勘探和开发可以学习国外的产业政策,并形成符合自己特色的产业政策。

### 7.1.1 国外非常规天然气产业政策

#### 1. 财税优惠政策

1) 美国

20 世纪 70 年代末期,美国石油价格一度高涨,为缓解石油供需矛盾,美国政府于 1980 年出台了《能源意外获利法》鼓励非常规气体能源和低渗透气藏的开发,其中第 29 条是适用于煤层气的税收补贴政策。该税收优惠政策的出台对煤层气的初期开发具有巨大的推动作用。自 1980 年该法出台以后的 10 年间,美国黑勇士盆地的煤层气开采得到的税收补贴大约是 2.7 亿美元,圣胡安盆地的税收补贴为 8.6 亿美元。最初,《能源意外获利法》中第 29 条的税收优惠政策的适用期为 10 年,即到 1989 年年底。但 1988 年,美国政府又把该项优惠政策延续到 1990 年年底,后来,政府再次把截止期推迟到 1992 年年底,在 1979 年 12 月 31 日至 1993 年 1 月 1 日之间钻探的井中所生产出的煤层气,在 2003 年 1 月 1 日以前都可以享受到第 29 条税收政策的补贴。根据该政策,若煤层气热值为 8 500 kcal/m³,则在 1998 年、2000 年和 2002 年,每 1 000 m³ 煤层气的税款补贴额分别为 42 美元、45 美元和 49 美元,从 1980—2003 年,这一补贴政策长达 23 年之久(张莲莲,2004)。

《能源意外获利法》第 29 条税收补贴政策截止日期的两次延长极大地促进了煤层气开发者钻探和生产的积极性。事实证明,第 29 条税收优惠政策有效地推动了美国煤层气井数和产量的增加,在不到 20 年的时间内,使美国煤层气年产量从不足 $2 \times 10^8$ m³ 迅速增加到 1998 年的近 $324 \times 10^8$ m³。美国煤层气产业在其能源产业中的地位已举足轻重。

1992 年 5 月,美国联邦能源管理委员会颁布了 636 号法令,从而使天然气工业走向市场经济,天然气价格由过去联邦机构决定转向由市场供需确定。该法令要求跨州管道公司分解它们的天然气销售、存储及输送业务,必须在公平的基础上向任何发货商提供天然气输送服务。天然气生产公司可以向管道公司购买管道运输容量,向用户直接供气。636 号法令对煤层气生产商产生的影响包括:① 在煤层气销售方面,生产商拥有更多的市场和机会。由于大多数高瓦斯矿井邻近主要的天然气消费市场,煤层气生产商能轻易地将其产品直接供给当地的天然气输送公司或最终用户。② 煤层气生产商能根据用户的具体需求有针对性地提供煤层气产品。③ 进入输送系统已不再是煤层气进入二级市场的障碍。④ 鉴于天然气季节性需求变化和高昂的管道输送成本,天然气储存是非常需要的,煤层气生产商可以用废弃的煤矿来储存煤层气,以便加强销售能力以及更好地为市场服务。

美国目前对煤层气生产实行“先征后返”的政策,即先按联邦税法征税,然后根据《能源意外获利法》第 29 条税收优惠政策给予税款补贴。在多数情况下,煤层气生产者得到的税款补贴比上交的税款要多,因而可以得到实惠,生产积极性也就很高。

20 世纪 90 年代以来,美国页岩气进入商业生产阶段,页岩气作为一种非常规天然气资源享有和煤层气一样的财税补贴政策,政府鼓励并支持开发页岩气资源,这极大地增强了页岩气产业的竞争能力,刺激了企业开采页岩气的积极性,对页岩气产业的发展起到了至关重要的促进作用。同时,页岩气开采企业也获得了巨大的利益,在商业利益的驱动下,企业会加大页岩气开采和研发的力度,从而推动美国页岩气产业的健康和持续发展。

2) 加拿大

加拿大利用北美地区常规天然气储量和产量下降、供应形势日趋紧张、价格日益上升给煤层气带来的发展机遇,仅 2002—2003 年,就增加 1 000 口左右的煤层气生产井,使煤层气年产量达到 $5.1 \times 10^8$ $m^3$,煤层气生产井的单井日产量达到 3 000~7 000 $m^3$。到了 2004 年,煤层气生产井已达 2 900 多口,年产量达到 $15.5 \times 10^8$ $m^3$,截至 2008 年年底,加拿大煤层气产量为 $70 \times 10^8$ $m^3$,煤层气的发展进入了一个新阶段。

加拿大煤层气产业的发展与其政府的有效引导是分不开的。加拿大政府没有专门为煤层气产业出台优惠的税费政策,但政府部门在产业管理中明确的职责分工以及对产业发展趋势和投资方向的及时引导,为其煤层气产业形成灵活的市场机制发挥了重要的作用。另外,也有学者认为,加拿大煤层气矿权管理模式和资料共享制度为其煤层气产业的快速发展提供了有力保证。

3) 德国

2000 年以前,德国企业界一直不涉足煤层气。但是近些年来,在一系列政策法规的推动下,煤层气开发及相关设备的研制均取得了很大的进展。

德国的煤矿主要分布在西部的北威州和萨尔州。据报道,德国矿区每年有 $10 \times 10^8$ m³ 的煤层气排入大气,不仅污染环境,而且也造成了能源浪费。20 世纪末,尽管德国已经掌握了大规模利用煤层气的技术,但真正的使用还大多局限于煤矿现场,例如在锅炉中将煤层气和煤混合燃烧,用来取暖和发电。煤层气发电一直得不到大规模的推广,其主要原因是德国对煤层气发电电力的入网补贴太低,在经济上没有可行性。

2000 年 4 月生效的《可再生能源法》对德国的煤层气开发来说是个里程碑,它不仅使煤层气发电在经济上具有可行性,而且鼓励企业在相关设备上开展中长期的投资。该法规定,在其生效后的 20 年内,500 kW 以上的煤层气发电设备每生产一度电补贴约 7 欧分。2000 年 10 月,德国政府出台了"国家气候保护计划",制定了到 2005 年二氧化碳排放要比 1990 年减少 25% 的目标。减少煤矿煤层气的排放、加强煤层气的开发利用也在这项计划之列。《可再生能源法》和"国家气候保护计划"确立了持续和经济地利用煤层气的法律、政策环境,成为德国煤层气开发的转折点。随后德国几家能源巨头联手在煤钢工业基地鲁尔区所在的北威州组建了两个煤层气开发公司,主要负责废弃煤矿煤层气的获取和利用以及运营中的煤矿煤层气的利用。

4) 澳大利亚

澳大利亚十分重视煤层气的开发利用,其煤层气的勘探开发工作发展迅速,是世界煤层气开发最活跃的地区之一。澳大利亚的煤层气勘探工作始于 1976 年,1998 年的产量只有 $0.56 \times 10^8$ m³,2006 年年底煤层气产量约为 $18 \times 10^8$ m³,截至 2008 年年底,澳大利亚煤层气产量已达 $30 \times 10^8$ m³,已进入大规模商业开发阶段。

澳大利亚政府出台了有利的政策和措施以加大对煤层气投资和需求的引导。政府设置了煤炭开采前必须将煤层瓦斯含量降低到 $3$ m³/t 以下的规则,一方面完全保证了煤炭开发的安全,另一方面通过"先采气,后采煤"的做法大大促进了煤层气产业的发展,很好地解决了煤层气开发和煤炭开采之间的矛盾,使煤炭企业对煤层气开发持有一种欢迎的态度。另外,在澳大利亚煤层气开发利用比较好的昆士兰州,州政府于 1997 年对煤层气开发和管理出台了一系列的规定与措施,主要包括:① 煤层气的开采权受 1989 年的《矿产资源法》和 1923 年的《石油法》保护;② 现有的石油和煤炭租赁区内以及租赁申请中都将授权进行煤层气开采;③ 矿权申请方面,煤层气和煤炭开采将享有同等的优先进入权;④ 煤层气作为煤矿开采的副产品用于煤矿当地发电时,免交矿区使用费。

5) 其他国家

其他国家为了鼓励本国的煤层气开发和利用,也制定了许多政策。印度政府出台了系列政策,规定煤层气项目从商业性生产开始七年之内免税,实行低税率的矿区使用费,对煤层气作业必需的材料和服务免交进口关税,煤层气实行市场定价原则。此外,煤层气已依据《石油和天然气法》纳入天然气的定义和管理范畴,从法律上扩展了天然气的定义。英国政府按照《企业投资管理办法》,给予开采煤层气的企业一定的税收优惠政策。波兰政府给予从事石油、天然气以及煤层气勘探的企业10年免税的优惠。俄罗斯和乌克兰也正在制定一些税收优惠政策和管理法规,鼓励外国公司投资开发其本国的煤层气资源。

**2. 投资融资政策**

即使预评估表明煤层气项目具有经济性,如果缺乏投资仍会使项目拖延。煤炭企业通常将现有资金投资于煤炭生产方面,因此没有多余资金用于煤层气开采。另外,一些借贷机构可能对煤层气开采和利用的概念不甚熟悉,所以项目开发者很难获得项目开发所需的预投资。在美国,有多种方式可以解决项目投资问题,包括提供拨款、贷款、贷款担保、证券投资以及其他资助。英国实施的《企业投资管理办法》既有利于煤层气公司筹集项目初期的资金,也有利于提高投资者的积极性。

1) 美国

美国联邦政府通过其有关部门以提供贷款、贷款担保和资金援助形式来资助煤层气开发利用项目。

(1) 拨款。

在美国能源产业中,除了美国能源部的科研攻关项目以外,并没有为某个非常规油气资源专门设立的拨款或贷款项目,但是,联邦、州及地方政府会设立多个项目来资助总体经济开发、能源开发、环保项目、小企业发展以及农业地区的开发,其中很多是非常规油气资源项目,并且以州政府提供给企业的资助最多。美国政府向州政府或地方中介结构拨款,州政府再向企业直接拨款,这些拨款不用偿还,是对企业最直接的资助形式。

例如宾夕法尼亚能源开发局(PEDA)提供的资助。PEDA的项目资助着重于成本分摊,资助的特别目标是:① 极有可能近期执行的节能或技术开发项目,② 再生资源和节能项目,③ 促进宾夕法尼亚煤炭洁净利用的项目。PEDA的项目资助拨款的最大数额为75 000美元。

(2) 贷款。

根据美国环保局1996年发表的《联邦政府对煤层气项目资助指南》,美国能源部、农业部、商业部、小企业管理部等部门为非常规油气资源项目(主要是煤层气项目)提供了资金援助渠道。美国农业部农村企业与合作开发局负责为农村企业提供贷款、贷款担保以及援助资金。由于许多高瓦斯矿井处于农村地区,因而较容易从当地的农村信贷部获得煤层气项目贷款,贷款限额为15万美元,贷款利息为1%。美国商业部经济发展局可为高瓦斯矿井的煤层气发电、管道输气以及居民用气项目等提供资助。美国小企业管理局主要是为那些无能力获得私营银行贷款的小企业提供贷款担保,从而使银行愿意向这类小企业提供贷款,其中节能项目贷款可获得优先考虑。1993—1995年,美国小企业管理局提供贷款担保共215亿美元。

例如西弗吉尼亚经济发展局对企业的贷款政策是:西弗吉尼亚州具有一定劳动

力以及平均工资以上的企业均有资格获得贷款;贷款可用于购买土地、房屋以及设备;5 万～50 万美元的低息贷款可达项目总固定资产的 45％;最高的贷款担保金为 15 万美元或达银行贷款额的 80％,通常按两者中较少的计算,并可获四年担保。

2) 英国

英国煤层气工业面临的最大难题就是为煤层气项目寻求资金。大部分煤层气经营者通过银行贷款、发行股票以及与大石油公司(或煤炭公司)合资来筹集资金,一些更精明的经营者则正在考虑利用《企业投资管理办法》中的减税政策,这对煤层气项目的资金筹集是极其有利的。

在此之前比较有影响的是《企业扩展管理办法》,但已于 1993 年废止,并为《企业投资管理办法》所取代。根据《企业投资管理办法》,如果向"合格行业"的公司投资,则投资人就可以享受税收优惠政策,即投资的 20％可以通过减免所得税得以回收。煤层气工业投资者已经注意到,石油和天然气勘探就属于"合格行业"。

按照《企业投资管理办法》的规定,投资者如果要享受税收优惠,在五年内是不能撤资的。因为煤层气项目初期需要资金,所以这一规定深受煤层气公司欢迎。此外,投资者要想享受规定的税收优惠,还必须保证只拥有原始股。

《企业投资管理办法》要求煤层气经营者必须在英国本土经营煤层气,但不必是在英国组建的公司。例如,一个美国公司如果在英国投资煤层气项目,那也可享受上述规定的税收优惠。

依照以前的《企业扩展管理办法》的规定,投资者每年只能在"合格行业"上投资 40 000 英镑,而现在这个限额大大增大了,投资者每年在"合格行业"上的投资可达 100 000 英镑。如果已证明项目成功,那么持有原始股达五年以上的投资者在抛售这些股份时可以免交资本红利税。

《企业投资管理办法》的出台既有利于煤层气公司筹集初期资金,也有利于提高投资者参与的积极性,它给煤层气公司和投资者都带来了好处。

**3. 所有权和法规问题**

煤层气开发是受众多的因素制约的,除了储层地质条件、开采技术和经济条件以外,还必须考虑其他方面的因素,例如政府对煤层气开发的支持程度、煤层气输送的基础设施、煤层气采区的地表和地貌条件、煤层气开发法规的灵活性、煤层气的所有权以及煤层气开采法人的稳定性等。其中煤层气所有权是最复杂的,甚至在一个国家里由于制定法规的机构不同,都会对煤层气所有权的含意产生误解。因此,长期以来煤层气所有权一直是有争议的,多种法律解释和悬而未决的立法问题成为煤层气开发和利用的一大障碍。

常规的石油和天然气在地质上是可以分离的,而煤层气的储层是煤层,很难将煤层与煤层气所有权分离开来。在过去,煤层气一直被看做是煤炭开采时的有害气体,而不是一种具有经济价值的资源。因此,在历史上对土地的承租权中并不包括煤层气,而煤炭、石油和天然气的开采者以及土地所有者都可能声称拥有煤层气所有权,这将会导致煤层气所有权的争论。

1)美国

在美国阿拉巴马州的黑勇士盆地和阿巴拉契亚盆地的煤层气开发中,也存在所有权问题。目前美国对煤层气所有权问题有两种看法:一种看法认为拥有土地就拥有地下矿产的一切所有权;另一种看法认为可拥有土地,但对地下的煤层气无所有权,这是因为煤层气是可以流动的,因此需要对这些气体建立实际的所有权。在美国一些地区,煤炭企业主与煤层气企业主之间也存在着矛盾:煤层气钻井影响煤炭的开采作业,妨碍煤炭长壁工作面的开拓,同时钻井的水力压裂激励也危害煤层顶板;而煤炭企业主为了安全生产,常用通风方式排放甲烷,使煤层中的煤层气含量大大减少。

目前,美国法院根据具体实例和争议双方掌握的契约以及当事人的意图和地方风俗习惯等来解决煤层气的所有权争议。但在一般情况下,认为煤炭企业主拥有该区煤层气的所有权。现美国对长期以来应用的习惯法进行了审查,认为在这项法规中仅七项可适用于煤层气所有权问题,具体如下:

(1)煤层气是气体。在美国,煤层气所有权一直是长期争论和悬而未决的问题。美国煤炭企业主绝大部分认为煤层气所有权是属于他们的。在1981年和1990年,美国司法部副部长给出的意见是:煤层气是一种气体,承租人有权利抽取煤层气,煤层气所有权不包含在煤炭的权利中,这样可以解决煤炭承租人和煤层气承租人在土地问题上的冲突。目前,联邦法院的法官也同意这种意见。

(2)煤层气属于煤炭资源。美国蒙大拿州法院认为,煤层气是煤炭资源的一部分。而阿拉巴马州最高法院认为,煤层气应与常规天然气一样,法律应给予其所有权,如果煤层气依附于煤炭,煤炭企业主在开发这一竞争性资源时就会比较勉强,而且他们往往缺乏专门的技术和知识。

(3)早期获得权利者优先。要依据煤炭或煤层企业主早期获得的资源权利来决定煤层气所有权。这种情况与澳大利亚昆士兰州的煤层气开发相类似,例如,早期获得了煤炭开采租借权的煤炭主有权对煤层气进行开采。1994年,这项政策在美国还处在讨论阶段,但有的地区已开始执行。

(4)按逐项事例的探讨。法院根据法律的条款对事例进行逐项分析和推断,最后趋向于赞同煤炭主的要求,但煤层气所有权问题仍存在不确定因素,还需依据法院的裁决而定。

(5)连续所有权。这意味着煤炭主不但拥有对未开发煤炭中所吸附的煤层气的所有权,而且在前进式开采中有权排放掉煤层气,但煤炭企业主无权开采煤层以外地层中的气体。

(6)彼此共同存在的权利。煤层气企业主有权进行煤层气的开采,而煤炭企业主也有权在煤炭开采活动中抽取相关的煤层气。例如,作为一种安全措施美国科罗拉多州煤炭承租人有权抽放开采煤层中的甲烷,但无权开采煤炭未开发区中的甲烷资源。

（7）分享所有权。煤炭和煤层气企业主们对煤层气开发享有相同的份额，这可鼓励物主们合伙经营，以最小的风险和最大的灵活性去开发煤层气。

美国弗吉尼亚州于 1990 年制订的天然气和石油的法规中没有附带煤层气所有权问题，因为当时这一问题是悬而未决的，但该法规允许煤炭开采者获得煤层气开发的许可。在此之后，美国联邦法之一的《1992 年能源政策法》的 1339 条款规定了煤层气的所有权。同时，美国政府认为所有权经常变化将会影响煤层气的开发。目前，美国的伊利诺伊州、印第安纳州、肯塔基州、俄亥俄州、宾夕法尼亚州、田纳西州和西弗吉尼亚州对煤层气所有权问题除采纳本州已制定的法律以外，还选择应用了联邦或其他州的煤层气所有权法规。1995 年 9 月，美国国会将煤层气所有权进行立法并通过了一项法案，作为《1992 年能源政策法》中煤层气所有权的重要补充。根据此法规，那些尚未制订煤层气所有权法规的州，在 1995 年 10 月 24 日之前必须出台煤层气所有权法规，否则联邦政府将把该州煤层气所有权的立法问题转交给联邦的内政部土地管理局进行处理。此外，在美国开采矿产资源，首先必须获得租地。美国的土地可分属不同的所有者，包括联邦政府、国防部、印第安纳土著居民区以及私人土地所有者，因此要获得一块土地就必须与多个土地所有者打交道。

2）英国

英国目前尚未大量采用地面钻进的方式抽取煤层气，而是以井下抽放为主。井下煤层气的抽放仅有许可权，并不涉及煤层气所有权问题。在英国，土地所有者对地下矿床一般无拥有权。

1946—1994 年，相关的英国煤炭工业法规规定，煤炭属于英国煤炭公司所有，石油和天然气由国家拥有。英国煤炭公司对煤层气开采的法规有监督的权利，并每年颁发煤层气钻井的许可证。1994 年，英国通过《煤炭工业法》制定了煤炭公司的权利，并规定任何石油或天然气以及在煤炭中吸附或解吸的气体均属国家所有。该法的 9(2) 和 9(6) 条款进一步确定了煤层气资源是英国政府的财产。目前英国新建立的煤炭权力机构对煤炭和煤层气开发的许可权负责，并制订煤层气勘探责任的法令。一般情况下，英国煤炭权力机构不会同意煤层气企业主进入煤炭开采区开采煤层气的申请，但既有助于煤炭开采又可促进煤层气回收的可以例外。如果煤炭权力机构同意在煤炭开采区进行煤层气开发，就必须考虑到钻井、压裂等对煤炭开采的危害程度，并准备好相应的预防措施。

3）德国

在德国，煤层气开发的所有权问题已在 1993 年 8 月的联邦会议上正式讨论，并有如下规定：

（1）煤层气是一种独立的资源。

（2）按德国的法律规定，煤层气是一种碳氢化合物，不属于煤炭的一部分。

（3）在煤炭开采过程中，遇到煤层气时可以进行抽取或排放，并且采矿公司抽取的煤层气可用于市场交易。

4）澳大利亚

在澳大利亚,新的《石油法》将煤层气定义为一种碳氢化合物,因此,煤层气勘探开发许可证的发放与石油天然气是一样的。这一规定使外国公司在煤层气开采和销售方面享有更大的合法权益,并成功地解决了煤炭开采公司和煤层气开采公司之间的纠纷。截至 1996 年 5 月,仅在澳大利亚昆士兰州就颁发了 21 个煤层气开发许可证。

5）波兰

在波兰,煤炭权力机构对煤层气开发许可权的看法是:在煤炭开采地区原则上是反对煤层气单独开发特许权的,并明确规定须阻止不适当的激励技术和钻井下套管等对煤炭开采的干扰。煤炭权力机构认为,目前最好的方案是煤炭企业主与煤层气企业主之间建立良好的伙伴关系,从而获得煤炭与煤层气统一开发的特许权,并由双方协商制订出协调的开采计划。

### 7.1.2 中国煤层气产业政策

为了煤层气及相关行业的发展,我国从不同的层面和角度制订了相关政策。目前,中国政府提供的优惠措施主要涉及税收、费用、补贴三大类。

**1. 税收**

1）增值税

按照 1993 年颁布的《中华人民共和国增值税暂行条例》第 2 条的规定,煤层气的增值税率为 13%。2007 年 2 月 7 日,财政部、国家税务总局联合下发的《关于加快煤层气抽采有关税收政策问题的通知》做出了如下规定:对于煤层气抽采企业的增值税,一般纳税人抽采和销售煤层气时实行增值税先征后退的政策。先征后退的税款由企业专门用于煤层气技术的研究和扩大再生产,不征收企业所得税。

2）企业所得税

2007 年,我国制定了统一的《企业所得税法》,对国内企业和外资企业同等对待,一律执行 25% 的税率,但是根据该法第 57 条的规定,国务院以前确定的外商投资优惠政策可以继续执行。根据国务院《关于实施企业所得税过渡优惠政策的通知》,中外合作开采煤层气的企业所得税继续实行二免三减半政策。根据财政部、国家税务总局《关于外商投资企业和外国企业购买国产设备投资抵免企业所得税有关问题的通知》,对外合作企业购买国产设备的,其购买国产设备投资的 40% 可从设备购置当年比前一年新增的企业所得税中抵免。2007 年 2 月 7 日,财政部、国家税务总局联合下发了《关于加快煤层气抽采有关税收政策问题的通知》,该通知规定:对独立核算的煤层气抽采企业购进的煤层气抽采泵、钻机、煤层气监测装置、煤层气发电机组以及钻井、录井、测井等专用设备,统一采取双倍余额递减法或年数总和法实行加速折旧,具体加速折旧方法可以由企业自行决定。

3）关税

财政部、海关总署、国家税务总局于 2006 年 10 月 25 日颁布了《关于煤层气勘探开发项目进口物资免征进口税收的规定》,该规定指出:中联煤层气有限责任公司及其国内外合作者(以下简称中联煤层气有限责任公司)在我国境内进行煤层气勘探开发时,若进口国内不能生产或国内产品性能不能满足要求,并直接用于勘探开发作业的设备、仪器、零部件、专用工具,可免征进口关税和进口环节增值税。除中联煤层气有限责任公司外,其他从事煤层气勘探开发的单位应在实际进口发生前向财政部提出申请,经财政部、海关总署、国家税务总局等有关部门认定后,享受上述的进口税收优惠政策。

4）资源税

根据 1993 年颁布的《中华人民共和国资源税暂行条例》所附的《资源税税目税额幅度表》,煤层气的资源税税率为 2～15 元/($10^3$ $m^3$)。2007 年 2 月 7 日,财政部、国家税务总局联合发出了《关于加快煤层气抽采有关税收政策问题的通知》,对地面抽采煤层气暂不征收资源税。

**2．费用**

1）探矿权、采矿权使用费

1998 年颁布的《矿产资源勘查区块登记管理办法》第 12 条规定:第一个勘查年度至第三个勘查年度,每平方公里每年缴纳 100 元;从第四个勘查年度起,每平方公里每年增加 100 元,但是最高不得超过每平方公里每年 500 元。《矿产资源开采登记管理办法》第 9 条规定:采矿权使用费,按照矿区范围的面积逐年缴纳,标准为每平方公里每年 1 000 元。根据国土资源部、财政部 2000 年 6 月 6 日颁布的《探矿权采矿权使用费减免办法》,在许可证七年的有效期内,煤层气探矿权、采矿权使用费的减免按以下幅度审核:

（1）探矿权使用费。第一个勘查年度可以免缴,第二至第三个勘查年度可以减缴 50%,第四至第七个勘查年度可以减缴 25%。

（2）采矿权使用费。矿山基建期和矿山投产第一年可以免缴,矿山投产第二至第三年可以减缴 50%,第四至第七年可以减缴 25%,矿山闭坑当年可以免缴。

2）矿区使用费

煤层气开采的矿区使用费按《中外合作开采陆上石油资源缴纳矿区使用费暂行规定》交纳:① 年度煤层气产量不超过 $10 \times 10^8$ $m^3$ 时,免征矿区使用费;② 年度煤层气产量为($10～25$)$\times 10^8$ $m^3$ 时,缴纳 1% 的矿区使用费;③ 年度煤层气产量为($25～50$)$\times 10^8$ $m^3$ 时,缴纳 2% 的矿区使用费;④ 年度煤层气产量为 $50 \times 10^8$ $m^3$ 时,缴纳 3% 的矿区使用费。

**3．补贴**

1）民用补贴

2007 年 4 月 20 日,财政部颁布了《关于煤层气(瓦斯)开发利用补贴的实施意见》,对煤层气、民用燃气等进行适当补贴。中央按 0.12 元/m³ 的煤层气(折纯)标准对煤层气开采企业进行补贴,在此基础上,地方财政可根据当地煤层气的开发利用情况给予适当补贴,具体标准和补贴办法由地方财政部门自主决定。

2) 发电补贴

2007 年 4 月 20 日,国家发展改革委员会颁布了《国家发展改革委印发关于利用煤层气(煤矿瓦斯)发电工作实施意见的通知》,提出煤层气电厂不参与市场竞价,不承担电网调峰任务,煤层气电厂上网电价比照国家发展改革委员会制定的《可再生能源发电价格和费用分摊管理试行办法》中生物质发电项目的上网电价。补贴电价标准为 0.125 元/(kW·h)。发电项目自投产之日起,15 年内享受补贴电价。

### 7.1.3　中国页岩气产业发展建议

在我国页岩气资源潜力巨大,页岩气的开发不但能够减少对日益增长的常规油气资源的需求,而且有望改变我国天然气的供求格局。在未来的几十年内,页岩气作为一种清洁能源,能够降低二氧化碳的排放,是我国实现低碳能源的最现实的选择。因此,深入开展页岩气资源战略调查,加大科技攻关力度,实施产业扶持政策,对推进我国的页岩气开发事业具有重要的意义。立足我国页岩气发展的现实状况,借鉴国外煤层气、页岩气以及我国煤层气的开发经验,对加快我国页岩气勘探开发与综合利用提出如下建议:

(1) 开展全国性页岩气资源战略调查与评价,摸清我国页岩气的资源潜力。根据我国页岩分布和富集的地质条件,在已有工作的基础上 ,组织石油企业、大学及有关科研机构开展全国页岩气资源的战略调查工作,系统地评价全国页岩气的资源潜力、规模及分布情况,预测并优选页岩气富集的有利区域。以川渝黔鄂为重点,加大勘探力度和步伐,优选有利目标区和勘探开发区,并建立页岩气勘探开发先导试验区。

(2) 加强页岩气富集地质理论研究,加强页岩气勘探开发的技术工艺研发。研究我国页岩气富集模式和特点、页岩气资源分布规律、资源潜力以及评价方法参数体系,构建符合我国地质条件和对我国页岩气资源战略调查和勘探开发具有指导意义的中国页岩气地质理论体系。在学习国外先进页岩气开发技术的基础上,大力推进我国页岩气的地质勘探、资源评价、钻完井技术、储层改造以及配套技术等的研发,通过引进、吸收、提高、完善和创新逐步形成适合我国页岩气地质特点和自主创新的页岩气勘探开发技术体系。

(3) 加强国际合作与交流,引进国外先进的页岩气开发技术。应关注世界页岩气发展动向,以平等合作、互利共赢的原则,积极参与页岩气国际组织的合作。选择有实力、有经验的国外公司进行页岩气开发的国际合作,通过合作来引进技术并积累经验。同时,应优选页岩气有利区块,与国外公司合作研究,共同开发,以进行页岩气开发的先导性试验,最终引导大规模的页岩气开发。

（4）支持专业服务和技术类公司发展，鼓励开发和应用模式的创新。支持专业服务和技术类公司发展，需构建高度社会化的专业分工体系。要结合页岩气产地实际情况，探索就地发电、区域供气、天然气化工发展、分布式供能、交通燃料供给等多种应用模式，将页岩气开发与当地经济发展和能源供应以及能源综合利用和节能减排等有机地结合起来。

（5）完善和创新页岩气矿业权管理制度，制定鼓励页岩气开发的产业政策。根据页岩气丰度低、分布广、勘探开发灵活性强的特点，借鉴煤层气矿业权的管理经验，设立专门的页岩气区块登记制度，实行国家一级管理。页岩气矿业权可与常规石油、天然气、煤层气区块重合，也可单独设立。应允许具备资质的地方企业和民营资本等，通过合资、入股等多种方式参与页岩气的勘探开发。借鉴国外非常规天然气的产业政策，并参照国内煤层气开发的优惠政策，研究制定页岩气开发的财税扶持政策。

# 7.2　美国页岩气开发的成功经验

页岩气开发的潜力巨大，但历史上页岩气的开发和生产一直存在经济性的问题。美国得克萨斯州福特沃斯盆地 Barnett 页岩通过融合水平钻井技术和水力压裂技术实现了页岩气开采技术的历史性突破，大大降低了单位开采成本。以美国 Barnett 页岩层为例，其页岩气产量从 1998 年的 $9.7 \times 10^8$ m³ 增至 2010 年的 $412 \times 10^8$ m³。得益于非常规天然气，尤其是页岩气开发技术的突破，2009 年美国以 $6\,240 \times 10^8$ m³ 的产量首次超过俄罗斯成为世界第一大天然气生产国。

美国的页岩气革命动摇了世界液化天然气市场的格局，并且这一影响还将持续，进而改变世界能源的格局。大洋彼岸发生的一切，让我国油气行业开始审视页岩气这一非常规天然气资源的价值和前景。我国页岩气聚集的地质条件优越，具有与美国大致相同的页岩气资源前景及开发潜力。华盛顿能源行业咨询机构高级资源国际公司主席 Vello Kuuskraa 表示："页岩是世界储量最丰富的岩石之一，许多国家缺乏传统的油气资源，却拥有丰富的页岩资源。"目前，美国 60％ 的天然气来自非常规天然气，如果页岩气给美国能源市场带来的效应能在我国发生的话，将大大缓解我国能源供应紧张的局面。除经济和技术的因素外，页岩气的开采还需要能源监管框架与政策支持。

## 7.2.1　美国页岩气产业的特点

美国充分鼓励页岩气勘探开发领域的竞争，注重发挥中小企业的作用，在页岩气开发上形成了中小企业与大企业的专业化分工与协作、产业链各环节上资本高效流动的开发体制。与此同时，美国在支持页岩气技术研发、完善环境监管方面也积累了不少经验（肖钢，2011；张永伟，2011）。

(1) 美国在页岩气开采技术上已全球领先。

页岩气作为一种非常规油气藏,其成功开发的关键在于技术的突破。页岩气开采的关键技术包括水平钻井、水力压裂、随钻测井、地质导向钻井、微地震监测等,其中大部分技术的突破与率先应用都源自美国。目前美国已掌握了从气藏分析、数据收集、地层评价、钻井和压裂到完井和生产的系统集成技术,产生了一批国际领先的专业服务公司,例如哈里伯顿、斯伦贝谢、贝克休斯等。围绕页岩气开采,美国形成了一个技术创新特征明显的新兴产业,带动了就业和税收,并已开始向全球进行技术和装备的输出。

(2) 技术创新和商业化主要由中小公司推动,大公司则在相对成熟阶段推动页岩气开采向规模化发展。

页岩气在开发初期其经济性和成长性不明朗,且技术驱动性强,大公司不愿意介入,而中小公司创新意识强,敢于承担风险,在发现新机会和技术革新行动上更为快捷。美国主要页岩气开采技术都源自中小能源和技术公司,一项技术从研发到商业化甚至会涉及数个公司。例如 Michell 能源公司从 1981 年就开始研究页岩气开采技术,十几年坚持不懈,在快要成功时因公司实力不济于 1998 年被 Devon 能源公司收购,Devon 能源公司则于 2002 年将水平井技术用于页岩气的商业化开采。中小公司实现技术突破和商业化后,大公司在长期性和投资能力上更有优势,其后期介入能够将页岩气市场迅速规模化。美国大型油气公司主要是通过并购拥有页岩区块或开采技术的中小公司或与中小公司合资合作等方式介入页岩气开发的。例如美孚石油公司 2009 年 12 月以 410 亿美元全面收购了 XTO 公司,由此正式进入页岩气开采领域。

(3) 专业化分工与协作结合,资本流动高效。

持有页岩气矿业权的美国企业可以自主经营,也可通过市场交易出让其所拥有的页岩气矿业权。页岩气开发产业链的各个环节都有专业的公司介入,例如地震公司、钻井公司等。某专业公司在完成其所属环节相应的服务后即可退出,开采工作将由下一环节的服务公司接替。由于高度分工,页岩气开采的单个环节投入小、效率高、作业周期短、资金回收快、资本效率高,很多项目内部收益率都超过 10%,因此吸引了大量的风险投资和民间资本进入页岩气开采的各个环节。各类资本在页岩气生产的全链条上不但实现了快速流动,还刺激了技术服务和商业模式的创新,一些重大技术研究就是在经历了几轮投资或并购后得以持续的,并最终实现了突破。

(4) 政府对页岩气开发进行了有力支持。

美国能源部及能源研究与开发署联合了国家地质调查局、州级地质调查所以及大学及工业团体,发起并实施了针对页岩气研究与开发的东部页岩气工程,目的是加强对页岩气的地质、地球化学及开发技术等的研究,摸清页岩气分布规律并进行资源潜力评价。该项目产生了大批的科研成果,最重要的是认识到页岩气吸附作用的机理,这对页岩气进入实质性开采起到了决定性作用。从 20 世纪 80 年代至今,美国政府先后投入 60 多亿美元进行非常规气的勘探开发,其中用于培训与研究的费用近 20 亿美元。1980 年,美国通过了《能源意外获利法》,以此对 1979—1993 年钻探的页岩气以及 2003 年之前生产和销售的页岩气实施了税收减免。同时,美国将传统油气上游开发的税收优惠政策也移植到页岩气开发领域,对油气行业实施的五种税收优惠政策也适用于页岩气,即无形钻探费用扣除、有形钻探费用扣除、租赁费用扣除、工作权益视为主动收入以及小生产商的耗竭补贴。

(5) 建立以州为主、联邦调控的监管框架,环境问题是监管的重点。

美国页岩气监管框架具有"以州为主,联邦调控"的特点。页岩气开发监管政策和传统的石油监管政策相似,跨州能源经营活动的监管权分属联邦和州政府两级。各州负责州内的油气生产和环境监管。生产监管包括井口设计、地点选择、间距优化、作业操作、井眼报废等内容;环境监管包括废水处理与排放、废弃物管理与处置、气体排放、地下注射、野生动物保护、地表扰动、员工健康与安全等内容。一个州往往由多个监管机构共同执行监管任务。跨州的监管权分属联邦和州两级,其中联邦政府主要通过环境和跨州管道准入进行有限的监管。当联邦与州的规定冲突时,则优先考虑联邦法规;当联邦标准低于州标准时,则同时实施两套规定。这样的管理框架,具有强烈的地方主义色彩。

在页岩气发展初期,美国并未对页岩气开采采取特殊的环境监管措施,而是认为其适用常规天然气的相关要求,适用的法律包括《美国联邦环境法》、《清洁水法案》、《安全饮用水法》、《资源保护和恢复法》、《清洁空气法》等。当页岩气进入大规模商业开发阶段,环境保护问题越来越严峻,例如压裂时大量使用有毒的压裂添加剂以及过度消耗水资源等,因此环境问题越来越受到美国政府监管机构、环保机构、公众及媒体的关注。2010 年,美国环境保护署出资深入研究页岩气压裂开采法对环境可能造成的影响,该研究将持续两年,这是美国首次开展此类研究,表明美国已经从政府层面关注页岩气开发的环保问题。

### 7.2.2  美国页岩气成功开发的启示

美国的页岩气开发取得了巨大的成功,并成为全球学习的典范。美国实现页岩气规模化开采的原因很多,关键因素主要有以下三点:

(1) 开发技术的成熟与突破。经过 20 多年的努力,美国在水平钻井技术的基础上成功研发了水平井＋多段压裂、水力压裂、同步压裂以及深层地下爆破等多项页岩气开采技术。这些高端技术的应用拓展了页岩气的开采面积和深度,降低了页岩气开采的单位成本。

(2) 发达的天然气管网设施与第三方准入条款。目前美国拥有总长度 $40 \times 10^4$ km 的天然气管道。从 1993 年开始,美国采取天然气生产和运输两种业务垂直管理的模式,将开发商和运输商分离成两个独立的运营实体,并以不同的政策进行监管。州内管道由州和地方法律约束,州际管道则受联邦能源管理委员会、州以及地方法律的共同约束。政府在监管管道输送费的同时,放开天然气价格,保证天然气生产商和用户对管道拥有无歧视准入的权利。

(3) 政府对非常规能源在税收方面的优惠吸引了众多中小公司的参与。1980年,美国通过《能源意外获利法》对非常规油气行业实施五种税收优惠,即无形钻探费用扣除、有形钻探费用扣除、租赁费用扣除、工作权益为主动收入以及小生产商耗竭补贴。

美国页岩气成功开采的关键在于各类产业角色的合理分工以及高度竞争的市场环境,其多元投资与专业化分工相结合的开发体制调动了包括风险投资、技术研发、上游开采、基础设施投入、市场开发、终端应用等各方面的积极性,系统完善且执行到位的监督体制保证了页岩气开发快速而有序(潘继平,2009)。美国页岩气的成功开采给我们如下启示:

(1) 页岩气开发的关键是建立适合产业特点的开发体制。页岩气开采是新兴产业,专业分工要求高,创新驱动性强,比较适合采用多元竞争和分工协作的开采模式。如果我国页岩气开发从一开始就形成垄断格局,那么很容易出现像煤层气一样"占而不采"的情形。相反,如果在产业初期适度放开市场准入权限,引入多元投资主体,鼓励技术开发,培育专业化分工服务体系,则页岩气开发进程、技术进步以及产业配套就会明显提速。

(2) 要掌握先进技术的主导权。美国依靠持续的技术研发和突破实现了页岩气开采的商业化,并开始向外输出技术。我国在煤层气开采领域起步较早,但开发体制不顺,对外技术依赖较强,现在远远落后于美国。页岩气不应重蹈覆辙,要在引进美国技术的同时勇于自主创新,调动多方力量,以加快构建本国页岩气技术开发体系。

(3) 政府的支持方式要创新。政府可资助页岩气前期技术开发和勘探研究,同时在发展初期提供必要的财政支持,使页岩气的开发活动有利可图,从而吸引更多的资本进入。当页岩气进入商业化开采阶段后,政府应逐渐减少或取消特殊优惠,这既可减轻政府负担,又可刺激技术创新。若政府采用资源税、增值税、所得税等税收减免方式而不是直接补贴的方式,则更有利于鼓励开发商进行设备投资及降低成本。

(4) 严格的环境监管是持续发展的保障。开发主体多、速度快并不意味着页岩气开采的混乱,关键是在开采前要制定并严格执行相应的监管制度。环境问题应作为页岩气开采的监管重点,我们应该跟踪了解美国在页岩气环境监管方面的最新发展,并结合我国特点及时制定有关的法规和管理办法,以确保监管到位、开发可控。

尽管美国的页岩气开采取得了巨大的成功,但是我国的页岩气开采不能照搬美国的经验,因为我国的页岩气勘探开发和美国的有很大的不同:① 土地及矿产资源的所有权不一样。在美国,地下资源属于土地所有者,而在我国,地下矿产资源归国家所有,因此管理制度不同。② 监管框架不一样。我国地方政府须服从中央政府管理,而美国是各州自治,可独立制定法规。③ 目前我国天然气行业的管理、生产、运输、销售还是一体化的,没有实现垂直分离管理。④ 美国的页岩气开发主要由中小公司推动,而我国能源企业则多为大型国有企业。美国有 8 000 余家油气公司,85%的页岩气由中小公司生产。在高成本、低回报的压力下,中小型独立油气开发商的技术革新行动更为快捷,而大公司可以在长期性和财政稳定性方面给予更多的保证,因此出现了中小公司取得技术和产业突破,而大公司通过对中小公司进行收购和兼并参与市场的现象。⑤ 页岩气的地质条件可能存在不同。中国页岩气形成的地质年代可能晚于美国。尽管存在上述差别,美国页岩气开发中仍有许多共性的经验值得我们借鉴。

我国页岩气资源的勘探和开发起步晚,国土资源部在 2005 年才启动前期调研工作,截至 2011 年还没有对国内页岩气资源潜力和有利区带进行系统评价和技术先导性试验。与美国相比,我国的页岩气开发技术还不成熟,关键性的技术还没有取得真正突破。我国页岩气储藏层与美国的相比差异巨大,例如美国的页岩气层埋藏深度多为 200~2 000 m,而我国四川盆地的页岩气层埋藏深度多为 1 500~4 000 m;黔、渝、湘等地页岩层厚度较薄且常呈现多层叠合状态,局部可见不同程度的变质;不同地区的页岩气藏也难以对比,井间参照、类比、连层等较为困难。因此,美国的分段压裂技术在我国相关地区的实际应用效果还需要进一步探讨。

虽然存在差异,不能照搬美国的模式,但是美国页岩气开发的许多经验值得我国借鉴。首先,要重视页岩气作为国家能源战略的重要组成部分及其对本国能源结构调整和应对气候变化所发挥的重要作用。其次,启动页岩气资源评估和评价工作,加快研发页岩气勘探和开发的整套技术。再次,完善页岩气管理制度,制定资源勘探开发、应用规划、技术研究、投资融资、财税扶持以及行业管理等相关政策。最后,在天然气"自然垄断"环节——管道运输方面加强监管,并以有效方式为页岩气勘探开发提供财政支持。

目前,勘探开发页岩气的尖端技术大多掌握在国际大油气公司手中,为尽快掌握关键技术,我国企业可以以合资、参股等方式与国外油气公司合作经营。先进的钻探技术已使美国的页岩气大规模开采具有经济性,我国油气企业可针对本国页岩气的特点,引进、吸收、提高和创新页岩气储层评价技术、射孔优化技术、水平井技术及压裂技术,逐步掌握适合我国页岩气地质特点的自主创新的关键技术。

# 7.3 中国页岩气勘探开发策略

近年来,社会对清洁能源需求的不断扩大,天然气价格不断上涨,人们对页岩气的地质认识不断提高,水平井与压裂技术不断进步,页岩气勘探开发正由北美向全球扩展。页岩气在非常规天然气中异军突起,已成为全球油气资源勘探开发的新亮点,并逐步向全方位的变革演进。由此引发的石油上游业的革命必将重塑世界油气资源勘探开发的新格局。加快页岩气资源的勘探开发已成为世界主要页岩气资源大国和地区的共识。

经过多年的探索,我国页岩气资源战略调查和勘探开发已具备了一定的基础。抓住机遇、迎接挑战、急起直追,适应向清洁能源经济模式的转化,促进经济社会又好又快的发展,更新理念、破解难题、创新模式,大力推进页岩气资源的战略调查和勘探开发,已成为我国油气资源领域重要而迫切的战略任务(张大伟,2010)。

### 7.3.1　中国页岩气勘探开发的当前问题

中国页岩气富集地质条件优越,具有与美国大致相同的页岩气资源前景及开发潜力。现阶段,中国页岩气勘探开发面临的问题主要包括以下几个方面(张大伟,2011):

1) 资源潜力不清

中国页岩气成藏机理复杂,很多页岩气富集地区的常规油气资源勘探程度低,资料缺乏,这为中国页岩气的资源评价带来了很大的不利。近年来,尽管中国在页岩气地质理论、潜力评价和有利区优选等方面进行了初步探索,取得了一定的进展,但在页岩气赋存规律和含气页岩基本参数方面还有待深入研究,对页岩气资源潜力尚未进行过系统评价,页岩气远景区和有利目标区尚未优选和圈定。

2) 缺乏政策支持

页岩气勘探开发初期特别是起步阶段,具有风险大和成本高的特点,一般需要政府在财税方面给予一定的政策支持,在形成规模和市场完善后可取消这些财税支持政策。1978—1992 年,美国联邦政府对煤层气、页岩气等开发实施了长达近 15 年的补贴政策,州政府也出台了相应的税收减免政策。对油气行业实施的其他五种税收优惠大大鼓励了小企业的投资热情,有力地扶持和促进了页岩气的勘探开发。目前,中国虽然已有矿产资源补偿费以及探矿权、采矿权使用费减免等一些优惠政策,但还未专门出台支持页岩气勘探开发的税费优惠和补贴政策。

3) 缺乏核心技术

美国在页岩气勘探开发中形成了机理分析与研究、实验测试与分析、有利选区与评价、含气特点与模拟、产能分析及预测、压裂与压裂液选择、精确导向与储层改造等技术。与美国相比,中国在资源评价和水平井压裂增产等方面尚未形成核心技术体系。而且,中国页岩气的地质条件更为复杂,页岩层系时代老,热演化程度高,经历了多期的构造演化,其埋藏深,保存条件不够理想。因此,对开发技术的要求更高。目前技术手段和水平尚不能完全满足我国页岩气的勘探开发要求。

4) 投资主体单一

美国页岩气勘探开发的准入门槛低,勘探开发主体多元化。美国的页岩气勘探开发主要由中小公司推动,85%的页岩气产量由中小公司贡献。按照现行规定和管理体制,中国油气矿业权主要授予中石油、中石化、中海油和延长油矿四大石油企业。这种投资模式,排斥了其他投资主体的进入,加之市场监管不到位等因素,削弱了资源开发的市场竞争性。美国的页岩气开采经验表明,实行投资主体多元化,形成有序的竞争机制,对页岩气勘探开发及产业的健康发展具有重要的意义。

5) 管网设施不足

美国天然气管网和城市供气网络十分发达,天然气管网总长超过 $40 \times 10^4$ km,大大减少了页岩气在开发利用环节方面的投入,降低了市场风险。同时,美国从 1993 年起实行了天然气开发和运输的全面分离,运输商对天然气供应商实施无歧视准入政策,这大大降低了页岩气开发利用的成本。与美国相比,中国管网设施建设滞后,目前天然气管网总长度约为 $3.5 \times 10^4$ km,在一些页岩气富集的山区,天然气管网的建设仍是一片空白,且中国已有管网设施在第三方准入、市场开放等方面体制不顺,存在垄断经营和缺乏政策支持等问题,不利于页岩气开发和利用成本的降低。随着页岩气开采规模的增加,基础设施不足等问题将会成为制约页岩气发展的瓶颈。

### 7.3.2　中国页岩气资源的战略选区与勘探开发

中国页岩气的勘探开发刚刚起步,存在成藏机理复杂、富集地区常规油气勘探程度低、资料缺乏等问题,这为中国页岩气资源评价带来很大的困难。因此,根据我国页岩分布和页岩气富集的地质条件,在全国范围内开展页岩气地质调查工作是十分必要的。2009 年,全国油气资源战略选区调查与评价国家专项《中国重点地区页岩气资源潜力及有利区优选》启动,项目的总体目标是,力争 2010 年或 2011 年取得突破,发现页岩气工业气流,2011—2014 年再实现重大突破,提交一批页岩气有利目标区和勘探开发区,到 2016 年,提交页岩气规模储量,形成若干个页岩气大气区。根据我国页岩气资源分布和类型,先导试验区设置三个区,按照工作程度,分层次、分期启动实施。川渝黔鄂区包括四川、重庆、贵州和湖北的部分地区,实施周期为 2010—2014 年;苏皖浙区包括江苏、安徽、浙江的部分地区,实施周期为 2011—2015 年,2010 年开展页岩气基础地质调查和重点目标区优选工作,2011 年开始设置具体项目;北方重点区包括华北、东北、西北的部分省市的部分地区,实施周期为 2012—2016 年,2010 年开展前期页岩气基础地质调查工作,2011 年开展重点目标区优选工作,2012 年开始设置具体项目。

2011 年,全国油气资源战略选区调查与评价国家专项《全国页岩气资源潜力调查评价及有利区优选》启动,项目总体目标是开展全国页岩气资源潜力调查评价和有利区优选工作,研究页岩气形成的地质条件与富集规律,初步查明我国页岩气资源的潜力和分布,优选页岩气远景区和有利区,探索我国页岩气的富集地质理论,研究页岩气资源调查评价及勘探开发的技术规范和标准体系,为我国制定页岩气资源开发战略、政策及矿业权管理制度提供依据。2011 年,该项目以点面结合的方式全面展开。点上,部署了川渝黔鄂先导试验区五个项目,包括川南、川东南、渝东北、渝东南、黔北五个地区的页岩气资源战略调查与选区；面上，对西北区、青藏区、华北—东北区、上扬子及滇黔桂区、中下扬子及东南区五个大区进行了资源潜力调查。另外，该项目还设置了页岩气资源调查方法技术及技术标准研究子项目，对富有机质页岩地震识别技术、非地震勘探技术、钻井技术、测井技术、实验分析测试技术等进行专项研究。

页岩气战略选区项目启动以来，已经取得了一系列成果，主要包括：初步摸清了我国重点地区发育的多套富有机质页岩层系，确定了主力层系；系统研究了页岩地质特征和分布，初步掌握了页岩气的基本参数；初步建立了页岩气有利目标区优选标准，优选出 27 个有利区；初步建立了页岩气资源评价方法，估算了有利区的资源量；初步建立了一套页岩气资源调查评价技术方法（张大伟，2011）。

中国页岩气勘探开发虽然起步较晚，但开局良好，目前呈现出了积极的发展态势。借鉴国外发展页岩气的先进经验，结合中国实际寻找加快发展的路径，探索并形成具有中国特色的页岩气资源勘探开发和利用体系，获得更多的非常规天然气储量，满足中国天然气消费量不断增长的需要，对促进我国向清洁能源经济模式的转化和实现经济又好又快的发展，是十分必要和迫切的。国土资源部油气资源战略研究中心副主任张大伟（2011）认为，中国加快页岩气勘探开发和利用的路径应是"调查先行，规划调控，招标出让，多元投入，技术攻关，对外合作，建设管网，注重环保"，中国页岩气的战略规划是力争在 2020 年实现年$(150 \sim 300) \times 10^8 \ m^3$ 的产能。

### 1. 开展页岩气资源战略调查，优选页岩气开发有利区

我国沉积盆地中广泛发育富有机质页岩，其厚度大、有机碳含量高、生气能力强、钻井气显示活跃，具有较好的勘探开发前景。但是，目前我国页岩气资源研究薄弱，资源潜力尚不明确。因此，应尽快开展我国页岩气资源战略调查。在全国范围内，对中国页岩气资源潜力进行总体评价，查明中国页岩气资源的分布，优选页岩气富集有利区，初步摸清中国页岩气资源的"家底"。

2011 年，国土资源部油气中心以点面结合的方式部署并启动了《全国页岩气资源潜力调查评价及有利区优选》项目。在点上，根据中国页岩气资源分布和特点，继续实施上扬子海相川渝黔鄂先导试验区的五个重点项目，并设置下扬子皖浙苏、东北陆相和华北海陆交互相的先导试验区，建立页岩气资源潜力调查评价刻度区，评价资源潜力，优选有利目标区；在面上，将中国划分为上扬子及滇黔桂区、中下扬子及东南地区、华北—东北区、西北区、青藏区五个大区，全面掌握中国富有机质泥页岩发育特点和分布特征，获取各区主要目的层位的富有机质页岩的基本参数，初步评价资源潜力，优选页岩气富集远景区，为推动中国页岩气勘探开发，制定能源规划（特别是页岩气中长期发展规划和宏观决策）以及进行资源管理提供依据。

### 2. 科学规划页岩气战略布局，扶持页岩气产业发展

制定科学合理的规划，充分发挥规划的调控作用，是促进页岩气勘查开发和利用的重要措施。要在认真分析世界页岩气勘探开发的态势和中国现状的基础上，根

据我国"十二五"规划明确提出的"推进煤层气、页岩气等非常规油气资源的开发利用"的要求,着手研究制定"十二五"页岩气发展规划,以科学规划中国页岩气的发展目标、重点及措施,对中国页岩气的发展进行合理的引导和综合布局。

页岩气开发作为一个新兴产业,其发展初期的投资成本很大,回收周期较长,一些中小企业或民营资本往往很难进入,因此需要政府制定优惠的财税政策、投资融资政策给予扶持。政府可资助前期的技术开发和勘探研究,这可以使页岩气的开发活动有利可图,从而吸引更多资本进入。当页岩气进入商业化阶段后,政府可逐渐减少或取消优惠政策,从而既可减轻政府的负担,又可刺激技术的创新。采用资源税、增值税、所得税等税收减免而不是直接补贴的方式更有利于鼓励开发商进行设备投资和降低成本。

### 3. 创新页岩气矿权管理机制,进行页岩气探矿权招标出让

根据页岩气丰度低、分布广、勘探开发灵活性强的特点,将页岩气确立为与常规天然气有别的独立矿种,并建立专门的页岩气区块登记制度。应进行页岩气探矿权招标出让,强化矿权退出机制,对拥有矿权但投资达不到要求或在规定期限内达不到产出的企业要强制其退出。应实行行政合同管理,掌握中标方的勘探动态,规定最低应达到的勘探程度,并确定年均投入所要达到的法定最低勘查投入上限的倍数以及每千平方公里投入的最低实际工作量。对具备条件的区块,应进行压裂和试采,力争实现突破并转入商业开采。同时,要加强对页岩气招标区块成果和勘查资料的汇交管理。

### 4. 放宽页岩气的市场准入,推进页岩气勘探开发主体多元化

页岩气开采是新兴产业,其专业分工要求高,创新驱动性强,比较适合采用多元竞争和分工协作的开采模式。应加强页岩气的勘查开发管理,创造开放的竞争环境,推进页岩气勘查和开发投资主体的多元化,鼓励中小企业和民营资本的参与。应给予页岩气与煤层气勘查和开发一样的投资主体地位,允许具备资质的企业、民营资本等通过合资、入股等多种方式参与页岩气的勘查开发,或独立投资。应加强市场监管,维护页岩气勘查开发秩序,形成合理有序的竞争格局,加快技术突破。

同时,要支持专业服务和技术类公司的发展,构建高度社会化的专业分工体系。应结合产气地区的实际,探索就地发电、区域供气、天然气化工生产、分布式供能、交通燃料替代等多种应用模式,将页岩气开发与发展当地经济有机地结合起来。

### 5. 加大技术攻关,掌握页岩气勘探开发的关键工艺和技术

应加大科技投入,促进科技创新,加强对页岩气技术研发的财税投入与组织力度。组织全国优势科技力量,大力开展页岩气勘探和开发核心技术的攻关,为页岩气的勘探和开发的跨越式发展提供有效的理论和技术支撑,鼓励企业应用成熟的新技术和新工艺,不断提高资源的开发效率。选择较成熟的页岩区,通过与国外公司

的技术合作开展先导试验,以加快建立符合中国页岩气藏特点的勘探和开发的配套技术,重点开展页岩气先导试验区优选与评价、试验区页岩气试采工艺设计、试验区页岩气试采方案设计、现场实施与技术服务、先导试验评估与分析等工作。应根据地质条件与经济发展水平选择一些省市地区,从技术、体制、政策支持、监管以及应用模式等方面开展,综合试验,为大规模页岩气开发积累经验。

### 6. 加强页岩气国际合作,引进国外先进技术与管理经验

加强页岩气国际合作与交流,积极引进国外页岩气开发先进技术,继续跟踪美国页岩气勘探和开发的技术进展。在页岩气资源战略调查和勘查开发初期,可考虑与国外有经验的公司合作,引进实验测试、水平钻井、测井、固井以及压裂等技术。在学习和借鉴的基础上,开展我国页岩气开发核心技术、工艺的研发和联合攻关。

### 7. 推动基础设施建设,降低页岩气产业发展成本

基础设施是页岩气开发的基础,完善的基础设施能够降低页岩气开发的成本。目前,我国常规天然气的基础设施比较薄弱,特别是在一些页岩气富集的南方山区,这无疑阻碍了这些地区页岩气的勘探和开发。应推动天然气基础设施的建设,特别是管网的建设,继续加快天然气输送主干网、联络管网和地方区域管网等的建设,逐步建成覆盖全国的天然气骨干网和能够满足地方需要的管网,建立天然气管网公平准入机制,适时引入强制性第三方准入规定。同时,加快储气调峰设施建设,保障天然气的安全稳定供应。另外,针对我国的天然气管网的现状及特点,可以在页岩气开发密集区建设配套的小型液化天然气设施,从而在短期内满足页岩气储运的需要。

### 8. 严格进行环境监管,实现资源与环境的可持续发展

开发主体多、开发速度快并不意味着开采的混乱,关键是要在开采前制定并执行严格的监管制度。环境问题应作为页岩气监管的重点,我们应该跟踪了解美国在页岩气环境监管方面的最新发展,并结合我国的特点,及时制定有关法规和管理办法,确保监管到位、开发可控。应加强页岩气勘探和开发对环境影响的评估,特别是水力压裂所使用化学物质对地下水的潜在污染以及水力压裂所消耗的大量水资源对环境的影响等。应加快研究和制定包括地下水、地质、土壤、生态等多方面,覆盖采前、采中和采后多环节的监管制度。

总之,页岩气作为一种新兴的非常规天然气资源,将成为中国天然气勘探的重要领域。我国页岩气资源潜力巨大,目前工业开发方兴未艾,页岩气的勘探和开发必将缓解我国能源需求的压力,成为油气工业可持续发展和实现低碳经济的重要保障。美国的页岩气开发给中国提供了很好的借鉴,在技术全球化的今天,中国的页岩气开发要开放思想,面向世界,在学习、引进、吸收国外先进的开采技术和管理经验的基础上,进行产业扶持、科研攻关、管理创新,以形成符合中国特点的页岩气地质理论和勘探开发技术体系,推动中国页岩气工业健康发展。

# 参考文献

潘继平.2009.页岩气开发现状及发展前景[J].国际石油经济,17(11):12-15.

肖钢.2011.美国页岩气开发模式能否复制[N].中国石化报,2011-08-08.

张大伟.2010.加速我国页岩气资源调查和勘探开发战略构想[R].石油与天然气地质,2010,31(2):135-139.

张大伟.2011.加快中国页岩气勘探开发和利用的主要路径[J].天然气工业,31(5):1-5.

张莲莲.2004.山西省煤层气开发利用优惠政策研究[R/OL].[2011-09-12].http://www.sxcoal.com/coal/8395/articlenew.html.

张永伟.2011.页岩气.我国能源发展的新希望[N].光明日报,2011-08-16.